Grollius

Aufgaben der Thermodynamik für den Maschinenbau

Horst-W. Grollius

Aufgaben der Thermodynamik für den Maschinenbau

HANSER

Der Autor:
Univ.-Prof. Dr.-Ing. Horst-W. Grollius
Bergische Universität Wuppertal

Bibliografische Information der Deutschen Nationalbibliothek:
Die Deutsche Nationalbibliothek verzeichnet diese Publikation in der Deutschen Nationalbibliografie; detaillierte bibliografische Daten sind im Internet über http://dnb.d-nb.de abrufbar.

Internet: www.hanser-fachbuch.de

Lektorat: Dipl.-Ing. Natalia Silakova-Herzberg
Herstellung: Frauke Schafft
Covergestaltung: Max Kostopoulos
Coverkonzept: Marc Müller-Bremer, www.rebranding.de, München
Titelbild: © gettyimages.de/Nicolas Balcazar / EyeEm
Satz: Eberl & Koesel Studio, Altusried-Krugzell
Druck und Bindung: CPI books GmbH, Leck
Printed in Germany

Print-ISBN 978-3-446-47030-9
E-Book-ISBN 978-3-446-47556-4

Vorwort

Studentinnen und Studenten des Maschinenbaus an Hoch- und Fachhochschulen kommen nicht umhin, in dem Grundlagenfach *Thermodynamik* eine Prüfung abzulegen.

Das vorliegende Buch bietet eine Vielzahl von Aufgaben zwecks Vertiefung des Stoffes an. Es soll helfen, die „Angst" vor dem Fach Thermodynamik zu nehmen, um die Klausur zum Erfolg werden zu lassen. Zunächst wird die Aufgabe vorgestellt, danach wird erläutert, was gesucht ist.

Bei der darauf folgenden Lösung wird auf die Darstellung einer klaren und leicht nachvollziehbaren Abfolge der einzelnen Schritte Wert gelegt. Die bei der Vorstellung der Aufgabe nicht gegebenen, aber zur Lösung der Aufgabe unbedingt erforderlichen Größen, werden an geeigneter Stelle in Fettschrift hervorgehoben.

Grundsätzlich ist zu sagen, dass in den Ingenieurwissenschaften die phänomenologische Thermodynamik zur Anwendung gelangt, als deren Begründer S. CARNOT (1796 - 1832) gilt. Diese Art der Thermodynamik orientiert sich an den in der Natur auftretenden äußeren Erscheinungen (Phänomenen) und beschreibt die Sachverhalte von makroskopischen Zustands- und Prozessgrößen wie z. B. Temperatur, Druck, Volumen, Arbeit und Wärme. Die Stoffe werden als Kontinuum behandelt und nicht als Ansammlung von Atomen/Molekülen.

Im Gegensatz dazu geht die statistische Thermodynamik von den Atomen/Molekülen der Stoffe aus (mikroskopische Betrachtung) und wendet wegen der großen Anzahl von Teilchen statistische Methoden zu deren Beschreibung an.

Die hier vorgestellten Aufgaben hat der Verfasser aus den ihm zur Verfügung stehenden Unterlagen aufbereitet, die er während seines Studiums an der RWTH-Aachen zur Vorbereitung auf die Thermodynamik-Klausur benutzt hat. Die Lösungswege und begleitenden Abbildungen sind vom Autor entsprechend der didaktischen Anforderungen neu erstellt worden.

Der Verfasser dankt Frau *Natalia Silakova* vom Carl Hanser Verlag, München, für die vielen nützlichen Hinweise zu Gestaltung des Buches und die jederzeit gute Zusammenarbeit.

Weiterhin ist zu danken der Firma TECHNOBOX (Bochum), deren Software zur Erstellung der Bilder gedient hat.

Juli 2022, *Horst-W. Grollius*

Inhaltsverzeichnis

Formelzeichen

Während der Durcharbeitung der Aufgaben werden die hier nicht aufgeführten Formelzeichen verständlich.

Lateinische Formelzeichen

A	Fläche
c	Geschwindigkeit
c_{W}	spezifische Wärmekapazität von Wasser
c_{WD}	spezifische Wärmekapazität von Wasserdampf
c_{Stahl}	spezifische Wärmekapazität von Stahl
c_{p}	spezifische Wärmekapazität bei konstantem Druck
c_{v}	spezifische Wärmekapazität bei konstantem Volumen
c_{mp}	molare spez. Wärmekapazität bei konstantem Druck
c_{mv}	molare spez. Wärmekapazität bei konstantem Volumen
d	Durchmesser
E	Energie
e_{V}	spezifischer Exergieverlust
E_{V}	Exergieverlust
$\dot{E}_{\mathrm{V}}$	Exergieverluststrom
F	Kraft
g	Erdbeschleunigung
h	spezifische Enthalpie
H	Enthalpie
$\dot{H}$	Enthalpiestrom
g	Erdbeschleunigung
j	spezifische Dissipation

J	Dissipation
$\overline{k}$	mittlerer Isentropenexponent
m	Masse
$\dot{m}$	Massenstrom
$\dot{m}_W$	Wasser-Massenstrom von Wasser
M	Molekulargewicht
n	Drehzahl
$\dot{n}$	Molenstrom
$\overline{n}$	mittlerer Polytropenexponent
N	Anzahl
p	Druck, Partialdruck
p_0	Normdruck (= p_N)
p_i	Partialdruck der Komponente
P	Leistung
P_{el}	elektrische Leistung
q	spezifische Wärmeenergie, spezifische Wärme,
Q	Wärmeenergie, Wärme
$\dot{Q}$	Wärmestrom
R	Gaskonstante
R_m	allgemeine Gaskonstante
r	Verdampfungswärme
r_S	Schmelzwärme
s	spezifische Entropie
S	Entropie
$\dot{S}$	Entropiestrom
t	Zeit, Temperatur
T	Temperatur
u	spezifische innere Energie
U	innere Energie, elektrische Spannung
v	spezifisches Volumen
v_E	spezifisches Volumen von Eis
v_W	spezifisches Volumen von Wasser
V	Volumen

$\dot{V}$ Volumenstrom

$\dot{V}_W$ Volumenstrom von Wasser

W_t spezifische technische Arbeit

w_V spezifische Volumenänderungsarbeit

W Arbeit

W_a äußere Arbeit (Bewegung und Lage)

W_t technische Arbeit

W_V Volumenäderungsarbeit

x Dampfgehalt

X Wassergehalt der feuchten Luft

X_S Wassergehalt der feuchten Luft bei Sättigung

z geodätische Höhe

Griechische Formelzeichen

α isobarer Ausdehnungskoeffizient

γ isothermer Kompressibilitätskoeffizient

ε Leistungsziffer-Kälteprozess

η Wirkungsgrad

$\overline{\kappa}$ Isentropenexponent

λ Oxidationsverhältnis

ρ Dichte

τ Zeit

φ relative Luftfeuchtigkeit

Ψ_i Molanteil

χ Verbrennungsgasverhältnis

ξ Massenanteil

ζ_m molarer Massenanteil

ω Winkelgeschwindigkeit

υ Polytropenverhältnis

Aufgabe 1

1. Hauptsatz für geschlossenes System, Temperatur eines Härtebades

Vorstellung:

In einem Härtebad, das adiabat zu betrachten ist, werden 200 kg Stahl mit einer Temperatur von 1173 K in 1000 kg Wasser mit einer Temperatur von 288 K abgeschreckt (Bild 1.1).

Gesucht:

Temperatur T_m des Härtebades, wenn dieses das thermische Gleichgewicht (Zustand 2) erreicht hat.

Lösung:

1. Hauptsatz für geschlossenes System (Bild 1.1):

$$Q_{12} + W_{12} = U_2 - U_1 \qquad Q_{12} = 0 \qquad W_{12} = 0$$

$$U_2 = U_1$$

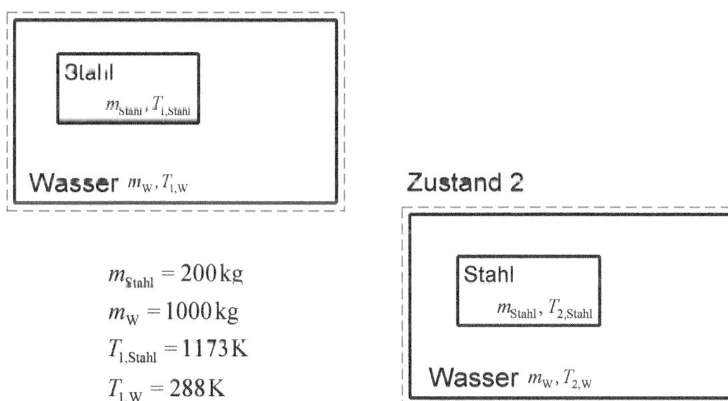

Bild 1.1 System mit Bilanzhülle – Zustände 1 und 2

Die innere Energie des gesamten Systems im Zustand 1 ergibt sich additiv aus der inneren Energie der Stahls und der des Wassers bei den Temperaturen $T_{1,\text{Stahl}}$ und $T_{1,\text{W}}$:

$$U_1 = U_{1,\text{Stahl}} + U_{1,\text{W}} = m_{1,\text{Stahl}} \cdot u_{1,\text{Stahl}} + m_{1,\text{W}} \cdot u_{1,\text{W}}$$

$$U_1 = m_{\text{Stahl}} \cdot c_{\text{Stahl}} \cdot T_{1,\text{Stahl}} + m_{\text{W}} \cdot c_{\text{W}} \cdot T_{1,\text{W}}$$

Die innere Energie des gesamten Systems im Zustand 2 ergibt sich additiv aus der inneren Energie der Stahls und der des Wassers bei der Temperatur $T_{\text{m}} = T_{2,\text{Stahl}} = T_{2,\text{W}}$:

$$U_2 = U_{2,\text{Stahl}} + U_{2,\text{W}} = m_{\text{Stahl}} \cdot u_{2,\text{Stahl}} + m_{\text{W}} \cdot u_{2,\text{W}}$$

$$U_2 = m_{\text{Stahl}} \cdot c_{\text{Stahl}} \cdot T_{2,\text{Stahl}} + m_{\text{W}} \cdot c_{\text{W}} \cdot T_{2,\text{W}}$$

$$U_2 = U_1 \qquad T_{\text{m}} = T_{2,\text{Stahl}} = T_{2,\text{W}}$$

$$m_{\text{Stahl}} \cdot c_{\text{Stahl}} \cdot T_{\text{m}} + m_{\text{W}} \cdot c_{\text{W}} \cdot T_{\text{m}} = m_{\text{Stahl}} \cdot c_{\text{Stahl}} \cdot T_{1,\text{Stahl}} + m_{\text{W}} \cdot c_{\text{W}} \cdot T_{1,\text{W}}$$

$$T_{\text{m}} \left(m_{\text{Stahl}} \cdot c_{\text{Stahl}} + m_{\text{W}} \cdot c_{\text{W}} \right) = m_{\text{Stahl}} \cdot c_{\text{Stahl}} \cdot T_{1,\text{Stahl}} + m_{\text{W}} \cdot c_{\text{W}} \cdot T_{1,\text{W}}$$

$$T_{\text{m}} = \frac{m_{\text{Stahl}} \cdot c_{\text{Stahl}} \cdot T_{1,\text{Stahl}} + m_{\text{W}} \cdot c_{\text{W}} \cdot T_{1,\text{W}}}{m_{\text{Stahl}} \cdot c_{\text{Stahl}} + m_{\text{W}} \cdot c_{\text{W}}}$$

$$\boldsymbol{c_{\text{W}} = 4{,}18\ \text{kJ} / (\text{kg} \cdot \text{K})}$$

$$\boldsymbol{c_{\text{Stahl}} = 0{,}46\ \text{kJ} / (\text{kg} \cdot \text{K})}$$

$$T_{\text{m}} = \frac{200\,\text{kg} \cdot 0{,}46 \frac{\text{kJ}}{\text{kg} \cdot \text{K}} 1173\,\text{K} + 1000\,\text{kg} \cdot 4{,}18 \frac{\text{kJ}}{\text{kg} \cdot \text{K}} 288\,\text{K}}{200\,\text{kg} \cdot 0{,}46 \frac{\text{kJ}}{\text{kg} \cdot \text{K}} + 1000\,\text{kg} \cdot 4{,}18 \frac{\text{kJ}}{\text{kg} \cdot \text{K}}} = \frac{1311756}{4{,}272}\,\text{K}$$

$$T_{\text{m}} = 307\,\text{K}$$

Aufgabe 2

1. Hauptsatz für offenes System, Massenstrom einer Wasserbremse

Vorstellung:

Ein Verbrennungsmotor wird mit einer Wasserbremse (adiabat) in einem stationären Betriebszustand gehalten, bei dem er eine Leistung von $3500 \cdot 10^3\,\mathrm{kJ/h}$ hat. Die vom Motor abgegebene Leistung erhöht in der Bremse durch Reibleistung die innere Energie des Wassers (Bild 2.1).

Die äußeren Energien sind zu vernachlässigen.

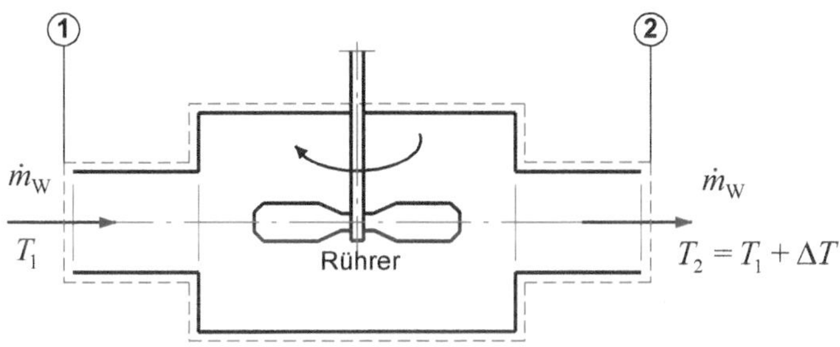

Bild 2.1 Wasserbremse mit Bilanzhülle

Gesucht:

Wassermassenstrom $\dot{m}_W$, wenn am Austritt aus der Bremse die Temperaturänderung $\Delta T = 35\,\mathrm{K}$ beträgt.

Lösung:

1. Hauptsatz für offenes System:

$$\dot{Q}_{12} + P_{12} = \dot{m}_W \left[h_2 - h_1 + \frac{1}{2}\left(c_2^2 - c_1^2\right) + g\left(z_2 - z_1\right) \right] \qquad \dot{Q}_{12} = 0$$

$$P_{12} = \dot{m}_W \left(h_2 - h_1\right) \qquad c_1 = c_2 \qquad z_1 = z_2$$

$$P_{12} = \dot{m}_W \left(u_2 + p_2 \cdot v_2 - u_1 - p_1 \cdot v_1\right) \qquad p_1 \cdot v_1 = p_2 \cdot v_2 \qquad \rho_W = \text{konst.}$$

$$P_{12} = \dot{m}_W (u_2 - u_1) = \dot{m}_W \int_1^2 c_W(T)\,dT$$

$$\int_1^2 c_W(T)\,dT = c_{W,m}(T_2 - T_1)$$

Da die spezifische Wärme von Wasser nur geringfügig von der Temperatur abhängt, kann mit dem Mittelwert $c_{W,m}$ gerechnet werden.

$$P_{12} = \dot{m}_W \cdot c_{W,m}(T_2 - T_1) = \dot{m}_W \cdot c_{W,m} \cdot \Delta T$$

$$\mathbf{c_{W,m} = 4{,}18\ \frac{kJ}{kg \cdot K}}$$

$$\dot{m}_W = \frac{P_{12}}{c_{W,m} \cdot \Delta T} = \frac{3500 \cdot 10^3\ \frac{kJ}{h}}{4{,}18\ \frac{kJ}{kg \cdot K} 35\,K} = \frac{3500 \cdot 10^3\ \frac{kJ}{3{,}6 \cdot 10^3\ s}}{4{,}18\ \frac{kJ}{kg \cdot K} 35\,K}$$

$$\dot{m}_W = 6{,}645 \frac{kg}{s}$$

Aufgabe 3

1. Hauptsatz für offenes System, Kondensator eines Kraftwerks, Wasser-Massenstrom

Vorstellung:

Im Kondensator eines Kraftwerkes muss dem zu kondensierenden Dampf ein Wärmestrom von $273 \cdot 10^6\,\mathrm{kJ/h}$ entzogen werden. Als Kühlstrom steht das Wasser eines Flusses zur Verfügung (Bild 3.1).

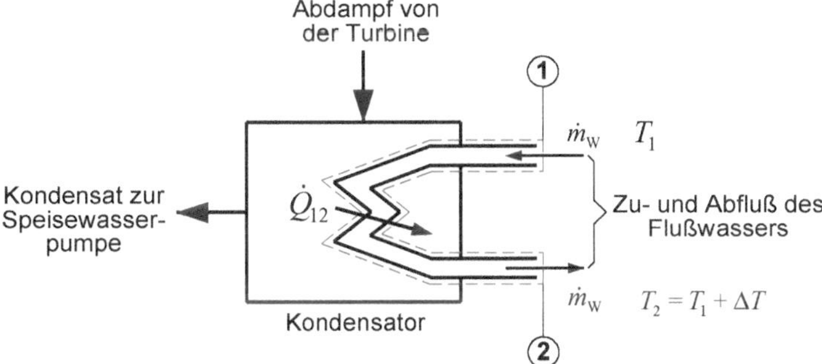

Bild 3.1 System mit Bilanzhülle

Gesucht:

Wie groß ist der Wasser-Massenstrom $\dot{m}_W$, der dem Fluss entnommen werden muss, wenn eine Temperaturerhöhung von $\Delta T = 20\,\mathrm{K}$ zugelassen wird.

Lösung:

1. Hauptsatz für offenes System:

$$\dot{Q}_{12} + P_{12} = \dot{m}_W \left[h_2 - h_1 + \frac{1}{2}\left(c_2^2 - c_1^2\right) + g\left(z_2 - z_1\right) \right] \qquad P_{12} = 0$$

$$\dot{Q}_{12} = \dot{m}_W \left[h_2 - h_1 + \frac{1}{2}\left(c_2^2 - c_1^2\right) + g\left(z_2 - z_1\right) \right] \qquad c_1 = c_2 \qquad z_1 = z_2$$

$$\dot{Q}_{12} = \dot{m}_W \left(h_2 - h_1 \right)$$

$$\dot{Q}_{12} = \dot{m}_{W}\left(u_2 + p_2 \cdot v_2 - u_1 - p_1 \cdot v_1\right) \qquad p_1 \cdot v_1 = p_2 \cdot v_2$$

$$\dot{Q}_{12} = \dot{m}_{W}\left(u_2 - u_1\right) = \dot{m}_{W,Kond.} \int_1^2 c_W\left(T\right)dT$$

$$\int_1^2 c_W\left(T\right)dT = c_{W,m}\left(T_2 - T_1\right)$$

Da die spezifische Wärme von Wasser nur geringfügig von der Temperatur abhängt, kann mit dem Mittelwert $c_{W,m}$ gerechnet werden.

$$\dot{Q}_{12} = \dot{m}_{W} \cdot c_{Wm}\left(T_2 - T_1\right)$$

$$\mathbf{c_{W,m} = 4{,}18 \frac{kJ}{kg \cdot K}}$$

$$\dot{m}_{W} = \frac{\dot{Q}_{12}}{c_{W,m}\left(T_2 - T_1\right)} = \frac{\dot{Q}_{12}}{c_{W,m} \cdot \Delta T} = \frac{273 \cdot 10^6 \frac{kJ}{h}}{4{,}18 \frac{kJ}{kg \cdot K} 20\,K} = \frac{273 \cdot 10^6 \frac{kJ}{3{,}6 \cdot 10^3 s}}{4{,}18 \frac{kJ}{kg \cdot K} 20\,K}$$

$$\dot{m}_{W} = 907{,}1 \frac{kg}{s} = 907{,}1 \frac{10^{-3} t}{\frac{1}{3{,}6 \cdot 10^3} h} = 907{,}1 \frac{10^{-3} t \cdot 3{,}6 \cdot 10^3}{h}$$

$$\dot{m}_{W} = 907{,}1 \frac{kg}{s} = 907{,}1 \frac{10^{-3} t}{\frac{1}{3{,}6 \cdot 10^3} h} = 907{,}1 \frac{10^{-3} t \cdot 3{,}6 \cdot 10^3}{h}$$

$$\dot{m}_{W} = 3265{,}6 \frac{t}{h}$$

Aufgabe 4

1. Hauptsatz für offenes System, Pumpspeicherwerk, Druck und Geschwindigkeit an unterschiedlichen Stellen der Anlage, Pumpen- und Turbinenleistung, Festlegung von Bilanzhüllen

Vorstellung:

In einem Pumpspeicherwerk besteht ein Maschinensatz aus einer Pumpe, einer Turbine und einer elektrischen Maschine. Während der Nacht arbeitet die elektrische Maschine als Motor und treibt die Pumpe an, die Wasser aus einem Fluss in ein Speicherbecken pumpt, dessen Wasserspiegel 280 m über dem Fluss liegt.

Tagsüber wird mit dem Wasser des Speicherbeckens die Turbine angetrieben. Diese treibt die elektrische Maschine an, die nun als Generator arbeitet und elektrische Energie in das Netz einspeist (Bild 4.1).

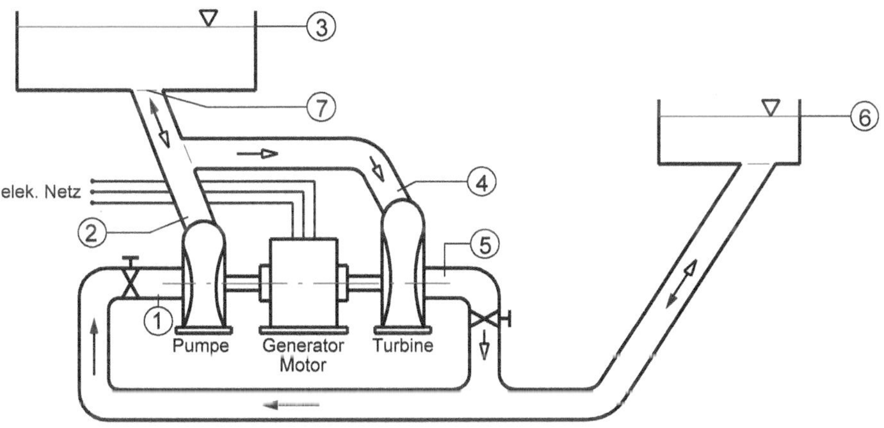

Bild 4.1 Pumpspeicherwerk mit Maschinensatz

Die Strömung durch Pumpe und Turbine sowie alle Wasserleitungen sollen als reibungsfrei betrachtet werden. Das Wasser kann als inkompressible Flüssigkeit behandelt werden. Die elektrische Maschine soll elektrische Energie vollständig in mechanische Energie umwandeln.

Der Umgebungsdruck beträgt p_u = 1 bar.

Gesucht:

1. Pumpenleistung P_{63}
2. Geschwindigkeit am Eintritt der Pumpe c_1
3. Druck am Austritt der Pumpe p_2
4. Geschwindigkeit c_7 und Druck p_7 an der Mündung das Druckstollens in das Speicherbecken
5. Massenstrom durch die Turbine $\dot{m}_\text{T}$
6. Turbinenleistung P_{45}

Lösung:

1. **Pumpenleistung P_{63}**

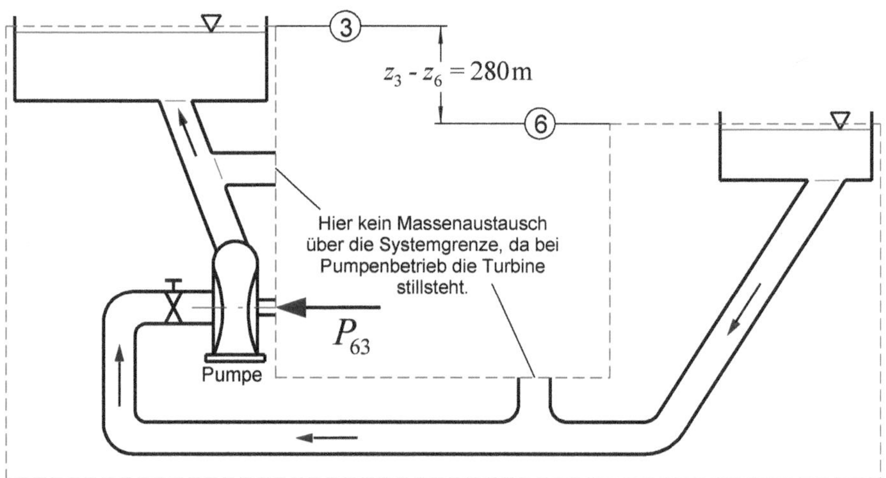

Bild 4.2 Bilanzhülle zur Berechnung der Pumpenleistung

1. Hauptsatz für offenes System (Bild 4.2):

$$\dot{Q}_{63} + P_{63} = \dot{m}_\text{P}\left[h_3 - h_6 + \frac{1}{2}\left(c_3^2 - c_6^2\right) + g\left(z_3 - z_6\right)\right] \qquad \dot{Q}_{63} = 0$$

$$P_{63} = \dot{V}_\text{P} \cdot \rho_\text{W}\left[h_3 - h_6 + \frac{1}{2}\left(c_3^2 - c_6^2\right) + g\left(z_3 - z_6\right)\right]$$

$$P_{63} = \dot{V}_\text{P} \cdot \rho_\text{W}\left[u_3 + p_3 \cdot v_3 - u_6 - p_6 \cdot v_6 + \frac{1}{2}\left(c_3^2 - c_6^2\right) + g\left(z_3 - z_6\right)\right]$$

$u_3 = u_6 \qquad T_3 = T_6$, reibungsfrei

$p_3 = p_6 = p_u \qquad v_3 = v_6$, inkompressibel $\qquad c_3 = 0 \qquad c_6 = 0$

$P_{63} = \dot{V}_P \cdot \rho_W \cdot g\left(z_3 - z_6\right) \qquad z_3 - z_6 = 280\,\text{m}$

$\dot{V}_P = \mathbf{21{,}1\frac{m^3}{s}}$

$\rho_W = \mathbf{1000\frac{kg}{m^3}}$

$$P_{63} = 21{,}1\frac{\text{m}^3}{\text{s}}1000\frac{\text{kg}}{\text{m}^3}\,9{,}81\frac{\text{m}}{\text{s}^2}280\,\text{m} = 21{,}1\cdot 1000\cdot 9{,}81\cdot 280\frac{\text{Nm}}{\text{s}}$$

$$P_{63} = 58000\cdot 10^3\,\frac{\text{Nm}}{\text{s}} = 58000\,\text{kW} = 58\,\text{MW}$$

2. Geschwindigkeit am Eintritt der Pumpe c_1

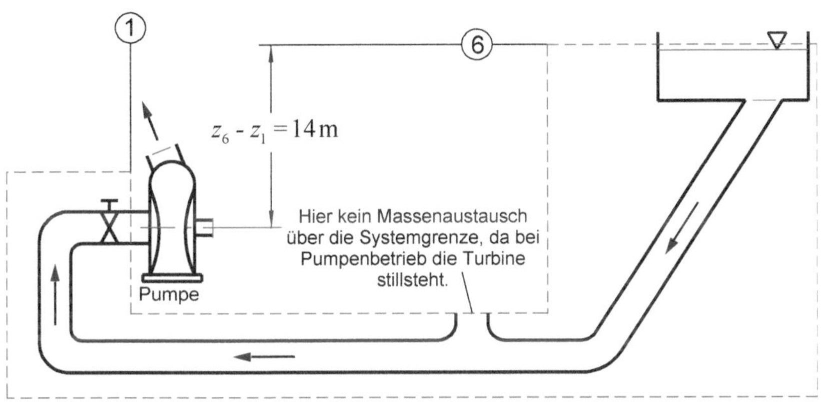

Bild 4.3 Bilanzhülle zur Berechnung der Geschwindigkeit am Eintritt der Pumpe

1. Hauptsatz für offenes System (Bild 4.3):

$$\dot{Q}_{61} + P_{61} = \dot{m}_P\left[h_1 - h_6 + \frac{1}{2}\left(c_1^2 - c_6^2\right) + g\left(z_1 - z_6\right)\right] \qquad \dot{Q}_{61} + P_{61} = 0$$

$$0 = h_1 - h_6 + \frac{1}{2}\left(c_1^2 - c_6^2\right) + g\left(z_1 - z_6\right)$$

$$0 = \left[u_1 + p_1\cdot v_1 - u_6 - p_6\cdot v_6 + \frac{1}{2}\left(c_1^2 - c_6^2\right) + g\left(z_1 - z_6\right)\right]$$

$u_1 = u_6 \qquad T_1 = T_6$, reibungsfrei $\qquad c_6 = 0 \qquad z_1 - z_6 = -14\,\text{m}$

$$0 = p_1 \cdot v_1 - p_6 \cdot v_6 + \frac{1}{2} c_1^2 + g(z_1 - z_6)$$

$$-\frac{1}{2} c_1^2 = p_1 \cdot v_1 - p_6 \cdot v_6 + g(z_1 - z_6)$$

$$\frac{1}{2} c_1^2 = -p_1 \cdot v_1 + p_6 \cdot v_6 - g(z_1 - z_6)$$

Aus Konstruktionsgründen muss an der Stelle 1 ein Druck von

$$\mathbf{p_1 = 12\,mWS = 1{,}176766\,bar}$$

herrschen.

$$c_1^2 = 2\left[-p_1 \cdot v_1 + p_6 \cdot v_6 - g(z_1 - z_6)\right] = 2\left[\frac{1}{\rho_\text{W}}(-p_1 + p_6) - g(z_1 - z_6)\right]$$

$$p_6 = p_\text{u} = 1\,\text{bar} = 1 \cdot 10^5 \frac{\text{N}}{\text{m}^2}$$

$$-p_1 + p_\text{u} = -1{,}176766 \cdot 10^5 \frac{\text{N}}{\text{m}^2} + 1 \cdot 10^5 \frac{\text{N}}{\text{m}^2} = -0{,}176766 \cdot 10^5 \frac{\text{N}}{\text{m}^2}$$

$$c_1^2 = 2\left[\frac{1}{10^3 \frac{\text{kg}}{\text{m}^3}}\left(-0{,}176766 \cdot 10^5 \frac{\text{N}}{\text{m}^2}\right) - g(-14\,\text{m})\right]$$

$$c_1^2 = 2\left[\frac{1}{10^3 \frac{\text{kg}}{\text{m}^3}}\left(-0{,}176766 \cdot 10^5 \frac{\text{N}}{\text{m}^2}\right) + 9{,}81 \frac{\text{m}}{\text{s}^2} 14\,\text{m}\right]$$

$$c_1^2 = 2\left[-17{,}6766 \frac{\text{m}^3}{\text{kg}} \frac{\text{N}}{\text{m}^2} + 9{,}81 \frac{\text{m}}{\text{s}^2} 14\,\text{m}\right] = 239{,}3268 \frac{\text{m}^2}{\text{s}^2}$$

$$c_1 = 15{,}47 \frac{\text{m}}{\text{s}}$$

3. **Druck am Austritt der Pumpe p_2**

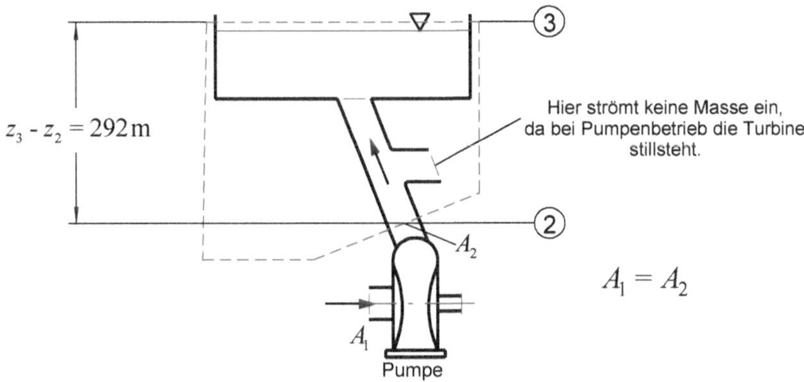

Bild 4.4 Bilanzhülle zur Berechnung des Druckes am Austritt der Pumpe

1. Hauptsatz für offenes System (Bild 4.4):

$$\dot{Q}_{23} + P_{23} = \dot{m}_P \left[h_3 - h_2 + \frac{1}{2}\left(c_3^2 - c_2^2\right) + g\left(z_3 - z_2\right) \right] \qquad \dot{Q}_{23} + P_{23} = 0$$

$$0 = \left[u_3 + p_3 \cdot v_3 - u_2 - p_2 \cdot v_2 + \frac{1}{2}\left(c_3^2 - c_2^2\right) + g\left(z_3 - z_2\right) \right]$$

$u_3 = u_2 \qquad T_3 = T_2$, reibungsfrei $\qquad c_3 = 0 \qquad c_2 = c_1$, da $A_2 = A_1$

$$0 = p_3 \cdot v_3 - p_2 \cdot v_2 - \frac{1}{2} c_1^2 + g\left(z_3 - z_2\right)$$

$$p_2 = \frac{p_3 \cdot v_3 - \frac{1}{2} c_1^2 + g\left(z_3 - z_2\right)}{v_2} \qquad p_3 = p_u \qquad v_3 = v_2 = \frac{1}{\rho_W}$$

$$p_2 = \rho_W \left[p_3 \cdot v_3 - \frac{1}{2} c_1^2 + g\left(z_3 - z_2\right) \right]$$

$$p_2 = 1000 \frac{\text{kg}}{\text{m}^3} \left(1 \cdot 10^5 \frac{\text{N}}{\text{m}^2} \frac{1}{1000} \frac{\text{m}^3}{\text{kg}} - \frac{1}{2}\, 239{,}327 \frac{\text{m}^2}{\text{s}^2} + 9{,}81 \frac{\text{m}}{\text{s}^2}\, 292\,\text{m} \right)$$

$$p_2 = 1000 \left(1 \cdot 10^5 \frac{\text{N}}{\text{m}^2} \frac{1}{1000} \frac{\text{m}^3}{\text{kg}} \frac{\text{kg}}{\text{m}^3} - \frac{1}{2}\, 239{,}327 \frac{\text{m}^2}{\text{s}^2} \frac{\text{kg}}{\text{m}^3} + 9{,}81 \frac{\text{m}}{\text{s}^2}\, 292\,\text{m} \frac{\text{kg}}{\text{m}^3} \right)$$

$$p_2 = 1000\left(1 \cdot 10^5 \frac{1}{1000}\frac{\text{N}}{\text{m}^2} - \frac{1}{2}\,239{,}327\frac{\text{N}}{\text{m}^2} + 9{,}81 \cdot 292\frac{\text{N}}{\text{m}^2}\right)$$

$$p_2 = 28{,}45\,\text{bar}$$

4. **Geschwindigkeit c_7 und Druck p_7 an der Mündung das Druckstollens in das Speicherbecken**

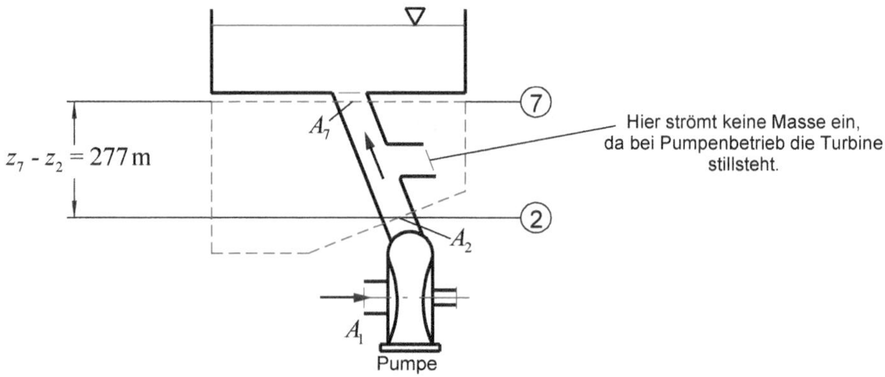

Bild 4.5 Bilanzhülle zur Berechnung der Geschwindigkeit und des Druckes an der Mündung des Speicherbeckens

$$\dot{V}_\text{P} = 21{,}1\frac{\text{m}^3}{\text{s}} = \dot{V}_7 = c_7 \cdot A_7$$

$$\mathbf{A_7 = 6{,}64\,m^2}$$

$$c_7 = \frac{\dot{V}_\text{P}}{A_7} = \frac{21{,}1\frac{\text{m}^3}{\text{s}}}{6{,}64\,\text{m}^2} = 3{,}18\frac{\text{m}}{\text{s}}$$

Hinweis: Beim Eintritt in das Speicherbecken kommt es zu Verwirbelungen. Die Größe der Geschwindigkeit an der Stelle 7 ist deshalb als Näherungswert zu betrachten.

1. Hauptsatz für offenes System (Bild 4.5):

$$\dot{Q}_{27} + P_{27} = \dot{m}_\text{P}\left[h_7 - h_2 + \frac{1}{2}\left(c_7^2 - c_2^2\right) + g\left(z_7 - z_2\right)\right] \qquad \dot{Q}_{27} + P_{27} = 0$$

$$0 = \left[u_7 + p_7 \cdot v_7 - u_2 - p_2 \cdot v_2 + \frac{1}{2}\left(c_7^2 - c_2^2\right) + g\left(z_7 - z_2\right)\right]$$

$u_7 = u_2 \qquad T_7 = T_2$, reibungsfrei $\quad A_1 = A_2 = A_7$

$$0 = \left[p_7 \cdot v_7 - p_2 \cdot v_2 + \frac{1}{2}\left(c_7^2 - c_1^2\right) + g\left(z_7 - z_2\right) \right]$$

$$p_7 = \frac{p_2 \cdot v_2 - \frac{1}{2}\left(c_7^2 - c_1^2\right) - g\left(z_7 - z_2\right)}{v_7} = \rho_W \left[p_2 \cdot v_2 - \frac{1}{2}\left(c_7^2 - c_2^2\right) - g\left(z_7 - z_2\right) \right]$$

$$p_7 = 1000 \frac{\text{kg}}{\text{m}^3} \left[28{,}45 \cdot 10^5 \frac{\text{N}}{\text{m}^2} 10^{-3} \frac{\text{m}^3}{\text{kg}} - \frac{1}{2}\left(3{,}81^2 \frac{\text{m}^2}{\text{s}^2} - 15{,}47^2 \frac{\text{m}^2}{\text{s}^2} \right) - 9{,}81 \frac{\text{m}}{\text{s}^2} 277\,\text{m} \right]$$

$$p_7 = 1000 \left[2845 \frac{\text{N}}{\text{m}^2} + 112{,}4 \frac{\text{N}}{\text{m}^2} - 2717{,}37 \frac{\text{N}}{\text{m}^2} \right]$$

$$p_7 = 2{,}4\,\text{bar}$$

Hinweis: Da die Größe der Geschwindigkeit an der Stelle 7 nur angenähert angegeben werden kann, ist dies auch bei der Größe des Druckes zu beachten.

5. **Massenstrom durch die Turbine $\dot{m}_T$**

$$\dot{m}_T = c_4 \cdot A_4 \cdot \rho_W$$

$$\boldsymbol{c_4 = 6{,}025 \frac{\text{m}}{\text{s}}}$$

$$\boldsymbol{A_4 = A_7 = 6{,}64\,\text{m}^2}$$

$$\dot{m}_T = 6{,}025 \frac{\text{m}}{\text{s}} 6{,}64\,\text{m}^2 \cdot 10^3 \frac{\text{kg}}{\text{m}^3} = 40 \cdot 10^3 \frac{\text{kg}}{\text{s}}$$

6. **Turbinenleistung P_{45}**

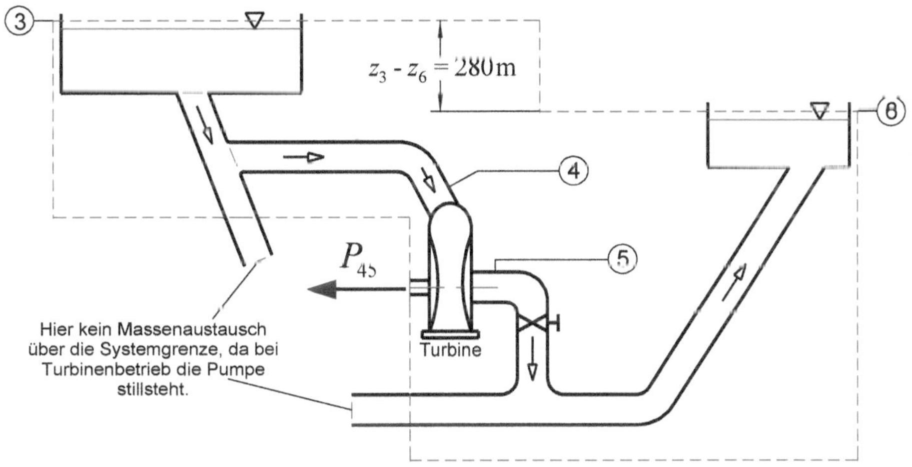

Bild 4.6 Bilanzhülle zur Berechnung der Turbinenleistung

1. Hauptsatz für offenes System (Bild 4.6):

$$\dot{Q}_{36} + P_{36} = \dot{m}_T \left[h_6 - h_3 + \frac{1}{2}\left(c_6^2 - c_3^2\right) + g\left(z_6 - z_3\right) \right] \qquad \dot{Q}_{36} = 0$$

$$P_{36} = \dot{m}_T \left[h_6 - h_3 + \frac{1}{2}\left(c_6^2 - c_3^2\right) + g\left(z_6 - z_3\right) \right]$$

$$P_{36} = \dot{m}_T \left[u_6 + p_6 \cdot v_6 - u_3 - p_3 \cdot v_3 + \frac{1}{2}\left(c_6^2 - c_3^2\right) + g\left(z_6 - z_3\right) \right]$$

$u_3 = u_6$ $\quad T_3 = T_6$, reibungsfrei

$p_3 = p_6 = p_u \quad v_3 = v_6 \quad c_3 = 0 \quad c_6 = 0$

$$P_{36} = \dot{m}_T \cdot g\left(z_6 - z_3\right) \qquad z_6 - z_3 = -280\,\text{m}$$

$$P_{36} = 40 \cdot 10^3 \frac{\text{kg}}{\text{s}} 9{,}81 \frac{\text{m}}{\text{s}^2}\left(-280\,\text{m}\right) \qquad \left[P_{36}\right] = \frac{\text{kg}}{\text{s}} \frac{\text{m}}{\text{s}^2} \text{m} = \frac{\text{Nm}}{\text{s}} = \text{W}$$

$$P_{36} = -110000000\,\text{W} = -110000\,\text{kW} = -110\,\text{MW}$$

Aufgabe 5

Schaufelradprozess, Schmelzwärme, verrichtete Arbeit, unterschiedliche Bilanzhüllen

Vorstellung:

Der Zustand des in Bild 5.1 gezeigten Systems wird über einen Schaufelradprozess verändert. Zu Beginn des Prozesses hat das gesamte System die konstante Temperatur von 0 °C. Am Ende des Prozesses beobachtet man, dass Luft, Wasser und Öl wieder die Temperatur 0 °C haben. Ein Teil des Eises ist geschmolzen.

Der kleine Behälter hat ein Volumen von 53 dm^3. Er enthält zu Beginn des Prozesses 30 kg Wasser und 20 kg Eis. Nach Ablauf des Prozesses beträgt der Druck im kleinen Behälter 0,559 bar.

Dem Gesamtsystem wird über das Schaufelrad eine Arbeit von 3330 kJ zugeführt. Vor dem Prozess herrscht im kleinen Behälter ein Druck von 1 bar.

Die inneren Energien von Luft, Wasser und Eis sind nur von der Temperatur abhängig. Die Druckabhängigkeit der Dichten und der Schmelzwärme kann vernachlässigt werden.

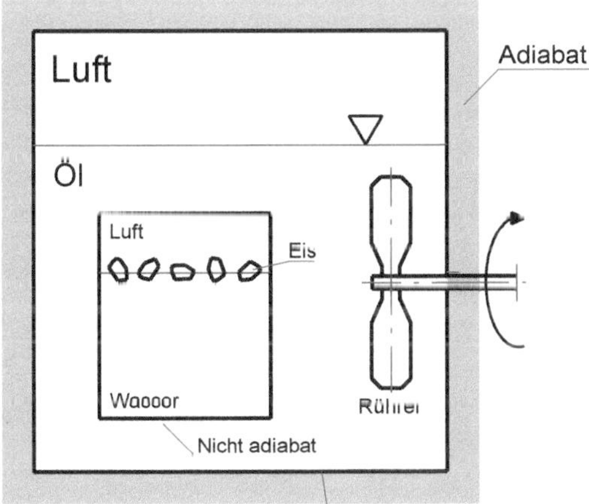

Bild 5.1 Adiabates Gesamtsystem mit nicht adiabaten Teilsystem

Gesucht:

1. Einteilung des Gesamtsystems durch Bilanzhüllen in Teilsysteme
2. Schmelzwärme des Eises r_E
3. An der Luft verrichtete Arbeit im kleinen Behälter $W_{12,B}$

Lösung:

1. **Einteilung des Gesamtsystems durch Bilanzhüllen in Teilsysteme**

Bild 5.2 zeigt die Einteilung des Gesamtsystems in die Teilsysteme A und B mit den diesen Systemen zugeführten Energien $J_{12,A}$ und $Q_{12,B}$.

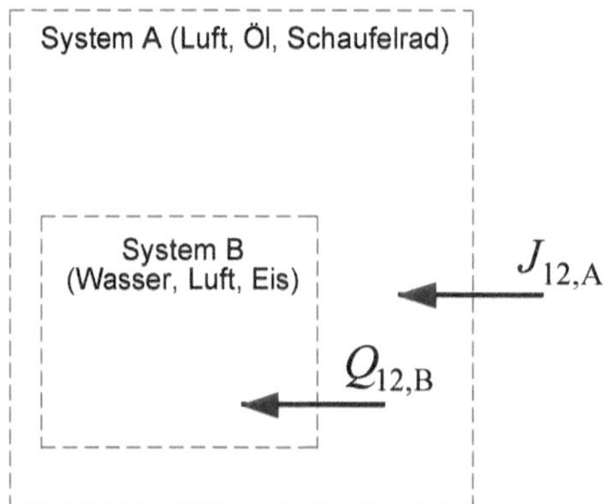

Bild 5.2 Thermodynamische Systeme A und B

2. **Schmelzwärme des Eises r_E**

$$v_W(0\,°C) = 1{,}0016\,\frac{dm^3}{kg}$$

$$v_E(0\,°C) = 1{,}091\,\frac{dm^3}{kg}$$

Die dem System A über den Rührer zugeführte Arbeit $J_{12,A}$ = 3330 kJ wird dissipiert. Sie verändert die innere Energie nicht, da festgestellt wird, dass vor und nach dem Prozess Luft, Wasser und Öl wieder die gleiche Temperatur von 0 °C haben.

Die Arbeit $J_{12,A}$ wird als Wärme $Q_{12,B}$ dem System B zugeführt.

Betrachtung des Systems B, Ermittlung von r_E:

$$r_E = \frac{Q_{12,B}}{\Delta m_E}$$

Volumen der Luft im System B vor dem Prozess:

$$V_{1,\text{Luft}} = V - V_{1,\text{W}} - V_{1,\text{E}} = V - v_{1,\text{W}} \cdot m_{1,\text{W}} - v_{1,\text{E}} \cdot m_{1,\text{E}}$$

$$V_{1,\text{Luft}} = 53\,\text{dm}^3 - 1{,}0016\frac{\text{dm}^3}{\text{kg}}30\,\text{kg} - 1{,}091\frac{\text{dm}^3}{\text{kg}}20\,\text{kg}$$

$$V_{1,\text{Luft}} = 1{,}132\,\text{dm}^3$$

Isotherme Zustandsänderung der Luft im System B:

$$\frac{V_{1,\text{Luft}}}{V_{2,\text{Luft}}} = \frac{p_{2,\text{Luft}}}{p_{1,\text{Luft}}}$$

$$V_{2,\text{Luft}} = V_{1,\text{Luft}} \frac{p_{1,\text{Luft}}}{p_{2,\text{Luft}}} = 1{,}132\,\text{dm}^3 \frac{1\,\text{bar}}{0{,}559\,\text{bar}} = 2{,}025\,\text{dm}^3$$

$$\Delta V_{\text{Luft}} = V_{2,\text{Luft}} - V_{1,\text{Luft}} = \Delta V_{\text{E}} - V_{\text{W}} = \Delta m_{\text{E}}\left(v_{\text{E}} - v_{\text{W}}\right)$$

$$\Delta m_{\text{E}} = \frac{V_{2,\text{Luft}} - V_{1,\text{Luft}}}{v_{\text{E}} - v_{\text{W}}} = \frac{2{,}025\,\text{dm}^3 - 1{,}132\,\text{dm}^3}{1{,}091\frac{\text{dm}^3}{\text{kg}} - 1{,}0016\frac{\text{dm}^3}{\text{kg}}} = \frac{0{,}893\,\text{dm}^3}{0{,}0894\frac{\text{dm}^3}{\text{kg}}} = 9{,}9888\,\text{kg}$$

$$r_{\text{E}} = \frac{Q_{12,\text{B}}}{\Delta m_{\text{E}}} = \frac{3330\,\text{kJ}}{9{,}9888\,\text{kg}} = 333{,}4\frac{\text{kJ}}{\text{kg}}$$

3. **An der Luft verrichtete Arbeit im kleinen Behälter $W_{12,\text{B}}$**

Es wird angenommen, dass die Zustandsänderung der Luft im kleinen Behälter als isotherm betrachtet werden kann.

$$p_{1,\text{Luft}} \cdot V_{1,\text{Luft}} = p_{\text{Luft}} \cdot V_{\text{Luft}}$$

$$W_{12,\text{B}} = -\int_1^2 p_{\text{Luft}}\,\text{d}V_{\text{Luft}} = -p_{1,\text{Luft}} \cdot V_{1,\text{Luft}} \int_1^2 \frac{\text{d}V_{\text{Luft}}}{V_{\text{Luft}}}$$

$$W_{12,\text{B}} = -p_{1,\text{Luft}} \cdot V_{1,\text{Luft}} \cdot \ln\frac{V_{2,\text{Luft}}}{V_{1,\text{Luft}}}$$

$$W_{12,\text{B}} = -1 \cdot 10^5 \frac{\text{N}}{\text{m}^2} \cdot 1{,}132\left(10^{-1}\,\text{m}\right)^3 \cdot \ln\frac{2{,}025\,\text{dm}^3}{1{,}132\,\text{dm}^3}$$

$$W_{12,\text{B}} = -65{,}84\,\text{J}$$

Aufgabe 6

1. Hauptsatz für offenes System, geöffnete Tür eines Kühlschrankes, Zeit für die Verdoppelung der inneren Energie

Vorstellung:

Ein Kühlschrank mit luftgekühltem Kondensator und einer Kälteleistung von 6000 kJ/h wird in einem geschlossenen Raum bei geöffneter Schranktür eingeschaltet (Bild 6.1). Die Luftmasse im Raum beträgt 61,5 kg. Die innere Energie der Luft wird vor dem Einschalten des Kühlschrankes zu 220 kJ/kg bestimmt. Die Leistungsziffer des Kälteprozesses beträgt $\varepsilon = 3$. Die Änderung der inneren Energie des Kühlschrankes kann vernachlässigt werden.

Gesucht:

Zeit für die Verdoppelung der inneren Energie der Luft $\Delta\tau$

Lösung:

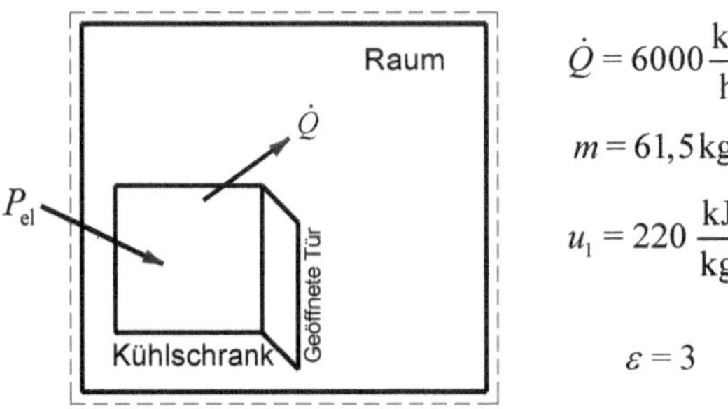

$$\dot{Q} = 6000\,\frac{\text{kJ}}{\text{h}}$$

$$m = 61{,}5\,\text{kg}$$

$$u_1 = 220\,\frac{\text{kJ}}{\text{kg}}$$

$$\varepsilon = 3$$

Bild 6.1 Geschlossener Raum mit Kühlschrank, dessen Tür geöffnet ist

Es handelt sich um ein ruhendes geschlossenes System, für das der 1. Hauptsatz gilt:

$$Q_{12} + W_{V12} + W_{a12} + J_{12} = U_2 - U_1 \qquad Q_{12} = 0 \qquad W_{V12} = 0 \qquad W_{a12} = 0$$

$$J_{12} = U_2 - U_1 \qquad U_2 = 2 \cdot U_1$$

$$J_{12} = 2 \cdot U_1 - U_1 = U_1$$

$$J_{12} = \Delta\tau \cdot P_{el}$$

Hinweis: Die dem Kühlschrank (und damit auch dem Raum) zugeführte elektrische Leistung P_{el} wird innerhalb der Zeit $\Delta\tau$ vollständig dissipiert.

$$\Delta\tau = \frac{J_{12}}{P_{el}} = \frac{U_1}{P_{el}}$$

$$\varepsilon = \frac{\dot{Q}}{P_{el}} = \frac{\text{Abgeführter Wärmestom}}{\text{Zugeführte elektrische Leistung}}$$

Hinweis: Mit $\dot{Q}$ handelt es sich um den vom Kondensator des Kühlschrankes abgegebenen Wärmestrom. Dieser Wärmestrom steht dem Raum bei geöffneter Schranktür zur Aufwärmung zur Verfügung. Es ist $|\dot{Q}| = |\dot{Q}_{ab}| = |\dot{Q}_{Raum}|$.

$$\Delta\tau = \frac{U_1}{P_{el}} = \varepsilon \frac{U_1}{\dot{Q}} = \varepsilon \frac{m \cdot u_1}{\dot{Q}}$$

$$\Delta\tau = \varepsilon \frac{m \cdot u_1}{\dot{Q}_{ab}} = 3 \frac{61{,}5\,\text{kg} \cdot 220\,\frac{\text{kJ}}{\text{kg}}}{6000\,\frac{\text{kJ}}{\text{h}}}$$

$$\Delta\tau = 6{,}732\,\text{h}$$

Aufgabe 7

1. Hauptsatz für geschlossenes System, Volumenänderung beim Rührprozess, zugeführte Arbeit

Vorstellung:

Ein Behälter mit einer viskosen Flüssigkeit hat ein Volumen von 3 m^3. Ein in die Flüssigkeit hineinragender Rührer wird 60 min lang bei einer Drehzahl von 100 min^{-1} mit einem Drehmoment von 150 Nm angetrieben. Dabei nimmt das Volumen der Flüssigkeit um 7 % zu. Der Behälter ist oben offen und steht mit der freien Atmosphäre in Verbindung: p_u = 1,04 bar (Bild 7.1).

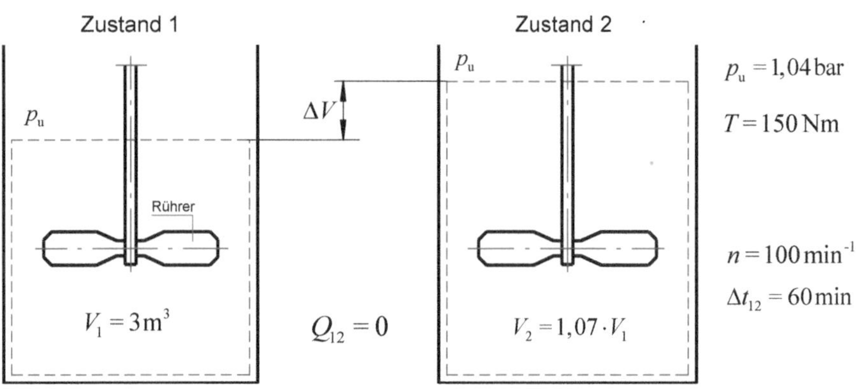

Bild 7.1 Behälter kurz vor (Zustand 1) und kurz nach Ende (Zustand 2) des Rührvorgangs

Gesucht:

Über die Systemgrenze zugeführte Arbeit W_{12}

Lösung:

Es handelt sich um ein ruhendes geschlossenes System, für das der 1. Hauptsatz gilt:

$$Q_{12} + W_{12} = U_2 - U_1 \qquad Q_{12} = 0$$

$$W_{12} = W_{V12} + J_{12} = U_2 - U_1$$

$$W_{12} = U_2 - U_1 = W_{V12} + J_{12} = -\int_1^2 p\,dV + J_{12}$$

$$W_{V12} = -\int_1^2 p\,dV = -p_u \int_1^2 dV = -p_u (V_2 - V_1) \qquad V_2 = 1{,}07 \cdot V_1$$

$$W_{V12} = -p_u (1{,}07 \cdot V_1 - V_1) = -p_u \cdot V_1 (1{,}07 - 1) = -0{,}07 \cdot p_u \cdot V_1$$

$$W_{V12} = -0{,}07 \cdot 1{,}04 \cdot 10^5 \frac{\mathrm{N}}{\mathrm{m}^2} 3\,\mathrm{m}^3 = -21840\,\mathrm{J} = -0{,}21840 \cdot 10^5\,\mathrm{J}$$

$$J_{12} = \int_1^2 T\,d\varphi = T \int_1^2 \omega\,dt = T \cdot \omega\,(t_2 - t_1) = T \cdot 2 \cdot \pi \cdot n\,(t_2 - t_1)$$

$$I_{12} = 2 \cdot T \cdot \pi \cdot n \cdot \Delta t_{12} = 2 \cdot 150\,\mathrm{Nm} \cdot \pi \cdot 100\,\mathrm{min}^{-1} \cdot 60\,\mathrm{min} = 5\,654\,870\ \mathrm{J}$$

$$J_{12} = 56{,}55 \cdot 10^5\,\mathrm{J}$$

$$W_{12} = U_2 - U_1 = W_{V12} + J_{12} = -0{,}21840 \cdot 10^5\,\mathrm{J} + 56{,}55 \cdot 10^5\,\mathrm{J}$$

$$W_{12} = 56{,}3316 \cdot 10^5\,\mathrm{J} = 5{,}6 \cdot 10^6\,\mathrm{J} = 5{,}6\,\mathrm{MJ}$$

Aufgabe 8

1. Hauptsatz für geschlossenes System, Änderung der Energie des Zylinderinhaltes bei unterschiedlicher Lage der Bilanzhülle

Vorstellung:

Ein senkrecht stehender Zylinder mit 250 mm Innendurchmesser ist mit einem brennbaren Gasgemisch gefüllt, das sich im thermischen Gleichgewicht mit der Umgebung befindet. Der Zylinder ist gegen die Umgebung durch einen dichten reibungsfrei beweglichen Kolben abgeschlossen. Dass Kolbengewicht ist so bemessen, dass der Zylinderinhalt unter einem Druck von 4 bar steht. Das Gasgemisch wird nun gezündet und verbrennt, wobei sich der Kolben nach oben bewegt und Wärme mit der Umgebung ausgetauscht wird. Nach Ablauf des Prozesses stellt sich wieder thermisches Gleichgewicht mit der Umgebung ein.

Es werden insgesamt 10 kJ an die Umgebung abgeführt und der Kolben ist in einer 75 mm höheren Position zur Ruhe gekommen. Der Atmosphärendruck beträgt p_u = 1 bar.

Gesucht:

1. Änderung der Energie des Gases im Zylinder *ohne* Kolben $\Delta E_{\text{Gas(o.K.)}}$
2. Änderung der Energie des Gases im Zylinder *mit* Kolben $\Delta E_{\text{Gas(m.K.)}}$

Lösung:

1. **Änderung der Energie des Gases im Zylinder *ohne* Kolben** $\Delta E_{\text{Gas(o.K.)}}$

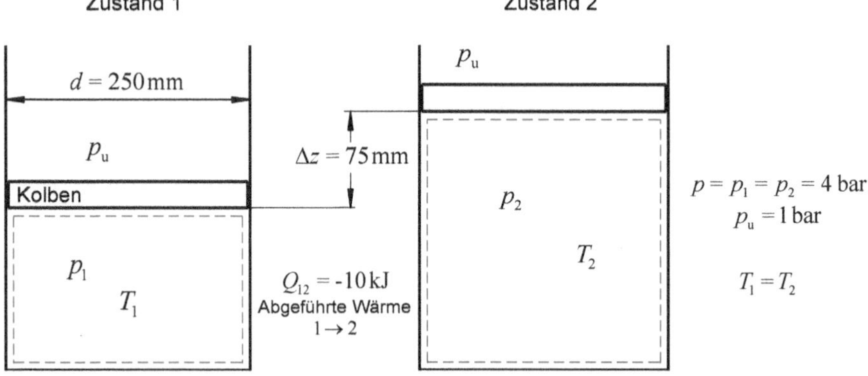

Bild 8.1 Zylinder in den Zuständen 1 und 2, Bilanzhülle *ohne* Kolben

Es handelt sich um ein ruhendes geschlossenes System, für das der 1. Hauptsatz gilt:

$$\Delta E_{\text{Gas(o.K.)}} = Q_{12} + W_{12} = Q_{12} + W_{\text{V12}} + J_{12} \qquad J_{12} = 0$$

$$\Delta E_{\text{Gas(o.K.)}} = Q_{12} + W_{\text{V12}}$$

$$W_{\text{V12}} = -\int_1^2 p\,\mathrm{d}V = -p\left(V_2 - V_1\right) = -p \cdot \Delta z \cdot d^2 \frac{\pi}{4}$$

$$\Delta E_{\text{Gas(o.K.)}} = Q_{12} - p\left(V_2 - V_1\right)$$

$$Q_{12} = -10\,\text{kJ} \qquad p = p_1 = p_2 = 4\,\text{bar} \qquad \Delta z = 75\,\text{mm} \qquad d = 250\,\text{mm}$$

$$V_2 - V_1 = \Delta z \cdot d^2 \frac{\pi}{4} = 0{,}075\,\text{m} \cdot 0{,}25^2\,\text{m}^2 \frac{\pi}{4} = 0{,}00368\,\text{m}^3$$

$$\Delta E_{\text{Gas(o.K.)}} = -10 \cdot 10^3\,\text{J} - 4 \cdot 10^5 \frac{\text{N}}{\text{m}^2} 0{,}00368\,\text{m}^3$$

$$\Delta E_{\text{Gas(o.K.)}} = -10 \cdot 10^3\,\text{J} - 1{,}472 \cdot 10^3\,\text{J} = -11{,}47 \cdot 10^3\,\text{J} = -11{,}47\,\text{kJ}$$

2. **Änderung der Energie des Gases im Zylinder *mit* Kolben** $\Delta E_{\text{Gas(m.K.)}}$

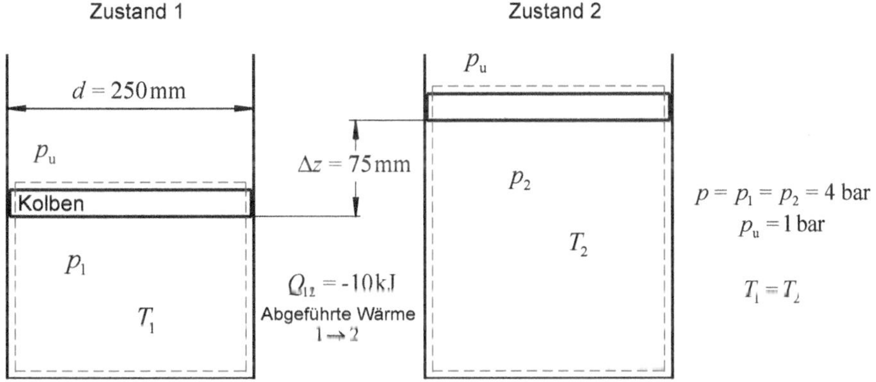

Bild 8.2 Zylinder in den Zuständen 1 und 2, Bilanzhülle *mit* Kolben

Für das geschlossene gesamte System, deren innere Energie (Gas) und deren potentielle Energie (Kolben) sich ändern, lautet der Energieerhaltungssatz:

$$\Delta E = Q_{12} + W_{\text{V12}} + W_{\text{a12}} + J_{12} \qquad J_{12} = 0$$

Mit der Änderung der inneren Energie des Gases

$$\Delta E_{\text{Gas(m.K.)}} = Q_{12} + W_{\text{V12}}$$

und der Änderung der potentiellen Energie des Kolbens

$$\Delta W_{\text{a12}} = m_{\text{K}} \cdot g \cdot \Delta z$$

ergibt sich:

$$\Delta E = Q_{12} + W_{\text{V12}} + m_{\text{K}} \cdot g \cdot \Delta z = \Delta E_{\text{Gas(m.K.)}} + m_{\text{K}} \cdot g \cdot \Delta z$$

$$\Delta E_{\text{Gas(m.K.)}} = \Delta E - m_{\text{K}} \cdot g \cdot \Delta z$$

$$\Delta E_{\text{Gas(m.K.)}} = Q_{12} + W_{\text{V12}} + W_{\text{a12}} - m_{\text{K}} \cdot g \cdot \Delta z \qquad \Delta W_{\text{a12}} = m_{\text{K}} \cdot g \cdot \Delta z$$

$$\Delta E_{\text{Gas(m.K.)}} = Q_{12} + W_{\text{V12}}$$

Hinweis: Es zeigt sich, dass die Änderung der Energie des Gases im Zylinder *mit* Kolben gegenüber der Änderung der Energie des Gases im Zylinder *ohne* Kolben (Punkt 1) unverändert ist.

$$\Delta E_{\text{Gas(m.K.)}} = \Delta E_{\text{Gas(o.K.)}} = -11{,}47\,\text{kJ}$$

Aufgabe 9

1. Hauptsatz für offenes System, Kalorimeter, Änderung der Enthalpie des Gasgemisches

Vorstellung:

Zur Messung der Energieumsetzung bei Verbrennungsvorgängen benutzt man Kalorimeter. In einem Junkerskalorimeter, das insbesondere zu Bestimmung der Energieumsetzung bei der Verbrennung gasförmiger Brennstoffe dient, wird ein Brennstoff-Luftgemisch (Eintrittszustand: p_1 = 1 bar , T_1 = 292 K) in einem stationären Fließprozess verbrannt: Dabei erfolgt ein Energieaustausch ausschließlich mit dem Kühlwasser durch Wärmeübergang (Bild 9.1). Die Verbrennungsgase verlassen das Kalorimeter mit dem Druck p_2 = 1 bar und der Temperatur T_2 = 292 K.

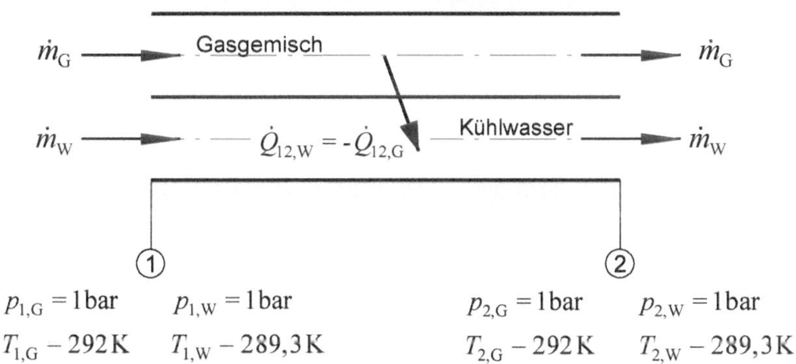

Bild 9.1 Prinzip der Junkerskalorimeter

Bei dem Versuch werden in einer bestimmten Versuchszeit 0,01132 kg Brenngas verbrannt. Die während der Versuchszeit durchgeflossene Kühlwassermenge beträgt 24,2 kg, wobei die Wassertemperatur am Eintritt 289,3 K und am Austritt 294,0 K beträgt.

Die spezifische Wärmekapazität des Wassers $c_W = 4{,}18\,\text{kJ}/(\text{kg}\cdot\text{K})$ soll unabhängig von Druck und Temperatur sein.

Gesucht:

Änderung der Enthalpie des Gasgemisches bezogen auf die Masse des Brenngases $\frac{\Delta \dot{H}_{12,G}}{\dot{m}_G}$.

Lösung:

Betrachtung des Gasgemisches als thermodynamisches System, erster Hauptsatz für stationären Fließprozess (Bild 9.2):

$$\dot{Q}_{12,G} + P_{12,G} = \dot{m}_G \left(h_{2,G} - h_{1,G} \right) = \dot{H}_{2,G} - \dot{H}_{1,G} = \Delta \dot{H}_{12,G} \qquad P_{12,G} = 0$$

$$\dot{Q}_{12,G} = \Delta \dot{H}_{12,G}$$

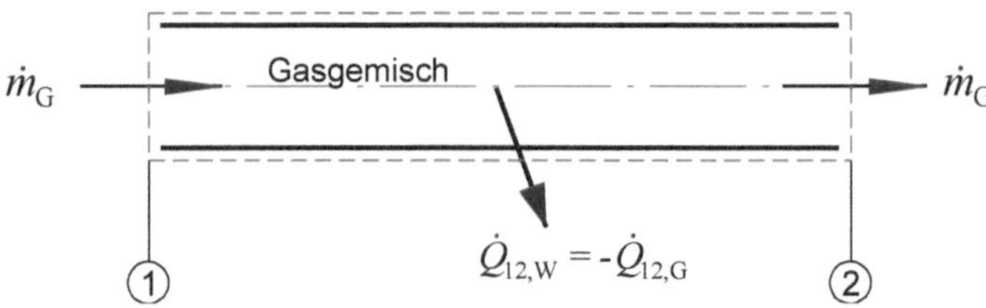

Bild 9.2 Gasgemisch als thermodynamisches System

Betrachtung des Kühlwassers als thermodynamisches System, erster Hauptsatz für stationären Fließprozess (Bild 9.3):

$$\dot{Q}_{12,W} + P_{12,W} = \dot{m}_W \left(h_{2,W} - h_{1,W} \right) \qquad P_{12,W} = 0$$

$$\dot{Q}_{12,W} = \dot{m}_W \left(p_{2,W} \cdot v_{2,W} - p_{1,W} \cdot v_{1,W} + u_{2,W} - u_{1,W} \right)$$

$$p_{2,W} \cdot v_{2,W} - p_{1,W} \cdot v_{1,W} = 0$$

$$\dot{Q}_{12,W} = \dot{m}_W \left(u_{2,W} - u_{1,W} \right) = -\Delta \dot{H}_{12,G}$$

$$\Delta \dot{H}_{12,G} = -\dot{m}_W \left(u_{2,W} - u_{1,W} \right) = -\dot{m}_W \int_{1,W}^{2,W} c_W \, \mathrm{d}T = -\dot{m}_W \cdot c_W \left(T_{2,W} - T_{1,W} \right)$$

$$\frac{\Delta \dot{H}_{12,G}}{\dot{m}_G} = -\frac{\dot{m}_W}{\dot{m}_G} c_W \left(T_{2,W} - T_{1,W} \right)$$

$$\frac{\Delta \dot{H}_{12,G}}{\dot{m}_G} = -\frac{24{,}2\,\mathrm{kg}}{0{,}01132\,\mathrm{kg}} \, 4{,}18 \frac{\mathrm{kJ}}{\mathrm{kg} \cdot \mathrm{K}} \left(294{,}8\,\mathrm{K} - 289{,}3\,\mathrm{K} \right)$$

$$\frac{\Delta \dot{H}_{12,G}}{\dot{m}_G} = -49148\frac{kJ}{kg}$$

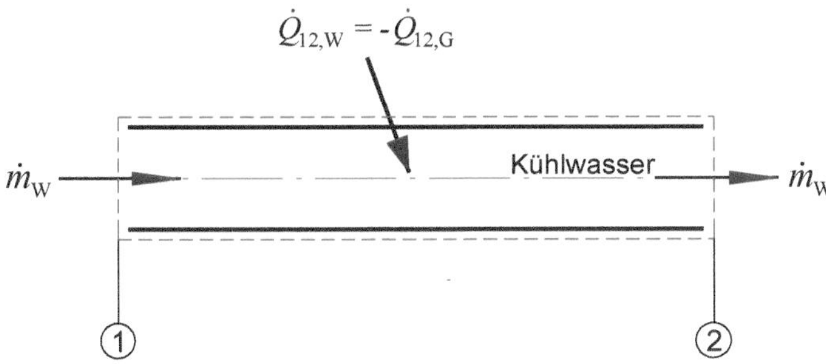

Bild 9.3 Kühlwasser als thermodynamisches System

Aufgabe 10

Metallblock, isobarer Ausdehnungskoeffizient, isothermer Kompressibilitätskoeffizient, Druck und Temperatur

Vorstellung:

Ein Metallblock wird bei einem Druck von 1 bar und einer Temperatur von 20 °C mit einem enganliegenden dicken Mantel aus einer Metalllegierung umgeben, deren Volumenänderung infolge von Druck oder Temperaturänderung vernachlässigbar klein ist (Bild 10.1). Für den eingeschlossenen Metallblock gelten:

$$\alpha(T) = 5{,}0 \cdot 10^{-5} \frac{1}{\text{K}} T = \alpha_0 \cdot T \qquad \text{Isobarer Ausdehnungskoeffizient}$$

$$\gamma(p) = 1{,}2 \cdot 10^{-6} \frac{1}{\text{bar}} p = \gamma_0 \cdot p \qquad \text{Isothermer Kompressibilitätskoeffizient}$$

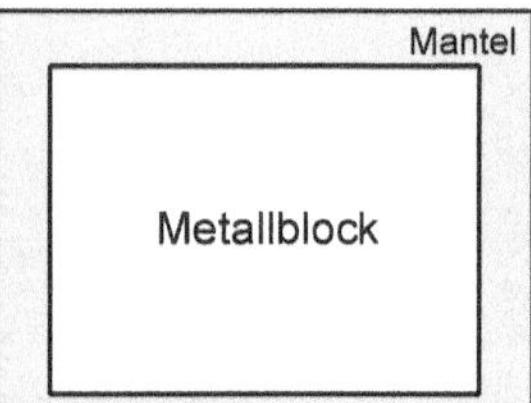

$p_1 = 1\ \text{bar}$

$t_1 = 20\ °\text{C}$

$t_2 = 32\ °\text{C}$

Bild 10.1 Metallblock mit starrem Mantel

Gesucht:

1. Druck des Metallblocks, wenn die Temperatur auf 32 °C steigt
2. Maximale Temperatur des Metallblocks, wenn der Mantel 1200 bar aushalten kann.

Lösung:

1. **Druck des Metallblocks, wenn die Temperatur auf 32 °C steigt**

Für das Volumen des Metallblocks gilt:

$$V = V(T, p)$$

Das vollständige Differential dazu lautet:

$$dV = \left(\frac{\partial V}{\partial T}\right)_p dT + \left(\frac{\partial V}{\partial p}\right)_T dp \qquad dV = 0$$

$$0 = \frac{V}{T}\frac{T}{V}\left(\frac{\partial V}{\partial T}\right)_p dT + \frac{V}{p}\frac{p}{V}\left(\frac{\partial V}{\partial p}\right)_T dp$$

$$\alpha = \frac{T}{V}\left(\frac{\partial V}{\partial T}\right)_p \qquad \gamma = -\frac{p}{V}\left(\frac{\partial V}{\partial p}\right)_T$$

$$0 = -\frac{V}{p}\gamma\, dp + \frac{V}{T}\alpha\, dT$$

$$dp = \frac{p \cdot \alpha}{T \cdot \gamma} dT \qquad \alpha(T) = \alpha_0 \cdot T \qquad \gamma(p) = \gamma_0 \cdot p$$

$$dp = \frac{p \cdot \alpha_0 \cdot T}{T \cdot \gamma_0 \cdot p} dT = \frac{\alpha_0}{\gamma_0} dT$$

$$p_2 - p_1 = \int_1^2 \frac{\alpha_0}{\gamma_0} dT = \frac{\alpha_0}{\gamma_0}(T_2 - T_1) \qquad T_2 - T_1 = 12\,\mathrm{K}$$

$$p_2 = \frac{\alpha_0}{\gamma_0}(T_2 - T_1) + p_1 = \frac{5{,}0 \cdot 10^{-5}\,\frac{1}{\mathrm{K}}}{1{,}2 \cdot 10^{-6}\,\frac{1}{\mathrm{bar}}} 12\,\mathrm{K} + 1\,\mathrm{bar}$$

$$p_2 = 501\,\mathrm{bar}$$

2. **Maximale Temperatur des Metallblocks, wenn der Mantel 1200 bar aushalten kann**

$$p_{2,max} = \frac{\alpha_0}{\gamma_0}(T_{2,max} - T_1) + p_1$$

$$T_{2,max} = T_1 + \frac{\lambda_0}{\alpha_0}(p_{2,max} - p_1) = 293{,}15\,\mathrm{K} + \frac{1{,}2 \cdot 10^{6}\,\frac{1}{\mathrm{bar}}}{5{,}0 \cdot 10^{-5}\,\frac{1}{\mathrm{K}}}(1200\,\mathrm{bar} - 1\,\mathrm{bar})$$

$$T_{2,max} = 321{,}926\,\mathrm{K} = 48{,}8\,°\mathrm{C}$$

Aufgabe 11

Druckbehälter, Befüllung von Flaschen

Vorstellung:

Ein Druckbehälter mit einen Innenvolumen von 8 m³ enthält Wasserstoff mit einem Druck von 220 bar bei einer Temperatur von 293 K. Der Wasserstoff kann als ideales Gas angesehen werden.

Aus dem Druckbehälter sollen Flaschen von je 10 dm³ mit einem maximaler Druck von 150 bar abgefüllt werden. Die Abfüllung erfolgt so langsam, dass die Gastemperatur sich nicht ändert.

Es kann nur solange aus dem Druckbehälter abgefüllt werden, bis der Druck im Behälter gleich dem Druck in den Flaschen ist. Das Gas, das sich vor dem Füllen in den Flaschen befindet, kann vernachlässigt werden.

Gesucht:

Anzahl der Flaschen *N*, die abgefüllt werden können

Lösung:

Die Masse im Druckbehälter reduziert sich durch das Befüllen der Flaschen von $m_{220\,\text{bar}}$ auf $m_{150\,\text{bar}}$.

$$\boldsymbol{R_{H_2} = 4124 \frac{J}{kg \cdot K}}$$

$$m_{220\,\text{bar}} = \frac{p_{220\,\text{bar}} \cdot V_B}{R_{H_2} \cdot T_B} = \frac{220 \cdot 10^5 \frac{N}{m^2} 8\,m^3}{4124 \frac{J}{kg \cdot K} 293\,K} = 145{,}65\,kg$$

$$m_{150\,\text{bar}} = \frac{p_{150\,\text{bar}} \cdot V_B}{R_{H_2} \cdot T_B} = \frac{150 \cdot 10^5 \frac{N}{m^2} 8\,m^3}{4124 \frac{J}{kg \cdot K} 293\,K} = 99{,}31\,kg$$

Mit der Differenz

$$m_{220\,\text{bar}} - m_{150\,\text{bar}} = 145{,}65\text{ kg} - 99{,}31\text{kg} = 46{,}34\text{ kg} = m_{\text{N-Flaschen}}$$

werden die N Flaschen befüllt.

Jede Flasche hat eine Masse von:

$$m_{\text{Flasche}} = \frac{p_{150\,\text{bar}} \cdot V_{\text{Flasche}}}{R_{H_2} \cdot T_{\text{Flasche}}} = \frac{150 \cdot 10^5 \dfrac{\text{N}}{\text{m}^2} 10 \cdot 10^{-3}\text{m}^3}{4124 \dfrac{\text{J}}{\text{kg} \cdot \text{K}} 293\text{K}} = 0{,}12414\,\text{kg}$$

Es muss sein:

$$N \cdot m_{\text{Flasche}} = m_{\text{N-Flaschen}}$$

$$N = \frac{m_{\text{N-Flaschen}}}{m_{\text{Flasche}}} = \frac{46{,}34\text{ kg}}{0{,}12414\,\text{kg}} = 373$$

Aufgabe 12

Gasometer, Auslegungsdruck des Verdichters, Massenstromverhältnis, Gegenkraft bei vorgeschriebenem Innendruck

Vorstellung:

Ein Gasometer, das Wasserstoff enthält, ist mittels einer Glocke abgedeckt, die eine Masse von $m_G = 4000$ kg hat (Bild 12.1). Der Wasserstoff, mit der das Gasometer befüllt ist, nimmt ein Volumen von $V = 40\ \text{m}^3$ ein. Der Durchmesser beträgt $d = 5$ m. Umgebungsdruck: $p_u = 1$ bar.

Die Füllung des Gasometers mit Wasserstoff erfolgt mittels eines Verdichters.

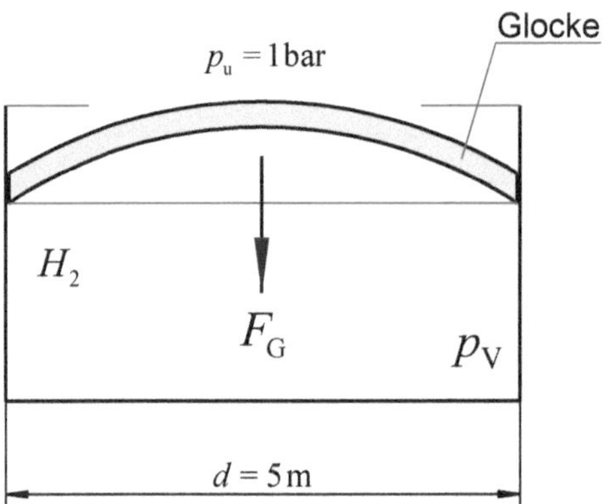

Bild 12.1 Gasometer unter dem Auslegungsdruck des Verdichters

Gesucht:

1. Auslegungsdruck des Verdichters p_V bei Last der Glocke auf dem Wasserstoff
2. Verhältnis m/m_N bei $p_{H_2} = 1\,\text{bar}$ und $T_{H_2} = 300\,\text{K}$
3. Gegenkraft F_O, wenn ein Überdruck von 120 mmWS nicht überschritten werden darf
4. Speichervolumen V_S bei einem Überdruck von 120 mmWS

Lösung:

1. **Auslegungsdruck des Verdichters p_V bei Last der Glocke auf dem Wasserstoff**

$$p_V \cdot A = F_G + p_u \cdot A$$

$$p_V = \frac{F_G}{A} + p_u = \frac{m_G \cdot g}{d^2 \frac{\pi}{4}} + p_u$$

$$p_V = \frac{4000\,\text{kg} \cdot 9{,}81 \frac{\text{m}}{\text{s}^2}}{5^2\,\text{m}^2 \frac{\pi}{4}} + 1 \cdot 10^5 \frac{\text{N}}{\text{m}^2} = 101250 \frac{\text{N}}{\text{m}^2}$$

$$p_V = 1{,}02\,\text{bar}$$

2. **Verhältnis m/m_N bei $p_{H_2} = 1\,\text{bar}$ und $T_{H_2} = 300\,\text{K}$**

Masse eines Normkubikmeters:

$$m_N = \frac{p_N \cdot V_N}{R_{H_2} \cdot T_N}$$

$$p_N = 1{,}01325\,\text{bar} \quad V_N = 1\,\text{m}^3 \quad T_N = 273{,}15\,\text{K} \qquad R_{H_2} = 4124 \frac{\text{J}}{\text{kg} \cdot \text{K}}$$

$$m_N = \frac{1{,}01325 \cdot 10^5 \frac{\text{N}}{\text{m}^2}\, 1\,\text{m}^3}{4124 \frac{\text{Nm}}{\text{kg} \cdot \text{K}}\, 273{,}15\,\text{K}} = 0{,}09\,\text{kg}$$

Masse bei $V = 40\ \text{m}^3$, $p_{H_2} = 1\,\text{bar}$ und $T_{H_2} = 300\,\text{K}$:

$$m = \frac{p_{H_2} \cdot V}{R_{H_2} \cdot T_{H_2}} = \frac{1 \cdot 10^5 \frac{\text{N}}{\text{m}^2}\, 40\,\text{m}^3}{4124 \frac{\text{Nm}}{\text{kg} \cdot \text{K}}\, 300\,\text{K}} = 3{,}233\,\text{kg}$$

$$\frac{m}{m_N} = \frac{3{,}233\,\text{kg}}{0{,}09\,\text{kg}} = 35{,}92$$

Um das ca. 36-fache übersteigt die Masse des Wasserstoffs die Masse des Wasserstoffs bei Normzustand.

3. **Gegenkraft F_O, wenn ein Überdruck von 120 mmWS nicht überschritten werden darf**

Die vorliegende Kräfte- und Drucksituation zeigt Bild 12.2.

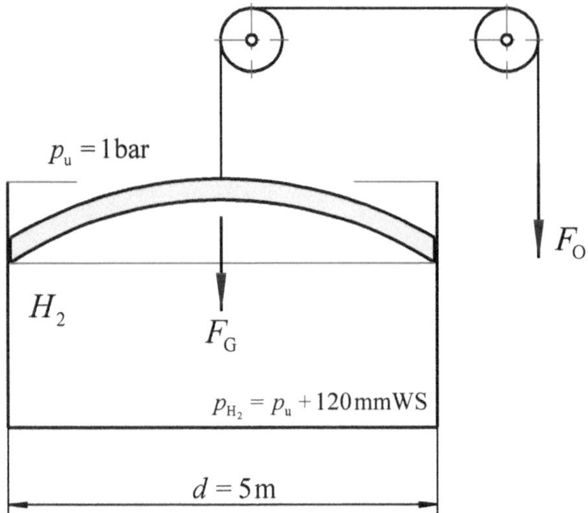

Bild 12.2 Gasometer unter dem limitierten Innendruck

Kräftegleichgewicht:

$$p_{H_2} \cdot A + F_O = p_u \cdot A + F_G$$

$$F_O = p_u \cdot A + F_G - p_{H_2} \cdot A = F_G + p_u \cdot A - p_{H_2} \cdot A$$

$$F_O = F_G + \left(p_u - p_{H_2}\right) A = F_G - \left(p_{H_2} - p_u\right) A = m_G \cdot g - \left(p_{H_2} - p_u\right) d^2 \frac{\pi}{4}$$

$$p_{H_2} = p_u + 120\,\text{mmWS}$$

$$p_{H_2} - p_u = 120\,\text{mmWS} = 1\,176{,}766 \frac{\text{N}}{\text{m}^2}$$

$$F_O = 4000\,\text{kg} \cdot 9{,}81 \frac{\text{m}}{\text{s}^2} - 1\,176{,}766 \frac{\text{N}}{\text{m}^2} 5^2\,\text{m}^2 \frac{\pi}{4}$$

$$F_G = 16{,}134 \cdot 10^3\,\text{N} = 16134\,\text{N}$$

4. **Speichervolumen V_S bei einem Überdruck von 120 mmWS**

$$V_S \cdot p_S = V \cdot p_V \qquad p_V = 1{,}02\,\text{bar}$$

$$p_S = p_u + 120\,\text{mmWS} = 1 \cdot 10^5\,\frac{\text{N}}{\text{m}^2} + 1\,176{,}766\,\frac{\text{N}}{\text{m}^2} = 101176{,}766\,\frac{\text{N}}{\text{m}^2} = 1{,}01176766\,\text{bar}$$

$$V_S = \frac{V \cdot p_V}{p_S} = \frac{40\,\text{m}^3 \cdot 1{,}02\,\text{bar}}{1{,}01176766\,\text{bar}} = 40{,}325\,\text{m}^3$$

Aufgabe 13

1. Hauptsatz für geschlossenes System, Kammertemperaturen eines Zylinders

Vorstellung:

Ein an den Enden verschlossener Zylinder liegt horizontal. Er ist im Ausgangszustand in zwei Kammern unterschiedlicher Größe unterteilt, die durch einen wärme*un*durchlässigen Kolben getrennt sind (Bild 13.1). Die Volumina betragen $V_{1,\text{links}} = 2{,}8\,\text{m}^3$, $V_{1,\text{rechts}} = 11{,}2\,\text{m}^3$. Das Gas in der linken Kammer hat eine Temperatur von $T_{1,\text{links}} = 310\,\text{K}$ und einen Druck von $p_{1,\text{links}} = 9\,\text{bar}$. Für das Gas in der rechten Kammer gilt $T_{1,\text{rechts}} = 310\,\text{K}$, $p_{1,\text{rechts}} = 3\,\text{bar}$. Der in diesem Zustand festgehaltene Kolben wird jetzt freigegeben; er führt Schwingungen aus, die bei Einstellung des thermodynamischen und mechanischen Gleichgewichts nach einer gewissen Zeit zur Ruhe kommen. Das hier verwendete Gas kann als ideales Gas behandelt werden.

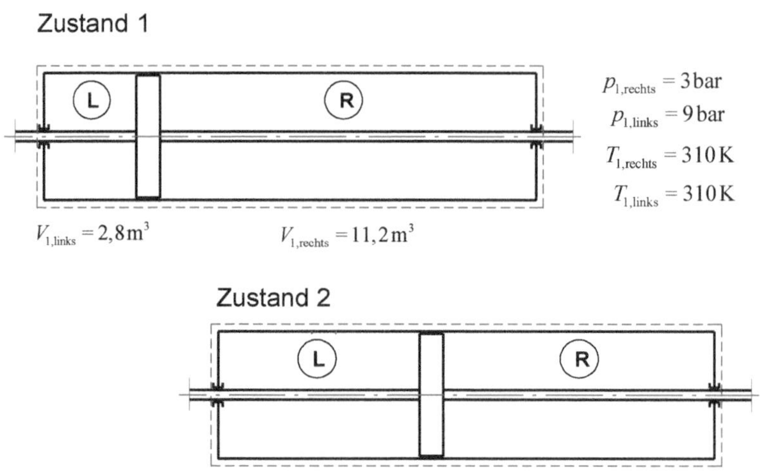

Bild 13.1 An den Enden verschlossener Zylinder

Gesucht:

1. Temperaturen in den Kammern im Zustand 2: $T_{2,\text{links}}, T_{2,\text{rechts}}$
2. Drücke in den Kammern im Zustand 2: $p_{2,\text{links}}, p_{2,\text{rechts}}$
3. Volumina der Kammern im Zustand 2: $V_{2,\text{links}}, V_{2,\text{rechts}}$

Lösung:

1. **Temperaturen in den Kammern im Zustand 2:** $T_{2,\text{links}}, T_{2,\text{rechts}}$

1. Hauptsatz für geschlossenes gesamtes System:

$$Q_{12} + W_{12} = U_2 - U_1 \qquad Q_{12} = 0 \qquad W_{12} = 0$$

$$U_2 = U_1$$

Bei idealem Gas:

$$U_2(T) = U_1(T) \qquad \Rightarrow \qquad T_{2,\text{links}} = T_{2,\text{rechts}} = T_{1,\text{links}} = T_{1,\text{rechts}} = 310\,\text{K}$$

2. **Drücke in den Kammern im Zustand 2:** $p_{2,\text{links}}, p_{2,\text{rechts}}$

$$m_{\text{links}} = \text{konst.} = \frac{p_{1,\text{links}} \cdot V_{1,\text{links}}}{R_{\text{Gas}} \cdot T_{1,\text{links}}} = \frac{p_{2,\text{links}} \cdot V_{2,\text{links}}}{R_{\text{Gas}} \cdot T_{2,\text{linkss}}}$$

$$\frac{p_{1,\text{links}} \cdot V_{1,\text{links}}}{T_{1,\text{links}}} = \frac{p_{2,\text{links}} \cdot V_{2,\text{links}}}{T_{2,\text{links}}} \qquad T_{1,\text{links}} = T_{2,\text{links}}$$

$$p_{1,\text{links}} \cdot V_{1,\text{links}} = p_{2,\text{links}} \cdot V_{2,\text{links}}$$

Analog gilt:

$$p_{1,\text{rechts}} \cdot V_{1,\text{rechts}} = p_{2,\text{rechts}} \cdot V_{2,\text{rechts}}$$

Im Zustand 2 gilt nach der Einstellung des Gleichgewichtes:

$$p_{2,\text{rechts}} = p_{2,\text{links}} = p_2$$

$$V_{2,\text{rechts}} + V_{2,\text{links}} - V_{\text{ges}} - 14\,\text{m}^3 - 5\ V_{1,\text{links}}$$

$$p_{1,\text{links}} \cdot V_{1,\text{links}} = p_2 \cdot V_{2,\text{links}}$$

$$p_{1,\text{rechts}} \cdot V_{1,\text{rechts}} - p_2 \cdot V_{2,\text{rechts}}$$

$$p_{1,\text{links}} \cdot V_{1,\text{links}} + p_{1,\text{rechts}} \cdot V_{1,\text{rechts}} = p_2 \left(V_{2,\text{links}} + V_{2,\text{rechts}}\right) = p_2 \cdot 5 \cdot V_{1,\text{links}}$$

$$p_2 = \frac{p_{1,\text{links}} \cdot V_{1,\text{links}} + p_{1,\text{rechts}} \cdot V_{1,\text{rechts}}}{5 \cdot V_{1,\text{links}}}$$

$$p_2 = \frac{9\,\text{bar} \cdot 2{,}8\,\text{m}^3 + 3\,\text{bar} \cdot 11{,}2\,\text{m}^3}{5 \cdot 2{,}8\,\text{m}^3}$$

$$p_2 = 4{,}2\,\text{bar}$$

3. **Volumina der Kammern im Zustand 2:** $V_{2,\text{links}}$, $V_{2,\text{rechts}}$

$$p_{1,\text{links}} \cdot V_{1,\text{links}} = p_2 \cdot V_{2,\text{links}}$$

$$V_{2,\text{links}} = \frac{V_{1,\text{links}} \cdot p_{1,\text{links}}}{p_2} = \frac{2{,}8\,\text{m}^3 \cdot 9\,\text{bar}}{4{,}2\,\text{bar}} = 6\,\text{m}^3$$

$$p_{1,\text{rechts}} \cdot V_{1,\text{rechts}} = p_2 \cdot V_{2,\text{rechts}}$$

$$V_{2,\text{rechts}} = \frac{V_{1,\text{rechts}} \cdot p_{1,\text{rechts}}}{p_2} = \frac{11{,}2\,\text{m}^3 \cdot 3\,\text{bar}}{4{,}2\,\text{bar}} = 8\,\text{m}^3$$

Aufgabe 14

1. Hauptsatz für stationären Fließprozess, Kaltluftanlage, zu- und abgeführte Wärmen, höchste und niedrigste Temperatur

Vorstellung:

Eine Kaltluftanlage zur Raumkühlung saugt aus dem zu kühlenden Raum stündlich 12 m^3 Luft an. Die Luftfeuchtigkeit ist zu vernachlässigen. Die Luft wird in aufeinander folgenden stationären Fließprozessen den folgenden Zustandsänderungen unterworfen (Joule-Prozess). Der Zustand der Luft im Raum beträgt p_1 = 1,25 bar, T_1 = 277 K.

$1 \rightarrow 2$ Isentrope Verdichtung auf p_2 = 2,5 bar

$2 \rightarrow 3$ Isobare Abkühlung auf T_3 = 305 K

$3 \rightarrow 4$ Isentrope Expansion in der Turbine auf p_4 = 1,25 bar

$4 \rightarrow 1$ Isobare Wärmezufuhr im zu kühlenden Raum auf T_1 = 277 K

Die Luft kann im betrachteten Zustandsbereich als ideales Gas mit konstanten spezifischen Wärmekapazitäten betrachtet werden. Reibung ist bei allen Prozessen zu vernachlässigen.

Gesucht:

1. Höchste Temperatur T_{max}
2. Niedrigste Temperatur T_{min}
3. Abgeführte Wärme Q_{23}
4. Zugeführte Wärme Q_{41}
5. Leistung des Verdichters P_{12}
6. Leistung der Turbine P_{34}
7. Darstellung der Zustandsänderungen im p,v-Diagramm

Lösung:

1. **Höchste Temperatur T_{max}**

$\bar{\kappa} = 1,4$

Isentrope Verdichtung von $1 \rightarrow 2$, $T_2 > T_1$

$$T_2 = T_1 \left(\frac{p_2}{p_1}\right)^{\frac{\bar{\kappa}-1}{\bar{\kappa}}} = 277\,\mathrm{K}\left(\frac{2,5\,\mathrm{bar}}{1,25\,\mathrm{bar}}\right)^{\frac{1,4-1}{1,4}} = 277\,\mathrm{K}\cdot 2^{0,285714} = 337,7\,\mathrm{K} = T_{max}$$

2. **Niedrigste Temperatur T_{min}**

$$T_4 = T_3 \left(\frac{p_4}{p_3}\right)^{\frac{\bar{\kappa}-1}{\bar{\kappa}}} = 305\,\mathrm{K}\left(\frac{1,25\,\mathrm{bar}}{2,5\,\mathrm{bar}}\right)^{\frac{1,4-1}{1,4}} = 305\,\mathrm{K}\cdot 0,5^{0,285714} = 250,2\,\mathrm{K} = T_{min}$$

3. **Abgeführte Wärme Q_{23}**

$c_{v,Luft} = 0,717\,\mathrm{kJ/(kg\cdot K)}$

$R_{Luft} = 0,287\,\mathrm{kJ/(kg\cdot K)}$

$2 \rightarrow 3$ Isobare Abkühlung

Erster Hauptsatz:

$$\dot{Q}_{23} + P_{23} = \dot{m}(h_3 - h_2) = \dot{m}\cdot c_{p,Luft}(T_3 - T_2) \qquad P_{23} = 0$$

$$c_{p,Luft} = R_{Luft} + c_{v,Luft} = 0,287\frac{\mathrm{kJ}}{\mathrm{kg\cdot K}} + 0,717\frac{\mathrm{kJ}}{\mathrm{kg\cdot K}} = 1,004\frac{\mathrm{kJ}}{\mathrm{kg\cdot K}}$$

$$\dot{m} = \frac{p_1\cdot \dot{V}_1}{R_{Luft}\cdot T_1} = \frac{1,25\cdot 10^5\,\frac{\mathrm{N}}{\mathrm{m}^2}\,12\,\frac{\mathrm{m}^3}{3600\,\mathrm{s}}}{287\,\frac{\mathrm{J}}{\mathrm{kg\cdot K}}\,277\,\mathrm{K}} = 5,24\cdot 10^{-3}\,\frac{\mathrm{kg}}{\mathrm{s}}$$

$$\dot{Q}_{23} = \dot{m}\cdot c_{pLuft}(T_3 - T_2) = 5,24\cdot 10^{-3}\,\frac{\mathrm{kg}}{\mathrm{s}}\,1,004\frac{\mathrm{kJ}}{\mathrm{kg\cdot K}}(305\,\mathrm{K} - 337,7\,\mathrm{K})$$

$$\dot{Q}_{23} = -0,172\frac{\mathrm{kJ}}{\mathrm{s}} = -0,172\,\mathrm{kW}$$

4. **Zugeführte Wärme Q_{41}**

$4 \rightarrow 1$ Isobare Wärmezufuhr

$$\dot{Q}_{41} = \dot{m}\cdot c_{p,Luft}(T_1 - T_4) = 5,24\cdot 10^{-3}\,\frac{\mathrm{kg}}{\mathrm{s}}\,1,004\frac{\mathrm{kJ}}{\mathrm{kg\cdot K}}(277\,\mathrm{K} - 250,2\,\mathrm{K})$$

$$\dot{Q}_{41} = 0{,}141\frac{\text{kJ}}{\text{s}} = 0{,}141\,\text{kW}$$

5. **Leistung des Verdichters P_{12}**

Erster Hauptsatz:

$$\dot{Q}_{12} + P_{12} = \dot{m}(h_2 - h_1) = \dot{m} \cdot c_{\text{p,Luft}}(T_2 - T_1) \qquad \dot{Q}_{12} = 0$$

$$P_{12} = \dot{m} \cdot c_{\text{p,Luft}}(T_2 - T_1) = 5{,}24 \cdot 10^{-3}\frac{\text{kg}}{\text{s}}1{,}004\frac{\text{kJ}}{\text{kg} \cdot \text{K}}(337{,}7\,\text{K} - 277\,\text{K})$$

$$P_{12} = 0{,}32\frac{\text{kJ}}{\text{s}} = 0{,}32\,\text{kW}$$

6. **Leistung der Turbine P_{34}**

$$\dot{Q}_{34} + P_{34} = \dot{m}(h_4 - h_3) = \dot{m} \cdot c_{\text{p,Luft}}(T_4 - T_3) \qquad \dot{Q}_{34} = 0$$

$$P_{34} = \dot{m} \cdot c_{\text{p,Luft}}(T_4 - T_3) = 5{,}24 \cdot 10^{-3}\frac{\text{kg}}{\text{s}}1{,}004\frac{\text{kJ}}{\text{kg} \cdot \text{K}}(250{,}2\,\text{K} - 305\,\text{K})$$

$$P_{34} = -0{,}288\frac{\text{kJ}}{\text{s}} = -0{,}288\,\text{kW}$$

7. **Darstellung der Zustandsänderungen im *p,v*-Diagramm**

Die Zustandsänderungen des Prozesses im *p,v*-Diagramm zeigt Bild 14.1.

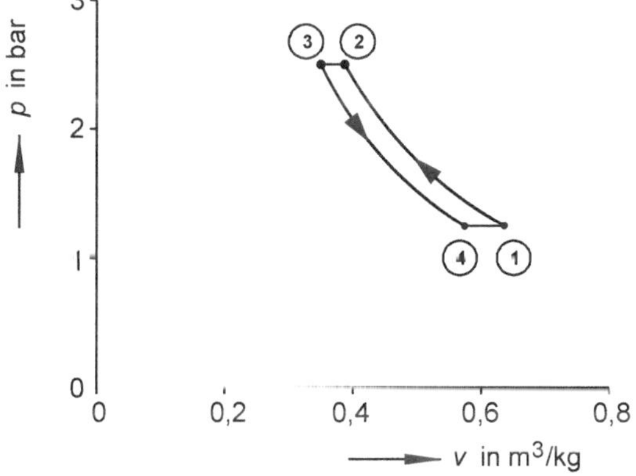

Bild 14.1 Zustandsänderungen

Aufgabe 15

1. Hauptsatz für geschlossenes System, Zylinder mit zwei Kammern, Temperatur in den Kammern

Vorstellung:

Ein horizontal gelagerter Zylinder mit adiabaten Wänden ist an beiden Enden gasdicht verschlossen und enthält einen reibungsfreien wärme*un*durchlässigen Kolben. Auf der linken Seite des Kolbens ist eine elektrische Heizung eingebaut, mit der Wärme an den Inhalt des Zylinders auf dieser Seite abgegeben wird (Bild 15.1).

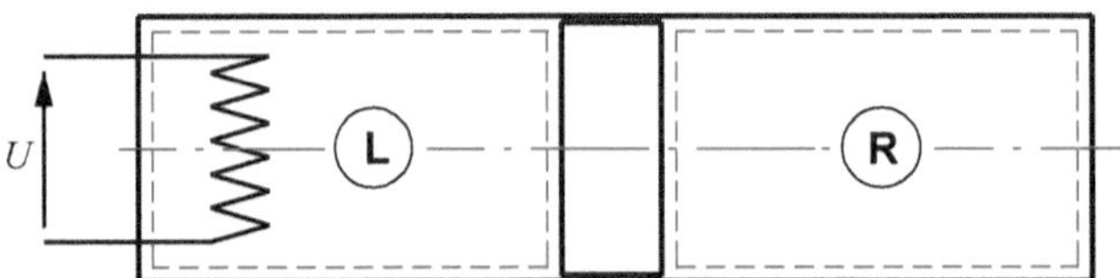

Bild 15.1 Zylinder mit beiden Kammern und Heizung

Auf jeder Seite des Kolbens befinden sich 54 dm³ desselben einatomigen Gases bei einem Druck von 1 bar und einer Temperatur von 273 K. Über die elektrische Heizung wird nun dem Gas auf der linken Seite langsam Wärme zugeführt, bis der Kolben das Gas auf der rechten Seite auf einen Druck von 8 bar verdichtet hat. Die Verdichtung des Gases auf der rechten Seite soll reibungsfrei erfolgen. Der Isentropenexponent des Gases beträgt $\overline{\kappa} = 1{,}667 = \text{konst.}$

Das Bild 15.1 zeigt den adiabaten Zylinder mit den beiden Kammern und der elektrischen Heizung auf der linken Seite.

Gesucht:

1. Verrichtete Arbeit an dem Gas auf der rechten Seite $W_{V12,R}$
2. Endtemperatur des Gases auf der rechten Seite $T_{2,R}$
3. Endtemperatur des Gases auf der linken Seite $T_{2,L}$
4. Zugeführte Wärme auf der linken Seite $Q_{12,L}$

Lösung:

1. **Verrichtete Arbeit an dem Gas auf der rechten Seite $W_{V12,R}$**

Erster Hauptsatz für geschlossenes System:

$$Q_{12,R} + W_{V12,R} + J_{12,R} = U_{2,R} - U_{1,R} \qquad J_{12,R} = 0$$

$W_{V12,R} = W_{12,R} =$ Arbeit, die an dem Gas der rechten Seite verrichtet wird

$$W_{12,R} = W_{V12,R} = -\int_1^2 p_R \, dV_R$$

$$p_R \cdot V_R^{\bar{\kappa}} = p_{1,R} \cdot V_{1,R}^{\bar{\kappa}} \qquad p_R = p_{1,R} \frac{V_{1,R}^{\bar{\kappa}}}{V_R^{\bar{\kappa}}}$$

$$W_{V12,R} = -\int_1^2 p_{1,R} \frac{V_{1,R}^{\bar{\kappa}}}{V_R^{\bar{\kappa}}} dV_R = -p_{1,R} \cdot V_{1,R}^{\bar{\kappa}} \int_1^2 \frac{dV_R}{V_R^{\kappa}}$$

$$W_{V12,R} = -p_{1,R} \cdot V_{1,R}^{\bar{\kappa}} \left[\frac{V_R^{-\bar{\kappa}+1}}{-\bar{\kappa}+1} \right]_1^2 = -p_{1,R} \cdot V_{1,R}^{\bar{\kappa}} \frac{1}{-\bar{\kappa}+1} \left[V_R^{-\bar{\kappa}+1} \right]_1^2$$

$$W_{V12,R} = -p_{1,R} \cdot V_{1,R}^{\bar{\kappa}} \frac{1}{-\bar{\kappa}+1} \left(V_{2,R}^{-\bar{\kappa}+1} - V_{1,R}^{-\bar{\kappa}+1} \right)$$

$$W_{V12,R} = -p_{1,R} \cdot V_{1,R}^{\bar{\kappa}} \cdot V_{1,R}^{-\bar{\kappa}+1} \frac{1}{-\bar{\kappa}+1} \left(\frac{V_{2,R}^{-\bar{\kappa}+1}}{V_{1,R}^{-\bar{\kappa}+1}} - 1 \right)$$

$$W_{V12,R} = -p_{1,R} \cdot V_{1,R}^{\bar{\kappa}} \cdot V_{1,R}^{-\bar{\kappa}+1} \frac{1}{-(\bar{\kappa}-1)} \left[\left(\frac{V_{2,R}}{V_{1,R}} \right)^{1-\bar{\kappa}} - 1 \right]$$

$$W_{V12,R} = \frac{1}{\bar{\kappa}\ \ 1} p_{1,R} \cdot V_{1,R} \left[\left(\frac{V_{2,R}}{V_{1,R}} \right)^{1-\bar{\kappa}} - 1 \right]$$

$$\left(\frac{V_{2,R}}{V_{1,R}} \right)^{1-\bar{\kappa}} = \left(\frac{p_{1,R}}{p_{2,R}} \right)^{\frac{1-\bar{\kappa}}{\bar{\kappa}}} = \left(\frac{p_{2,R}}{p_{1,R}} \right)^{\frac{\bar{\kappa}-1}{\bar{\kappa}}}$$

$$W_{V12,R} = \frac{1}{\bar{\kappa}-1} p_{1,R} \cdot V_{1,R} \left[\left(\frac{p_{2,R}}{p_{1,R}} \right)^{\frac{\bar{\kappa}-1}{\bar{\kappa}}} - 1 \right]$$

$$W_{V12,R} = \frac{1}{1{,}667-1} 1\cdot 10^5 \frac{N}{m^2} \cdot 54\cdot 10^3 m^3 \left[\left(\frac{8\,bar}{1\,bar} \right)^{\frac{1{,}667-1}{1{,}667}} -1 \right]$$

$$W_{V12,R} = \frac{1}{0{,}667} 1\cdot 10^5 \frac{N}{m^2} \cdot 54\cdot 10^3 m^3 \left[8^{0{,}4} -1 \right]$$

$$W_{V12,R} = 10504\ J = 10{,}5\,kJ$$

2. **Endtemperatur des Gases auf der rechten Seite $T_{2,R}$**

$$\frac{T_{2,R}}{T_{1,R}} = \left(\frac{p_{2,R}}{p_{1,R}} \right)^{\frac{\kappa-1}{\kappa}} \qquad T_{2,R} = T_{1,R} \left(\frac{p_{2,R}}{p_{1,R}} \right)^{\frac{\kappa-1}{\kappa}}$$

$$T_{2,R} = 273\,K \left(\frac{8\,bar}{1\,bar} \right)^{\frac{1{,}667-1}{1{,}667}} = 627{,}2\,K$$

3. **Endtemperatur des Gases auf der linken Seite $T_{2,L}$**

Es liegt mechanisches Gleichgewicht vor: $p_{2,R} = p_{2,L}$ und $p_{1,R} = p_{1,L}$.

$$m_L = \frac{p_{2,L} \cdot V_{2,L}}{R_{Gas} \cdot T_{2,L}} = \frac{p_{1,L} \cdot V_{1,L}}{R_{Gas} \cdot T_{1,L}}$$

$$T_{2,L} = \frac{p_{2,L} \cdot V_{2,L}}{p_{1,L} \cdot V_{1,L}} T_{1,L}$$

$$V_{2,R} = V_{1,R} \left(\frac{p_{1,R}}{p_{2,R}} \right)^{\frac{1}{\kappa}} = V_{1,L} \left(\frac{p_{1,R}}{p_{2,R}} \right)^{\frac{1}{\kappa}}$$

$$V_{2,L} = V_{1,L} + \left(V_{1,R} - V_{2,R} \right) = 2 \cdot V_{1,L} - V_{2,R} = V_{1,L} \left(2 - \frac{V_{2,R}}{V_{1,R}} \right)$$

$$V_{2,L} = V_{1,L} \left[2 - \left(\frac{p_{1,R}}{p_{2,L}} \right)^{\frac{1}{\kappa}} \right] \qquad \frac{V_{2,L}}{V_{1,L}} = \left[2 - \left(\frac{p_{1,R}}{p_{2,L}} \right)^{\frac{1}{\kappa}} \right]$$

$$T_{2,L} = \frac{p_{2,L} \cdot V_{2,L}}{p_{1,L} \cdot V_{1,L}} T_{1,L} = \frac{p_{2,L}}{p_{1,L}} \left[2 - \left(\frac{p_{1,R}}{p_{2,L}} \right)^{\frac{1}{\kappa}} \right] T_{1,L}$$

$$T_{2,L} = \frac{8\,\text{bar}}{1\,\text{bar}}\left[2 - \left(\frac{1\,\text{bar}}{8\,\text{bar}}\right)^{\frac{1}{1,667}}\right]273\,\text{K} \qquad T_{2,L} = 8\left[2 - \left(\frac{1}{8}\right)^{0,59988}\right]273\,\text{K}$$

$$T_{2,L} = 3741\,\text{K}$$

4. Zugeführte Wärme auf der linken Seite $Q_{12,L}$

Bei Betrachtung des Gases im linken Teil des Zylinders ergibt sich der erste Hauptsatz für ein geschlossenes System:

$$Q_{12,L} + W_{V12,L} + J_{12,L} = U_{2,L} - U_{1,L} \qquad J_{12,L} = 0$$

$W_{V12,L} = W_{12,L}$ = Arbeit, die an dem Gas der linken Seite verrichtet wird.

$$Q_{12,L} = U_{2,L} - U_{1,L} - W_{V12,L} \qquad W_{V12,L} = -10,5\,\text{kJ} = -W_{V12,R}$$

$$U_{2,L} - U_{1,L} = m_L \int_1^2 c_v(T)\,dT$$

$$c_v(T) = \frac{R}{\kappa - 1}$$

$$U_{2,L} - U_{1,L} = m_L \frac{R}{\kappa - 1}\left(T_{2,L} - T_{1,L}\right) = \frac{p_{1,L} \cdot V_{1,L}}{R \cdot T_{1,L}} \frac{R}{\kappa - 1}\left(T_{2,L} - T_{1,L}\right)$$

$$U_{2,L} - U_{1,L} = \frac{p_{1,L} \cdot V_{1,L}}{T_{1,L}} \frac{1}{\kappa - 1}\left(T_{2,L} - T_{1,L}\right)$$

$$U_{2,L} - U_{1,L} = \frac{1 \cdot 10^5\,\frac{\text{N}}{\text{m}^2}\,54 \cdot 10^{-3}\,\text{m}^3}{273\,\text{K}} \frac{1}{1,667 - 1}\left(3741\,\text{K} - 273\,\text{K}\right)$$

$$U_{2,L} - U_{1,L} = 102,85\,\text{kJ}$$

$$Q_{12,L} = U_{2,L} - U_{1,L} - W_{V12,L} = 102,85\,\text{kJ} - (-10,5\,\text{kJ}) \qquad W_{12,L} = -10,5\,\text{kJ}$$

$$Q_{12,L} = 113,35\,\text{kJ}$$

Aufgabe 16

1. Hauptsatz für stationären Fließprozess, gekühlter Verdichter, Leistung des Verdichters

Vorstellung:

Ein gekühlter Verdichter saugt Luft aus der Umgebung mit einem Volumenstrom von 3500 m^3/h an und verdichtet sie in einem stationären Prozess auf einen Enddruck von 3,5 bar, wobei die Temperatur der Luft in der Druckleitung einen Wert von 393 K erreicht. Bei diesem Prozess wird ein Wärmestrom von 49 kW abgeführt (Bild 16.1).

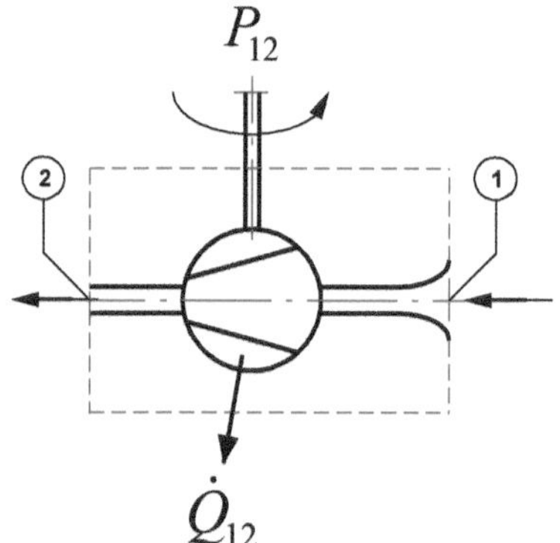

Bild 16.1 Verdichter mit Bilanzhülle

Der Zustand der Umgebung beträgt: $p_u = 1\,\text{bar}, T_u = 288\,\text{K}$. Die Luft kann als ideales Gas behandelt werden.

Gesucht:

1. Leistung des Verdichters P_{12}
2. Leistung des Verdichters P_{12}^*, wenn dieselbe Luftmenge isentrop und reibungsfrei verdichtet wird

Lösung:

1. **Leistung des Verdichters P_{12}**

Bild 16.1 zeigt den gekühlten Verdichter mit dem Kontrollraum.

Erster Hauptsatz für stationären Fließprozess:

$$\dot{Q}_{12} + P_{12} = \dot{m}_{\text{Luft}}\left[h_2 - h_1 + \frac{1}{2}\left(c_2^2 - c_1^2\right) + g\left(z_2 - z_1\right)\right]$$

$$z_2 = z_1 \qquad c_1 \approx 0$$

$$\dot{Q}_{12} + P_{12} = \dot{m}_{\text{Luft}}\left[h_2 - h_1 + \frac{1}{2}c_2^2\right]$$

$$\dot{m}_{\text{Luft}} = \dot{V}_{\text{u}} \cdot \rho_{\text{u,Luft}} = \dot{V}_{\text{u}} \frac{1}{v_{\text{u,Luft}}} = \dot{V}_{\text{u}} \frac{p_{\text{u}}}{R_{\text{Luft}} \cdot T_{\text{u}}} = 3500 \frac{\text{m}^3}{3600\,\text{s}} \frac{1 \cdot 10^5 \frac{\text{N}}{\text{m}^2}}{287 \frac{\text{J}}{\text{kg} \cdot \text{K}} 288\,\text{K}}$$

$$\dot{m}_{\text{Luft}} = 1{,}18 \frac{\text{kg}}{\text{s}}$$

$$\boldsymbol{R_{\text{Luft}} = 287 \frac{\text{J}}{\text{kg} \cdot \text{K}}}$$

$$\boldsymbol{d_2 = 0{,}16\,\text{m}}$$

$$c_2 = \frac{\dot{m}_{\text{Luft}}}{A_2 \cdot \rho_{2,\text{Luft}}} = \frac{\dot{m}_{\text{Luft}} \cdot R_{\text{Luft}} \cdot T_2}{\frac{d_2^2 \cdot \pi}{4} p_2} = \frac{1{,}18 \frac{\text{kg}}{\text{s}} 287 \frac{\text{J}}{\text{kg} \cdot \text{K}} 393\,\text{K}}{\frac{0{,}16^2\,\text{m}^2 \cdot \pi}{4} 3{,}5 \cdot 10^5 \frac{\text{N}}{\text{m}^2}}$$

$$c_2 = 18{,}9 \frac{\text{m}}{\text{s}}$$

$$\boldsymbol{c_{\text{p,Luft}} = 1{,}004 \frac{\text{kJ}}{\text{kg} \cdot \text{K}}}$$

$$P_{12} = \dot{m}_{\text{Luft}}\left[h_2 - h_1 + \frac{1}{2}c_2^2\right] - \dot{Q}_{12} = \dot{m}_{\text{Luft}}\left[c_{\text{p,Luft}}\left(T_2 - T_1\right) + \frac{1}{2}c_2^2\right] - \dot{Q}_{12}$$

$$P_{12} = 1{,}18 \frac{\text{kg}}{\text{s}}\left[1{,}004 \frac{\text{kJ}}{\text{kg} \cdot \text{K}}(393\,\text{K} - 288\,\text{K}) + \frac{1}{2} 18{,}9^2 \frac{\text{m}^2}{\text{s}^2}\right] - \left(-49 \frac{\text{kJ}}{\text{s}}\right)$$

$$P_{12} = 1{,}18\left[1{,}004 \frac{\text{kJ}}{\text{kg} \cdot \text{K}}(105\,\text{K}) \frac{\text{kg}}{\text{s}} + \frac{1}{2} 357{,}21 \frac{\text{kg}}{\text{s}} \frac{\text{m}^2}{\text{s}^2}\right] + 49 \frac{\text{kJ}}{\text{s}}$$

$$P_{12} = 1{,}18\left[1004\frac{\text{J}}{\text{kg}\cdot\text{K}}(105\,\text{K})\frac{\text{kg}}{\text{s}} + \frac{1}{2}357{,}21\frac{\text{kg}}{\text{s}}\frac{\text{m}^2}{\text{s}^2}\right] + 49\frac{\text{kJ}}{\text{s}}$$

$$\frac{\text{kg}}{\text{s}}\frac{\text{m}^2}{\text{s}^2} = \frac{\text{kg}}{\text{s}}\frac{\text{m}\cdot\text{m}}{\text{s}^2} = \frac{\text{kg}\cdot\text{m}}{\text{s}^2}\frac{\text{m}}{\text{s}} = \frac{\text{Nm}}{\text{s}}$$

$$P_{12} = 1{,}18\left[1004(105)\frac{\text{Nm}}{\text{s}} + 178{,}6\frac{\text{Nm}}{\text{s}}\right] + 49\cdot 10^3\frac{\text{Nm}}{\text{s}} = 173600\frac{\text{Nm}}{\text{s}} = 173600\,\text{W}$$

$$P_{12} = 173{,}6\,\text{kW}$$

2. **Leistung des Verdichters P_{12}^*, wenn dieselbe Luftmenge isentrop und reibungsfrei verdichtet wird**

$\dot{Q}_{12} = 0$ $\qquad\qquad$ $J_{12} = 0$

Das Druckverhältnis soll wie unter Punkt 1 $\frac{p_2}{p_1} = \frac{3{,}5\,\text{bar}}{1\,\text{bar}} = 3{,}5$ betragen.

$\bar{\kappa} = \mathbf{1{,}4}$

$$T_{2s} = T_1\left(\frac{p_2}{p_1}\right)^{\frac{\bar{\kappa}-1}{\bar{\kappa}}} = 288\,\text{K}\left(\frac{3{,}5\,\text{bar}}{1\,\text{bar}}\right)^{\frac{1{,}4-1}{1{,}4}} = 288\,\text{K}(3{,}5)^{0{,}285714} = 412\,\text{K}$$

$$c_{2s} = c_{2s}\frac{T_{2s}}{T_2} = 18{,}9\frac{\text{m}}{\text{s}}\frac{412\,\text{K}}{393\,\text{K}} = 19{,}8\frac{\text{m}}{\text{s}}$$

$$P_{12}^* = \dot{m}_{\text{Luft}}\left[c_{\text{p,Luft}}(T_{2s} - T_1) + \frac{1}{2}c_{2s}^2\right]$$

$$P_{12}^* = 1{,}18\frac{\text{kg}}{\text{s}}\left[1{,}004(412\,\text{K} - 288\,\text{K})\frac{\text{kJ}}{\text{s}} + \frac{1}{2}19{,}8^2\frac{\text{m}^2}{\text{s}^2}\right]$$

$$P_{12}^* = 1{,}18\left[1{,}004(412\,\text{K} - 288\,\text{K})\frac{\text{kJ}}{\text{s}}\frac{\text{kg}}{\text{s}} + \frac{1}{2}19{,}8^2\frac{\text{m}^2}{\text{s}^2}\frac{\text{kg}}{\text{s}}\right]$$

$$P_{12}^* = 1{,}18\left[1004(124\,\text{K})\frac{\text{Nm}}{\text{s}} + 196\frac{\text{Nm}}{\text{s}}\right] = 147100\frac{\text{Nm}}{\text{s}} = 147100\,\text{W}$$

$$P_{12}^* = 147{,}1\,\text{kW}$$

Aufgabe 17

Experiment zur Ermittlung des Isentropenexponenten

Vorstellung:

Aus einer mit Wasserstoff gefüllten Flasche ragt ein kalibriertes Glasrohr heraus, das durch eine Metallkugel dicht verschlossen ist (Bild 17.1). Die Querschnittsfläche beträgt A = 1,2 cm². Die Metallkugel kann sich reibungsfrei im Glasrohr bewegen und hat eine Masse von m = 8 g. Wenn die Metallkugel in Ruhe ist, nimmt der Wasserstoff ein Volumen von V = 6 dm³ ein. Nach Auslenkung der Kugel aus der Ruhelage führt sie unter Einfluss von Schwerkraft und Gasdruck Schwingungen aus, bei denen das Gas isentrop seinen Zustand ändert. Die Schwingungsdauer beträgt τ = 0,96 s bei einem Luftdruck von p_u = 1 bar.

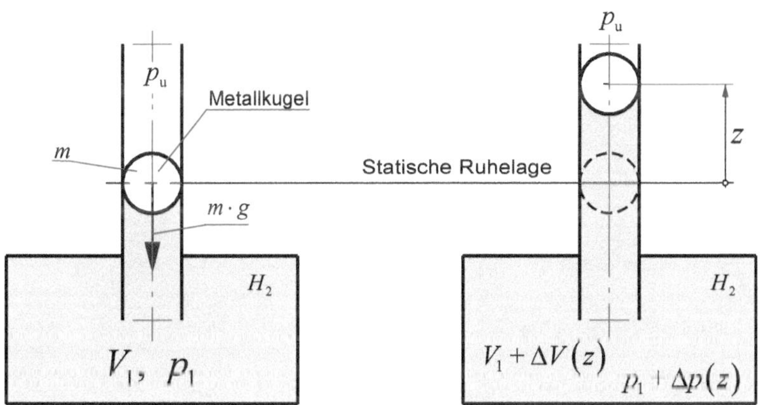

Bild 17.1 Metallkugel in Ruhelage und ausgelenkter Lage

Die Differenzialgleichung einer ungedämpften freien Schwingung lautet:

$$\ddot{z} + \omega^2 \cdot z = 0 \qquad \text{mit } \omega = 2 \cdot \pi \cdot \tau$$

Darin sind: z = Auslenkung aus der statischen Ruhelage, τ = Schwingungszeit

Gesucht:

Isentropenexponent $\bar{\kappa}$

Lösung:

Bild 17.1 zeigt die Metallkugel in der Ruhelage und der ausgelenkten Lage.

Für die statische Ruhelage gilt:

$$p_u + \frac{m \cdot g}{A} = p_1$$

Für beliebige Lage z gilt:

$$V(z) = V_1 + \Delta V(z) = V_1 + A \cdot z$$

$$p(z) = p_1 + \Delta p(z)$$

Es gilt:

$$\frac{p(z)}{p_1} = \left(\frac{V_1}{V(z)} \right)^{\bar{\kappa}}$$

$$\frac{p_1 + \Delta p(z)}{p_1} = \left(\frac{V_1}{V_1 + A \cdot z} \right)^{\bar{\kappa}}$$

$$1 + \frac{\Delta p(z)}{p_1} = \left(\frac{1}{1 + \frac{A \cdot z}{V_1}} \right)^{\bar{\kappa}}$$

$$\Delta p(z) = -\bar{\kappa} \frac{p_1 \cdot A \cdot z}{V_1}$$

Für eine ausgelenkte Lage gilt:

$$\sum F_z = m \cdot \ddot{z} = [p_1 + \Delta p(z)] A - m \cdot g - p_u \cdot A$$

Diese Gleichung muss auf die Form $\ddot{z} + \omega^2 \cdot z = 0$ gebracht werden.

$$m \cdot \ddot{z} + m \cdot g + p_u \cdot A - p_1 \cdot A - \Delta p(z) A = 0$$

$$p_u + \frac{m \cdot g}{A} = p_1$$

$$m \cdot g = (p_1 - p_u) A$$

$$m \cdot \ddot{z} + (p_1 - p_u) A + p_u \cdot A - p_1 \cdot A - \Delta p(z) A = 0$$

$$m \cdot \ddot{z} - \Delta p(z) A = 0$$

$$m \cdot \ddot{z} + \bar{\kappa} \frac{p_1 \cdot A^2}{V_1} z = 0$$

$$\ddot{z} + \bar{\kappa} \frac{p_1 \cdot A^2}{m \cdot V_1} z = 0$$

$$\omega^2 = \bar{\kappa} \frac{p_1 \cdot A^2}{m \cdot V_1}$$

$$\omega = \frac{2 \cdot \pi}{\tau} = \sqrt{\bar{\kappa} \frac{p_1 \cdot A^2}{m \cdot V_1}}$$

$$\frac{2^2 \cdot \pi^2}{\tau^2} = \bar{\kappa} \frac{p_1 \cdot A^2}{m \cdot V_1}$$

$$\bar{\kappa} = \frac{4 \cdot \pi^2 \cdot m \cdot V_1}{\tau^2 \cdot p_1 \cdot A^2}$$

$m = 8 \cdot 10^{-3}$ kg $\qquad V_1 = 6 \cdot 10^{-3}\,\text{m}^3 \qquad \tau = 0{,}96$ s

$p_1 = 1$ bar $\qquad A = 1{,}2 \cdot 10^{-4}\ \text{m}^2$

$$\bar{\kappa} = \frac{4 \cdot \pi^2 \cdot 8 \cdot 10^{-3}\,\text{kg} \cdot 6 \cdot 10^{-3}\,\text{m}^3}{0{,}96^2\,\text{s}^2 \cdot 1 \cdot 10^5\,\frac{\text{N}}{\text{m}^2}\,1{,}2^2 \cdot 10^{-8}\ \text{m}^4}$$

$$\bar{\kappa} = 1{,}41$$

Aufgabe 18

Energiebilanz an einem Druckbehälter, Temperatur nach dem Auffüllen, Druck nach anschließender Abkühlung, Zeitdauer für den Auffüllvorgang

Vorstellung:

Ein Druckbehälter mit einem Volumen von 10 m^3 enthält im entladenen Zustand Luft mit $p_1 = 1$ bar und $T_1 = 293$ K. Der Behälter soll bis zu einem Enddruck von 8 bar mit Luft aufgeladen werden. Die aus der Umgebung angesaugte Luft wird reibungsfrei und adiabat mit einem Verdichter auf den angegebenen Behälterdruck verdichtet und dann adiabat auf den jeweiligen Behälterdruck gedrosselt. Umgebungszustand: $p_u = 1$ bar und $T_u = 293$ K.

Die Luft kann im betrachteten Zustandsbereich als ideales Gas mit konstanten Wärmekapazitäten behandelt werden. Die Änderungen der kinetischen und potentiellen Energien der Luft können vernachlässigt werden.

Gesucht:

1. Temperatur T_{A_2} im Druckbehälter nach erstmaligem Auffüllen
2. Druck p_{A_3} im Behälter nach anschließender Abkühlung auf die Umgebungstemperatur
3. Zusätzliche Nachfüllmenge Δm^*_{Luft} an Luft zum Erreichen des Endruckes von 8 bar bei Umgebungstemperatur
4. Zeitdauer t für den erstmaligen Auffüllvorgang, wenn der Verdichter 175 m^3/h Luft bei Umgebungszustand ansaugt

Lösung:

1. Temperatur T_{A_2} im Druckbehälter nach erstmaligem Auffüllen

Erläuterung einiger der hier verwendeten Größen:

U_{A_1} = Innere Energie der Luft im Behälter *vor* dem Abfüllen, Zustand A_1 (Zeitpunkt τ_1)
U_{A_2} = Innere Energie der Luft im Behälter unmittelbar *nach* dem ersten Abfüllen, Zustand A_2 (Zeitpunkt τ_2)
H_2 = Enthalpie der Luft, die vom Verdichter in den Behälter gebracht wird

Energiebilanz - Behälter (Bild 18.1):

$$U_{A_2} = U_{A_1} + H_2 \qquad H_2 = U_2 + p_2 \cdot V_2$$

$$U_{A_1} + U_2 + p_2 \cdot V_2 = U_{A_2}$$

$$U_{A_1} = m_{A_1} \cdot c_{v,Luft} \cdot T_{A_1}$$

$$U_{A_2} = m_{A_2} \cdot c_{v,Luft} \cdot T_{A_2}$$

$$H_2 = \Delta m \cdot c_{p,Luft} \cdot T_2 \qquad \Delta m = m_{A_2} - m_{A_1}$$

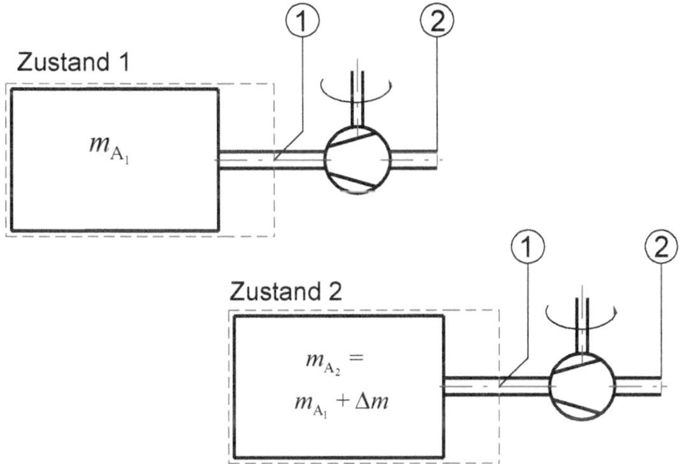

Bild 18.1 Behälter in den Zuständen A1 und A2

Einsetzen in:

$$U_{A_1} + H_2 = U_{A_2}$$

$$\frac{p_{A_1} \cdot V_{A_1}}{R_{Luft} \cdot T_{A_1}} c_{v,Luft} \cdot T_{A_1} + \Delta m \cdot c_{p,Luft} \cdot T_2 = \frac{p_{A_2} \cdot V_{A_2}}{R_{Luft} \cdot T_{A_2}} c_{v,Luft} \cdot T_{A_2}$$

$$\Delta m \cdot c_{p,Luft} \cdot T_2 = \frac{p_{A_2} \cdot V_{A_2}}{R_{Luft} \cdot T_{A_2}} c_{v,Luft} \cdot T_{A_2} - \frac{p_{A_1} \cdot V_{A_1}}{R_{Luft} \cdot T_{A_1}} c_{v,Luft} \cdot T_{A_1}$$

$$\Delta m = \frac{1}{c_{p,Luft} \cdot T_2} \left(\frac{p_{A_2} \cdot V_{A_2}}{R_{Luft} \cdot T_{A_2}} c_{v,Luft} \cdot T_{A_2} - \frac{p_{A_1} \cdot V_{A_1}}{R_{Luft} \cdot T_{A_1}} c_{v,Luft} \cdot T_{A_1} \right)$$

$$\Delta m = \frac{p_{A_2} \cdot V_{A_2}}{R_{Luft} \cdot T_{A_2}} \frac{c_{v,Luft} \cdot T_{A_2}}{c_{p,Luft} \cdot T_2} - \frac{p_{A_1} \cdot V_{A_1}}{R_{Luft} \cdot T_{A_1}} \frac{c_{v,Luft} \cdot T_{A_1}}{c_{p,Luft} \cdot T_2}$$

$$V_{A_2} = V_{A_1} = V$$

$$\Delta m = \frac{p_{A_2} \cdot V}{R_{Luft}} \frac{c_{v,Luft}}{c_{p,Luft} \cdot T_2} - \frac{p_{A_1} \cdot V}{R_{Luft}} \frac{c_{v,Luft}}{c_{p,Luft} \cdot T_2}$$

$$\Delta m = \frac{V}{R_{Luft} \cdot T_2} \frac{c_{v,Luft}}{c_{p,Luft}} \left(p_{A_2} - p_{A_1} \right)$$

Für reibungsfreien und isentrop arbeitenden Verdichter gilt:

$$T_{2,s} = T_1 \left(\frac{p_2}{p_1} \right)^{\frac{\bar{\kappa}-1}{\bar{\kappa}}} = 293\,\mathrm{K} \left(\frac{8\,\mathrm{bar}}{1\,\mathrm{bar}} \right)^{\frac{1,4-1}{1,4}} = 293\,\mathrm{K} \left(\frac{8\,\mathrm{bar}}{1\,\mathrm{bar}} \right)^{0,287514} = 532,3\,\mathrm{K}$$

$$\Delta m = \frac{V}{R_{Luft} \cdot \kappa \cdot T_1 \left(\frac{p_2}{p_1} \right)^{\frac{\bar{\kappa}-1}{\bar{\kappa}}}} \left(p_{A_2} - p_{A_1} \right)$$

$$\Delta m = \frac{10\,\mathrm{m}^3}{287 \frac{\mathrm{J}}{\mathrm{kg} \cdot \mathrm{K}} \cdot 1,4 \cdot 293\,\mathrm{K} \left(\frac{8\,\mathrm{bar}}{1\,\mathrm{bar}} \right)^{\frac{1,4-1}{1,4}}} \left(8 \cdot 10^5 \frac{\mathrm{N}}{\mathrm{m}^2} - 1 \cdot 10^5 \frac{\mathrm{N}}{\mathrm{m}^2} \right) = 32,8\,\mathrm{kg}$$

$$m_{A_1} = \frac{p_{A_1} \cdot V_{A_1}}{R_{Luft} \cdot T_{A_1}} = \frac{1 \cdot 10^5 \frac{\mathrm{N}}{\mathrm{m}^2} 10\,\mathrm{m}^3}{287 \frac{\mathrm{J}}{\mathrm{kg} \cdot \mathrm{K}} 293\,\mathrm{K}} = 11,9\,\mathrm{kg}$$

$$m_{A_2} = \frac{p_{A_2} \cdot V_{A_2}}{R_{Luft} \cdot T_{A_2}} = \frac{8 \cdot 10^5 \frac{\mathrm{N}}{\mathrm{m}^2} 10\,\mathrm{m}^3}{287 \frac{\mathrm{J}}{\mathrm{kg} \cdot \mathrm{K}} 626\,\mathrm{K}} = 44,53\,\mathrm{kg}$$

$$m_{A_2} = m_{A_1} + \Delta m = \frac{p_{A_2} \cdot V_{A_2}}{R_{Luft} \cdot T_{A_2}}$$

$$T_{A_2} = \frac{p_{A_2} \cdot V}{R_{Luft} \cdot m_{A_2}} = \frac{8 \cdot 10^5 \frac{\mathrm{N}}{\mathrm{m}^2} 10\,\mathrm{m}^3}{287 \frac{\mathrm{J}}{\mathrm{kg} \cdot \mathrm{K}} 44,53\,\mathrm{kg}} = 626\,\mathrm{K}$$

2. **Druck p_{A_3} im Behälter nach anschließender Abkühlung auf die Umgebungstemperatur**

$$m_{A_2} = \frac{p_{A_2} \cdot V_{A_2}}{R_{Luft} \cdot T_{A_2}} = m_{A3} = \frac{p_{A_3} \cdot V_{A_3}}{R_{Luft} \cdot T_{A_3}}$$

$$\frac{p_{A_3} \cdot V_{A_3}}{T_{A_3}} = \frac{p_{A_2} \cdot V_{A_2}}{T_{A_2}}$$

$$p_{A_3} = p_{A_2} \frac{T_{A_3}}{T_{A_2}} \frac{V_{A_2}}{V_{A_3}} \qquad V_{A_2} = V_{A_3} = V$$

$$p_{A_3} = 8\,\text{bar} \frac{293\,\text{K}}{626\,\text{K}} = 3{,}74\,\text{bar}$$

3. **Zusätzliche Nachfüllmenge $\Delta \dot{m}_{Luft}$ an Luft zum Erreichen des Endruckes von 8 bar bei Umgebungstemperatur**

$$\Delta \dot{m}_{Luft} = m_{A_4} - m_{A_2} = \frac{p_{A_4} \cdot V_{A_4}}{R_{Luft} \cdot T_{A_4}} - \frac{p_{A_2} \cdot V_{A_2}}{R_{Luft} \cdot T_{A_2}}$$

$$m_{A_2} = \frac{p_{A_2} \cdot V_{A_2}}{R_{Luft} \cdot T_{A_2}} = \frac{8 \cdot 10^5 \frac{\text{N}}{\text{m}^2} 10\,\text{m}^3}{287 \frac{\text{J}}{\text{kg} \cdot \text{K}} 626\,\text{K}} = 44{,}53\,\text{kg}$$

$$m_{A_4} = \frac{p_{A_4} \cdot V_{A_4}}{R_{Luft} \cdot T_{A_4}} = \frac{8 \cdot 10^5 \frac{\text{N}}{\text{m}^2} 10\,\text{m}^3}{287 \frac{\text{J}}{\text{kg} \cdot \text{K}} 293\,\text{K}} = 95{,}14\,\text{kg}$$

$$\Delta \dot{m}_{Luft} = m_{A_4} - m_{A_2} = 95{,}14\,\text{kg} - 44{,}53\,\text{kg} = 50{,}61\,\text{kg}$$

4. **Zeitdauer t für den erstmaligen Auffüllvorgang, wenn der Verdichter $\dot{V}$ = 175 m³/h Luft bei Umgebungszustand ansaugt**

Beim erstmaligen Auffüllvorgang wird $m_{A_2} - m_{A_1} = 32{,}73\,\text{kg}$ aufgefüllt.

$$\dot{m}_{Verdichter} = \frac{m_{A_2} - m_{A_1}}{t} \qquad m_{A_2} - m_{A_1} = 32{,}73\,\text{kg}$$

$$\dot{m}_{Verdichter} = \frac{\dot{V} \cdot p_u}{R_{Luft} \cdot T_u} = \frac{175 \frac{\text{m}^3}{h} 1 \cdot 10^5 \frac{\text{N}}{\text{m}^2}}{287 \frac{\text{J}}{\text{kg} \cdot \text{K}} 293\,\text{K}} = \frac{175 \frac{\text{m}^3}{3600\,\text{s}} 1 \cdot 10^5 \frac{\text{N}}{\text{m}^2}}{287 \frac{\text{J}}{\text{kg} \cdot \text{K}} 293\,\text{K}}$$

$$\dot{m}_{\text{Verdichter}} = 0{,}058\,\frac{\text{kg}}{\text{s}}$$

$$t = \frac{m_{A_2} - m_{A_1}}{\dot{m}_{\text{Verdichter}}} = \frac{32{,}73\,\text{kg}}{0{,}058\,\frac{\text{kg}}{\text{s}}} = 564\ \text{s} = 9{,}4\ \text{min}$$

Aufgabe 19

1. Hauptsatz für stationären Fließprozess, Drücke und Temperaturen an den Zustandspunkten, verrichtete spezifische Arbeit des Kreisprozesses

Vorstellung:

Ein mit Luft betriebener Kreisprozess durchläuft die vier folgenden stationären Fließprozesse:

$1 \rightarrow 2$ Isentrope, reibungsfreie Kompression

$2 \rightarrow 3$ Isobare Wärmezufuhr

$3 \rightarrow 4$ Isentrope, reibungsfreie Expansion

$4 \rightarrow 1$ Isochore Expansion

Von $2 \rightarrow 3$ wird so viel Wärme zugeführt, dass $T_3 = 1500$ K wird. Gegeben sind weiterhin das Volumenverhältnis $V_1/V_2 = 14$, der Druck und die Temperatur an der Stelle 1 $p_1 = 1$ bar, $T_1 = 290$ K. Die Luft wird als ideales Gas mit behandelt.

Gesucht:

1. Drücke und Temperaturen für die Zustandspunkte 1, 2, 3 und 4
2. Gesamte verrichtete spezifische Arbeit $w_{t,ges}$ des Kreisprozesses
3. Darstellung der Zustandsänderungen im p,v-Diagramm

Lösung:

1. **Drücke und Temperaturen für die Zustandspunkte 1, 2, 3 und 4**

Druck und Temperatur für Zustandspunkt 1:

$$p_1 = 1\,\text{bar} \qquad T_1 = 290\,\text{K}$$

Druck und Temperatur für Zustandspunkt 2:

$$\bar{\kappa} = \mathbf{1{,}4}$$

$$p_2 = p_1 \left(\frac{V_1}{V_2}\right)^{\bar{\kappa}} = 1\,\text{bar} \cdot 14^{1{,}4} = 40{,}2\,\text{bar}$$

$$T_2 = T_1 \left(\frac{V_1}{V_2}\right)^{\bar{\kappa}-1} = 290\,\text{K} \cdot 14^{1,4-1} = 290\,\text{K} \cdot 14^{0,4} = 833,4\,\text{K}$$

Druck und Temperatur für Zustandspunkt 3:

$$p_3 = 40,2\,\text{bar} \qquad (\text{Isobare } p_3 = p_2)$$

$$T_3 = 1500\,\text{K}$$

Temperatur und Druck für Zustandspunkt 4:

$$V_3 = V_2 \frac{T_3}{T_2} \qquad V_1 = V_4$$

$$\frac{V_3}{V_4} = \frac{T_3}{T_2}\frac{V_2}{V_1} = \frac{T_3}{T_2}\frac{1}{\frac{V_1}{V_2}} = \frac{T_3}{T_2}\frac{1}{14} = \frac{1500\,\text{K}}{833,4\,\text{K}}\frac{1}{14} = 0,12856$$

$$T_4 = T_3 \left(\frac{V_3}{V_4}\right)^{\bar{\kappa}-1} = 1500\,\text{K}\,(0,12856)^{1,4-1} = 660,3\,\text{K}$$

$$p_4 = p_1 \frac{T_4}{T_1} = 1\,\text{bar} \frac{660,3\,\text{K}}{290\,\text{K}} = 2,3\,\text{bar}$$

2. Gesamte verrichtete spezifische Arbeit $w_{t,ges}$ des Kreisprozesses

$1 \rightarrow 2$ Isentrope, reibungsfreie Kompression, erster Hauptsatz:

$$q_{12} + w_{t,12} = h_2 - h_1 \qquad q_{12} = 0$$

$$\boldsymbol{c_{p,Luft} = 1,004 \frac{kJ}{kg \cdot K} = \text{konst.}}$$

$$w_{t,12} = h_2 - h_1 = c_{p,Luft}(T_2 - T_1) = 1,004 \frac{\text{kJ}}{\text{kg} \cdot \text{K}}(833,4\,\text{K} - 290\,\text{K})$$

$$w_{t,12} = 545,6 \frac{\text{kJ}}{\text{kg}}$$

$2 \rightarrow 3$ Isobare Wärmezufuhr, erster Hauptsatz:

$$q_{23} + w_{t,23} = h_3 - h_2 \qquad w_{t,23} = 0$$

$3 \rightarrow 4$ Isentrope, reibungsfreie Expansion, erster Hauptsatz:

$$q_{34} + w_{t,34} = h_4 - h_3 \qquad q_{34} = 0$$

$$w_{t,34} = h_4 - h_3 = c_{pLuft}\left(T_4 - T_3\right) = 1{,}004\,\frac{\text{kJ}}{\text{kg}\cdot\text{K}}\left(660{,}3\,\text{K} - 1500\,\text{K}\right)$$

$$w_{t,34} = -843{,}1\,\frac{\text{kJ}}{\text{kg}}$$

$4 \rightarrow 1$ Isochore Expansion, erster Hauptsatz:

$$q_{41} + w_{t,41} = h_1 - h_4$$

$$w_{t,41} = \int_4^1 v\,\text{d}p = v\int_4^1 \text{d}p = v\left(p_1 - p_4\right) \qquad v = v_1 = v_4$$

$$w_{t,41} = v_4\left(p_1 - p_4\right) \qquad v_4 = \frac{R_{Luft}\cdot T_4}{p_4}$$

$$\boldsymbol{R_{Luft} = 0{,}287\,\frac{\text{kJ}}{\text{kg}\cdot\text{K}}}$$

$$w_{t,41} = \frac{R_{Luft}\cdot T_4}{p_4}\left(p_1 - p_4\right) = \frac{0{,}287\,\frac{\text{kJ}}{\text{kg}\cdot\text{K}}\,660{,}3\,\text{K}}{2{,}3\,\text{bar}}\left(1\,\text{bar} - 2{,}3\,\text{bar}\right)$$

$$w_{t,41} = -107{,}1\,\frac{\text{kJ}}{\text{kg}}$$

$$w_{t,ges} = w_{t,12} + w_{t,34} + w_{t,41} = 545{,}6\,\frac{\text{kJ}}{\text{kg}} - 843{,}1\,\frac{\text{kJ}}{\text{kg}} - 107{,}1\,\frac{\text{kJ}}{\text{kg}}$$

$$w_{t,ges} = -404{,}6\,\frac{\text{kJ}}{\text{kg}}$$

3. **Darstellung der Zustandsänderungen im *p,v*-Diagramm**

Die Zustandsänderung im *p,v*-Diagramm zeigt Bild 19.1.

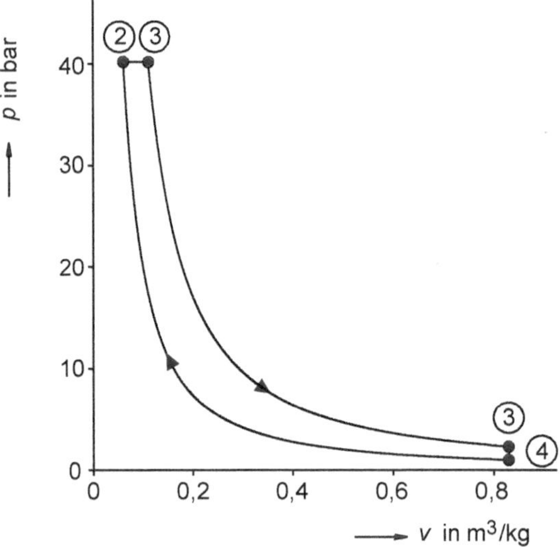

Bild 19.1 Zustandsdiagramm

Aufgabe 20

Philips-Kältemaschine, abgeführte Wärmen, zu- und geführte Arbeit, Leistungsziffer

Vorstellung:

Der Idealprozess einer Philips-Kältemaschine ist der umgekehrt durchlaufene Stirling-Prozess. Es ist ein Kreisprozess, bei dem abwechselnd eine Isotherme und eine Isochore durchlaufen werden.

Ausgehend vom Zustand 1 wird das Gas isotherm verdichtet, wobei Wärme bei der Temperatur $T_1 = T_2 = 300$ K an das Kühlwasser übertragen wird. In einem Regenerator (Wärmetauscher) gibt das Gas anschließend bei isochorer Zustandsänderung die Wärmemenge $|q_{23}|$ ab, wobei seine Temperatut auf $T_3 = 100$ K absinkt. Die Drücke betragen $p_1 = 3$ bar und $p_2 = 6$ bar.

Bei der isothermen Expansion von $3 \rightarrow 4$ nimmt das Gas in einem Wärmetauscher Wärme vom zu kühlenden Medium („Kältekörper") auf. Daran schließt sich eine isochore Zustandsänderung an, wobei die Wärmemenge q_{41} vom Regenerator an das Arbeitsgas übertragen wird und dieses wieder den Ausgangszustand 1 erreicht.

Als Arbeitsfluid wird Wasserstoff (H_2) verwendet. Es kann als ideales Gas mit konstanter spezifischer Wärmekapazität c_{vH_2} behandelt werden. Alle Prozesse sollen reversibel-quasistatisch angenommen werden.

Gesucht:

1. Zugeführte Wärmen q_{34} und q_{41}
2. Abgeführte Wärmen q_{23} und q_{12}
3. Zugeführte Arbeit $w_{V,12}$
4. Abgeführte Arbeit $w_{V,34}$
5. Leistungsziffer ε_{rev} der Kältemaschine
6. Darstellung der Zustandsänderungen im p,v-Diagramm

Lösung:

1. **Zugeführte Wärmen q_{34} und q_{41}**

$$R_{H_2} = 4{,}125 \frac{kJ}{kg \cdot K}$$

Isotherme Zustandsänderung von $3 \rightarrow 4$ (Expansion):

$$q_{34} = -R_{H_2} \cdot T_3 \cdot \ln\frac{p_4}{p_3} = -R_{H_2} \cdot T_4 \cdot \ln\frac{p_4}{p_3} = -4{,}125 \frac{kJ}{kg \cdot K} 100\,K \cdot \ln\frac{1\,bar}{2\,bar}$$

$$q_{34} = 286 \frac{kJ}{kg}$$

Isochore Zustandsänderung von $4 \rightarrow 1$ (Kompression):

$$c_{v,H_2} = 10{,}1 \frac{kJ}{kg \cdot K}$$

$$q_{41} = c_{v,H_2} \cdot T_4 \left(\frac{p_1}{p_4} - 1\right) = 10{,}1 \frac{kJ}{kg \cdot K} 100\,K \left(\frac{3\,bar}{1\,bar} - 1\right)$$

$$q_{41} = 2020 \frac{kJ}{kg}$$

2. **Abgeführte Wärmen q_{23} und q_{12}**

Isochore Zustandsänderung von $2 \rightarrow 3$ (Expansion):

$$q_{23} = c_{v,H_2} \cdot T_2 \left(\frac{p_3}{p_2} - 1\right) = 10{,}1 \frac{kJ}{kg \cdot K} 300\,K \left(\frac{2\,bar}{6\,bar} - 1\right)$$

$$q_{23} = -2020 \frac{kJ}{kg}$$

Die Wärme von $4 \rightarrow 1$ ist betragsmäßig genauso groß wie die von $2 \rightarrow 3$: $|q_{41}| = |q_{23}|$

Isotherme Zustandsänderung von $1 \rightarrow 2$ (Kompression):

$$q_{12} = -R_{H_2} \cdot T_1 \cdot \ln\frac{p_2}{p_1} = -R_{H_2} \cdot T_2 \cdot \ln\frac{p_2}{p_1} = -4{,}125 \frac{kJ}{kg \cdot K} 300\,K \cdot \ln\frac{6\,bar}{3\,bar}$$

$$q_{12} = -857{,}77 \frac{kJ}{kg}$$

3. **Zugeführte Arbeit $w_{V,12}$**

Isotherme Zustandsänderung von $1 \rightarrow 2$ (Kompression):

$$w_{V,12} = R_{H_2} \cdot T_1 \cdot \ln\frac{p_2}{p_1} = R_{H_2} \cdot T_2 \cdot \ln\frac{p_2}{p_1} = 4{,}125\frac{\text{kJ}}{\text{kg}\cdot\text{K}} 300\,\text{K} \cdot \ln\frac{6\,\text{bar}}{3\,\text{bar}}$$

$$w_{V,12} = 857{,}77\frac{\text{kJ}}{\text{kg}}$$

4. **Abgeführte Arbeit $w_{V,34}$**

Isotherme Zustandsänderung von $3 \rightarrow 4$ (Expansion):

$$w_{V,34} = R_{H_2} \cdot T_3 \cdot \ln\frac{p_4}{p_3} = R_{H_2} \cdot T_4 \cdot \ln\frac{p_4}{p_3} = 4{,}125\frac{\text{kJ}}{\text{kg}\cdot\text{K}} 100\,\text{K} \cdot \ln\frac{1\,\text{bar}}{2\,\text{bar}}$$

$$w_{V,34} = -286\frac{\text{kJ}}{\text{kg}}$$

5. **Leistungsziffer ε_{rev} der Kältemaschine**

Definition der Leistungsziffer:

$$\varepsilon_{rev} = \frac{\text{vom „Kältekörper" zugeführte Wärme}}{|w_V|} = \frac{q_{34}}{|w_V|}$$

$|w_V|$ = Betrag der Differenz der isothermen Arbeiten $w_{V,12}$ und $w_{V,34}$

$$|w_V| = |w_{V,12}| - |w_{V,34}|$$

$$w_{V,12} = R_{H_2} \cdot T_1 \cdot \ln\frac{p_2}{p_1} > 0 \qquad T_1 = T_2 = 300\,\text{K}$$

$$w_{V,34} = R_{H_2} \cdot T_3 \cdot \ln\frac{p_4}{p_3} < 0 \qquad T_3 = T_4 = 100\,\text{K}$$

Isochore Zustandsänderung von $2 \rightarrow 3$ (Expansion):

$$q_{23} + w_{V23} = u_3 - u_2 = c_{v,H_2}(T_3 - T_2)$$

Isochore Zustandsänderung von $4 \rightarrow 1$ (Kompression):

$$q_{41} + w_{V,41} = u_1 - u_4 = c_{v,H_2}(T_1 - T_4)$$

$$q_{23} + w_{V,23} + q_{41} + w_{V,41} = c_{v,H_2}\left[(T_3 - T_2) + (T_1 - T_4)\right]$$

$$q_{23} + q_{41} + w_{V,23} + w_{V,41} = c_{v,H_2}\left[T_3 - T_2 + T_1 - T_4\right]$$

$$q_{23} = -q_{41}$$

$$T_1 = T_2 = 300\,\text{K} \qquad T_3 = T_4 = 100\,\text{K}$$

$$w_{V,23} + w_{V,41} = 0$$

Isochore Zustandsänderung von $3 \rightarrow 4$ (Expansion):

$$q_{34} + w_{V,34} = u_4 - u_3 = c_{v,H_2}\left(T_4 - T_3\right) \qquad T_4 = T_3$$

$$q_{34} = -w_{V,34} = -R_{H_2} \cdot T_3 \cdot \ln\frac{p_4}{p_3}$$

$$\frac{p_4}{p_1} = \frac{\dfrac{R_{H_2} \cdot T_4}{v_4}}{\dfrac{R_{H_2} \cdot T_1}{v_1}} \qquad v_1 = v_4$$

$$\frac{p_4}{p_1} = \frac{T_4}{T_1} = \frac{T_3}{T_2} = \frac{p_3}{p_2} \qquad \frac{p_4}{p_3} = \frac{p_1}{p_2} \qquad \frac{p_3}{p_4} = \frac{p_2}{p_1}$$

$$\varepsilon_{rev} = \frac{q_{34}}{|w_V|} = \frac{-R_{H_2} \cdot T_3 \cdot \ln\dfrac{p_4}{p_3}}{R_{H_2} \cdot T_1 \cdot \ln\dfrac{p_2}{p_1} + R_{H_2} \cdot T_3 \cdot \ln\dfrac{p_4}{p_3}}$$

$$\varepsilon_{rev} = \frac{q_{34}}{|w_V|} = \frac{R_{H_2} \cdot T_3 \cdot \ln\dfrac{p_3}{p_4}}{R_{H_2} \cdot T_1 \cdot \ln\dfrac{p_2}{p_1} + R_{H_2} \cdot T_3 \cdot \ln\dfrac{p_4}{p_3}} = \frac{R_{H_2} \cdot T_3 \cdot \ln\dfrac{p_3}{p_4}}{R_{H_2} \cdot T_1 \cdot \ln\dfrac{p_2}{p_1} - R_{H_2} \cdot T_3 \cdot \ln\dfrac{p_3}{p_4}}$$

$$\varepsilon_{rev} = \frac{q_{34}}{|w_V|} = \frac{R_{H_2} \cdot T_3 \cdot \ln\dfrac{p_2}{p_1}}{R_{H_2} \cdot T_1 \cdot \ln\dfrac{p_2}{p_1} - R_{H_2} \cdot T_3 \cdot \ln\dfrac{p_2}{p_1}}$$

$$\varepsilon_{rev} = \frac{q_{34}}{|w_V|} = \frac{T_3}{T_1 - T_3} = \frac{100\,\text{K}}{300\,\text{K} - 100\,\text{K}} = \frac{100\,\text{K}}{200\,\text{K}}$$

$$\varepsilon_{rev} = 0{,}5$$

Dieses Ergebnis ergibt sich auch, wenn die oben berechneten Größen eingesetzt werden:

$$\varepsilon_{\text{rev}} = \frac{q_{34}}{|w_{\text{V}}|} = = \frac{q_{34}}{|w_{\text{V,12}}| - |w_{\text{V,34}}|} = \frac{286\,\frac{\text{kJ}}{\text{kg}}}{857{,}77\,\frac{\text{kJ}}{\text{kg}} - 286\,\frac{\text{kJ}}{\text{kg}}}$$

$$\varepsilon_{\text{rev}} = 0{,}5$$

6. **Darstellung der Zustandsänderungen im *p,v*-Diagramm**

Die Zustandsänderung im *p,v*-Diagramm zeigt Bild 20.1.

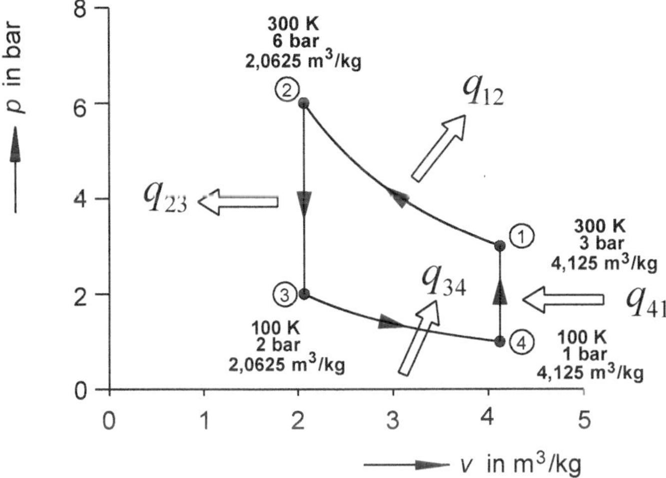

Bild 20.1 Zustandsänderungen

Aufgabe 21

1. Hauptsatz für stationären Fließprozess, geschlossene Gasturbinenanlage

Vorstellung:

In einer geschlossenen Gasturbinenanlage eines Kraftwerkes wird Helium als Arbeitsfluid verwendet (Bild 21.1). Das Helium tritt mit dem Zustand $p_1 = 1$ bar, $T_1 = 300$ K in den Verdichter ein und ändert in einer Abfolge von stationären Fließprozessen seinen Zustand:

$1 \rightarrow 2$ Polytrope adiabate Kompression im Verdichter auf $p_2 = 3$ bar

$2 \rightarrow 3$ Isobare Wärmezufuhr in der Brennkammer auf $T_3 = 1200$ K

$3 \rightarrow 4$ Polytrope adiabate Expansion in der Turbine auf $p_4 = 1$ bar

$4 \rightarrow 1$ Isobare Wärmeabfuhr im Kühler auf $T_1 = 300$ K

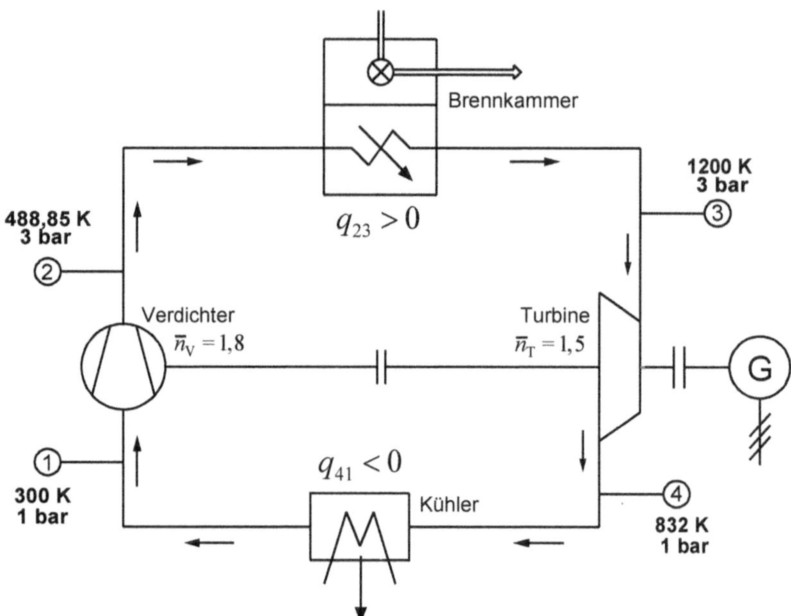

Bild 21.1 Gasturbinenanlage

Die polytropen Zustandsänderungen im Verdichter und in der Turbine lassen sich mit folgenden Polytropen-Exponenten beschreiben: $\bar{n}_V = 1{,}8$, $\bar{n}_T = 1{,}5$.

Die isobaren Zustandsänderungen in den Wärmetauschern können als reibungsfrei betrachtet werden. Bei allen Teilprozessen können die Änderungen der kinetischen und potentiellen Energien vernachlässigt werden.

Hinweis: In Bild 21.1 werden an den gekennzeichneten Stellen zwecks Übersichtlichkeit die dort vorhandenen Temperaturen und Drücke in Fettschrift angegeben, auch wenn diese erst im weiteren Verlauf der Aufgabe zur Lösung gelangen.

Gesucht:

1. Die in den Teilprozessen ausgetauschten Wärmemengen q_{23} und q_{41}
2. Spezifische Arbeit des Kompressors $w_{t,12}$
3. Spezifische Arbeit der Turbine $w_{t,34}$
4. Spezifische Nutzarbeit der Anlage $w_{t,Nutz}$
5. Thermischer Wirkungsgrad der Anlage η_{th}
6. Darstellung der Zustandsänderungen im p,v-Diagramm

Lösung:

1. **Die in den Teilprozessen ausgetauschten Wärmemengen q_{23} und q_{41}**

$$\mathbf{c_{p,He} = 5180 \frac{J}{kg \cdot K} = konst.}$$

$q_{12} = 0$ und $q_{34} = 0$ (adiabate Zustandsänderungen)

Erster Hauptsatz für stationären Fließprozess $2 \to 3$:

$$q_{23} + w_{t,23} = h_3 - h_2 \qquad w_{t,23} = 0$$

$$q_{23} = h_3 - h_2 = c_{p,He}\left(T_3 - T_2\right)$$

$$T_2 = T_1 \left(\frac{p_2}{p_1}\right)^{\frac{\bar{n}_V - 1}{\bar{n}_V}} = 300\,\mathrm{K}\left(\frac{3\,\mathrm{bar}}{1\,\mathrm{bar}}\right)^{\frac{1{,}8-1}{1{,}8}} = 488{,}85\,\mathrm{K}$$

$$q_{23} = 5{,}180\,\frac{\mathrm{kJ}}{\mathrm{kg \cdot K}}\left(1200\,\mathrm{K} - 488{,}85\,\mathrm{K}\right) = 3684\,\frac{\mathrm{kJ}}{\mathrm{kg}}$$

Erster Hauptsatz für stationären Fließprozess $4 \to 1$:

$$q_{41} + w_{t,41} = h_1 - h_4 \qquad w_{t,41} = 0$$

$$q_{41} = h_1 - h_4 = c_{p,He}\left(T_1 - T_4\right)$$

$$T_4 = T_3 \left(\frac{p_4}{p_3}\right)^{\frac{\bar{n}_T - 1}{\bar{n}_T}} = 1200\,\text{K} \left(\frac{1\,\text{bar}}{3\,\text{bar}}\right)^{\frac{1,5-1}{1,5}} = 832\,\text{K}$$

$$q_{41} = 5,180\,\frac{\text{kJ}}{\text{kg}\cdot\text{K}}\left(300\,\text{K} - 832\,\text{K}\right) = -\,2756\,\frac{\text{kJ}}{\text{kg}}$$

2. **Spezifische Arbeit des Kompressors $w_{t,12}$**

Erster Hauptsatz für stationären Fließprozess $1 \rightarrow 2$:

$$q_{12} + w_{t,12} = h_2 - h_1 \qquad\qquad q_{12} = 0$$

$$w_{t,12} = h_2 - h_1 = c_{p,He}\left(T_2 - T_1\right)$$

$$w_{t,12} = 5,180\,\frac{\text{kJ}}{\text{kg}\cdot\text{K}}\left(488,85\,\text{K} - 300\,\text{K}\right) = 978,24\,\frac{\text{kJ}}{\text{kg}}$$

3. **Spezifische Arbeit der Turbine $w_{t,34}$**

Erster Hauptsatz für stationären Fließprozess $3 \rightarrow 4$:

$$q_{34} + w_{t,34} = h_4 - h_3 \qquad\qquad q_{34} = 0$$

$$w_{t,34} = h_4 - h_3 = c_{p,He}\left(T_4 - T_3\right)$$

$$w_{t,34} = 5,180\,\frac{\text{kJ}}{\text{kg}\cdot\text{K}}\left(832\,\text{K} - 1200\,\text{K}\right) = -\,1906,24\,\frac{\text{kJ}}{\text{kg}}$$

4. **Spezifische Nutzarbeit der Anlage $w_{t,Nutz}$**

$$w_{t,Nutz} = w_{t,12} + w_{t,23} + w_{t,34} + w_{t,41} \qquad\qquad w_{t,23} = 0 \qquad\qquad w_{t,41} = 0$$

$$w_{t,Nutz} = w_{t,12} + w_{t,34}$$

$$w_{t,Nutz} = 978,24\,\frac{\text{kJ}}{\text{kg}} - 1906,24\,\frac{\text{kJ}}{\text{kg}} = -928\,\frac{\text{kJ}}{\text{kg}}$$

5. **Thermischer Wirkungsgrad der Anlage η_{th}**

$$\eta_{th} = \frac{\left|w_{t,Nutz}\right|}{q_{zu}} \qquad\qquad q_{zu} = q_{23} = 3684\,\frac{\text{kJ}}{\text{kg}}$$

$$\eta_{th} = \frac{\left|-928\,\frac{\text{kJ}}{\text{kg}}\right|}{3684\,\frac{\text{kJ}}{\text{kg}}} = 0,252$$

6. Darstellung der Zustandsänderungen im p,v-Diagramm

Die Zustandsänderung im p,v-Diagramm zeigt Bild 21.2.

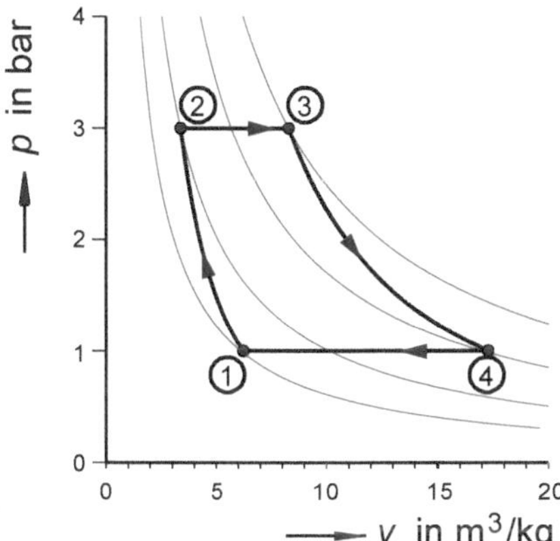

Bild 21.2 Zustandsdiagramm

Aufgabe 22

1. Hauptsatz für stationären Fließprozess, geschlossene Gasturbinenanlage mit Mantel- und Zwischenkühlung

Vorstellung:

In einer geschlossenen Gasturbinenanlage mit Helium als Arbeitsfluid soll das Gas in einem zweistufigen Verdichter mit Mantel- und Zwischenkühlung verdichtet werden (Bild 22.1). Vor dem Verdichter hat das Gas den Zustand p_1 = 1 bar, T_1 = 300 K.

Für den zweistufigen Verdichter betragen in den jeweiligen Stufen die Polytropenexponenten:

- $\bar{n}_k = 1{,}35$, mit Mantelkühlung und Zwischenkühlung
- $\bar{n}_k^0 = 1{,}80$, ohne Mantelkühlung (nur Zwischenkühlung).

Der Verdichtungsenddruck soll 3 bar betragen. Im Zwischenkühler wird das Gas bei konstantem Druck auf die Ansaugtemperatur T_1 = 300 K zurückgekühlt. Die isobaren Zustandsänderungen in den Wärmetauschern sollen reibungsfrei sein.

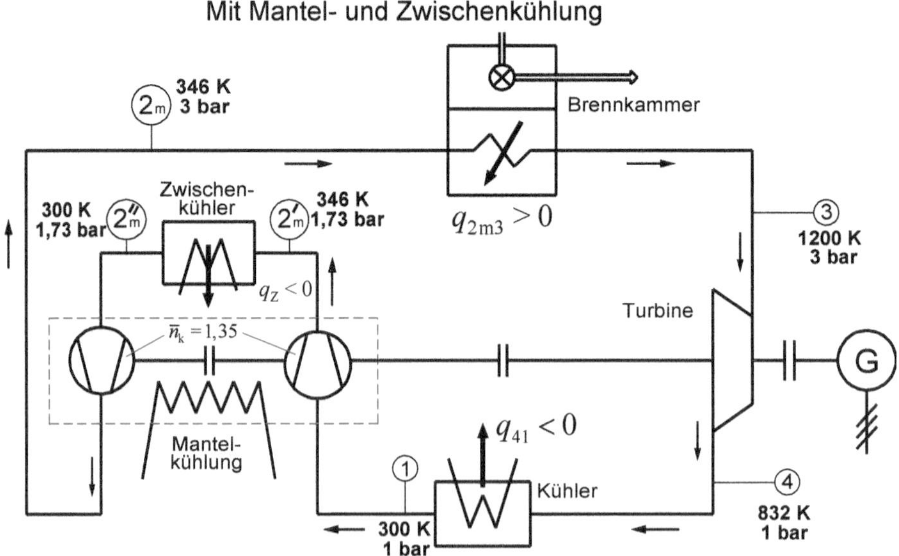

Bild 22.1 Gasturbinenanlage mit Mantel- und Zwischenkühlung

In jeder Verdichterstufe soll die Reibungsarbeit bei Betrieb mit und ohne Mantelkühlung gleich sein. Zum optimalen Betrieb des Verdichters wird in beiden Stufen dasselbe Druckverhältnis gewählt. Bei allen Teilprozessen können Änderungen der kinetischen und potentiellen Energien vernachlässigt werden.

Hinweis: In Bild 22.1 und Bild 22.2 werden an den gekennzeichneten Stellen zwecks Übersichtlichkeit die dort vorhandenen Temperaturen und Drücke in Fettschrift angegeben, auch wenn diese erst im weiteren Verlauf der Aufgabe zur Lösung gelangen.

Gesucht:

1. Spezifische Arbeit des Verdichters (Mantel- und Zwischenkühlung) $w_{t,V}$
2. Abgeführte spezifische Wärme im Mantelkühler q_M
3. Abgeführte spezifische Wärme im Zwischenkühler (Mantel- und Zwischenkühlung) q_Z
4. Thermischer Wirkungsgrad der Anlage (Mantel- und Zwischenkühlung) η_{th}
5. Darstellung der Zustandsänderungen (Mantel- und Zwischenkühlung) von 1 bis 2 m im p,v-Diagramm

Lösung:

1. **Spezifische Arbeit des Verdichters (Mantel- und Zwischenkühlung) $w_{t,V}$**

Der Verdichter arbeitet mit Mantel- und Zwischenkühlung; er nimmt die spezifische Arbeit $w_{t,V}$ auf:

$$w_{t,V} = w_{t,1\to 2'm} + w_{t,2''m\to 2m}$$

$$w_{t,1\to 2'm} = \int_1^{2'm} v\,dp + j_{1\to 2'm} + \Delta e_{a,1\to 2'm} \qquad \Delta e_{a,1\to 2'm} = 0$$

$$w_{t,1\to 2'm} = \frac{\bar{n}_k}{\bar{n}_k - 1} R_{He} \left(T_{2'm} - T_1\right) + j_{1\to 2'm} \qquad w_{t,1\to 2'm} = w_{t,2''m\to 2m}$$

$$T_{2'm} = T_1 \left(\frac{p_{2'm}}{p_1}\right)^{\frac{\bar{n}_k - 1}{\bar{n}_k}}$$

Es gilt hier:

$$\frac{p_{2'm}}{p_1} = \frac{p_{2m}}{p_{2''m}} = \sqrt{\frac{p_{2m}}{p_1}} = \sqrt{\frac{3\,\text{bar}}{1\,\text{bar}}} = 1{,}732$$

$$p_{2'm} = p_1\sqrt{\frac{p_{2m}}{p_1}} = 1\,\text{bar}\sqrt{\frac{3\,\text{bar}}{1\,\text{bar}}} = 1{,}732$$

$$T_{2'm} = 300\text{K} \cdot 1{,}732^{\frac{1{,}35-1}{1{,}35}} = 346\,\text{K}$$

$$\boldsymbol{R_{\text{He}} = 2077\frac{\text{J}}{\text{kg}\cdot\text{K}}}$$

$$\int_1^{2'm} v\,\text{d}p = \frac{\overline{n}_\text{k}}{\overline{n}_\text{k}-1}R_{\text{He}}\left(T_{2'm} - T_1\right) = \frac{1{,}35}{1{,}35-1}2077\frac{\text{J}}{\text{kg}\cdot\text{K}}\left(346\,\text{K} - 300\,\text{K}\right) = 368{,}519\frac{\text{kJ}}{\text{kg}}$$

Zur Berechnung von $j_{1\to 2'm}$ wird der Verdichter ohne Mantelkühlung betrachtet. Es soll in jeder Stufe die Reibungsarbeit bei Betrieb mit und ohne Mantelkühlung gleich sein. Es ist zu beachten, dass für den Polytropenexponent jetzt $\overline{n}_\text{k}^0 = 1{,}80$ gilt (Bild 22.2).

$$j_{1\to 2'm} = j_{1\to 2'o}$$

$$w_{t,1\to 2'o} = \int_1^{2'o} v\,\text{d}p + j_{1\to 2'o}$$

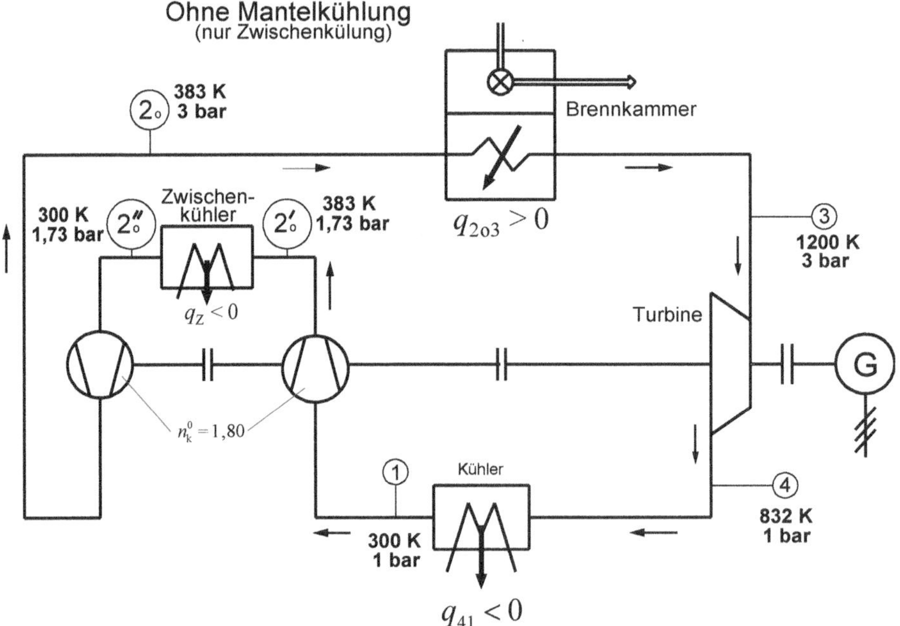

Bild 22.2 Gasturbinenanlage ohne Mantelkühlung

Erster Hauptsatz $1 \rightarrow 2'\text{o}$:

$$q_{1\rightarrow 2'\text{o}} + w_{\text{t},1\rightarrow 2'\text{o}} = h_{2'\text{o}} - h_1 = c_{\text{p,He}}\left(T_{2'\text{o}} - T_1\right) \qquad q_{1\rightarrow 2'\text{o}} = 0$$

$$j_{1\rightarrow 2'\text{o}} = w_{\text{t},1\rightarrow 2'\text{o}} - \int_1^{2'\text{o}} v\,\mathrm{d}p$$

$$j_{1\rightarrow 2'\text{o}} = c_{\text{p,He}}\left(T_{2'\text{o}} - T_1\right) - \int_1^{2'\text{o}} v\,\mathrm{d}p$$

$$j_{1\rightarrow 2'\text{o}} = c_{\text{p,He}}\left(T_{2'\text{o}} - T_1\right) - \frac{\bar{n}_\text{k}^0}{\dot{n}_\text{k}^0 - 1} R_{\text{He}}\left(T_{2'\text{o}} - T_1\right)$$

$$T_{2'\text{o}} = T_1\left(\frac{p_{2'\text{o}}}{p_1}\right)^{\frac{\bar{n}_\text{k}^0 - 1}{\bar{n}_\text{k}^0}}$$

Es gilt hier:

$$\frac{p_{2'\text{o}}}{p_1} = \frac{p_{2\text{o}}}{p_{2''\text{o}}} = \sqrt{\frac{p_{2\text{o}}}{p_1}} = \sqrt{\frac{3\,\text{bar}}{1\,\text{bar}}} = 1{,}732$$

$$p_{2'\text{o}} = p_1\sqrt{\frac{p_{2\text{o}}}{p_1}} = 1\,\text{bar}\sqrt{\frac{3\,\text{bar}}{1\,\text{bar}}} = 1{,}732$$

$$T_{2'\text{o}} = T_1\left(\frac{p_{2'\text{o}}}{p_1}\right)^{\frac{\bar{n}_\text{k}^0 - 1}{\bar{n}_\text{k}^0}} = 300\,\text{K}\cdot 1{,}732^{\frac{1{,}8-1}{1{,}8}} = 383\,\text{K}$$

$$\mathbf{c_{p,He} = 5180\frac{J}{kg\cdot K} = konst.}$$

$$j_{1\rightarrow 2'\text{o}} = j_{1\rightarrow 2'\text{m}} = c_{\text{p,He}}\left(T_{2'\text{o}} - T_1\right) - \frac{n_\text{k}^0}{n_\text{k}^0 - 1} R_{\text{He}}\left(T_{2'\text{o}} - T_1\right) - \left(T_{2'\text{o}} - T_1\right)\left[c_{\text{p,He}} - R_{\text{He}}\frac{n_\text{k}^0}{n_\text{k}^0 - 1}\right]$$

$$j_{1\rightarrow 2'\text{o}} = \left(383\,\text{K} - 300\,\text{K}\right)\left[5180\frac{\text{J}}{\text{kg}\cdot\text{K}} - 2077\frac{\text{J}}{\text{kg}\cdot\text{K}}\frac{1{,}8}{1{,}8-1}\right] = 42{,}1\frac{\text{kJ}}{\text{kg}}$$

$$w_{\text{t},1\rightarrow 2'\text{m}} = \int_1^{2'\text{m}} v\,\mathrm{d}p + j_{1\rightarrow 2'\text{m}} = \int_1^{2'\text{m}} v\,\mathrm{d}p + j_{1\rightarrow 2'\text{o}}$$

$$w_{\text{t},1\rightarrow 2'\text{m}} = 368{,}519\frac{\text{kJ}}{\text{kg}} + 42{,}1\frac{\text{kJ}}{\text{kg}} = 410{,}62\frac{\text{kJ}}{\text{kg}}$$

Bei den hier vorliegenden Druckverhältnissen, die in beiden Stufen gleich groß sind, gilt:

$$w_{t,1\to 2'm} = w_{t,2''m\to 2m}$$

$$w_{t,V} = w_{t,1\to 2'm} + w_{t,2''m\to 2m} = 2\cdot w_{t,1\to 2'm} = 2\cdot 410{,}62\frac{kJ}{kg} = 821{,}24\frac{kJ}{kg}$$

2. Abgeführte spezifische Wärme im Mantelkühler q_M

Mantelkühlung: $q_M = q_{1\to 2'm} + q_{2''m\to 2m}$.

$$q_{1\to 2'm} + w_{t,1\to 2'm} = h_{2'm} - h_1$$

$$q_{1\to 2'm} = h_{2'm} - h_1 - w_{t,1\to 2'm} = c_{p,He}\left(T_{2'm} - T_1\right) - w_{t,1\to 2'm}$$

$$q_{1\to 2m'} = 5{,}18\frac{kJ}{kg\cdot K}\left(346\,K - 300\,K\right) - 410{,}62\frac{kJ}{kg} = -172{,}34\frac{kJ}{kg}$$

$$q_{2''m\to 2m} = h_{2m} - h_{2''m} - w_{t,2''m\to 2m} = c_{pHe}\left(T_{2m} - T_{2''m}\right) - w_{t,2''m\to 2m}$$

Es sind $T_{2m} = T_{2'm} = 346\,K$ und $T_{2m''} = T_1 = 300\,K$ (Bild 22.1).

$$q_{2''m\to 2m} = c_{p,He}\left(T_{2'm} - T_1\right) - w_{t,2''m\to 2m}$$

$$q_{2''m\to 2m} = q_{1\to 2'm} = -172{,}34\frac{kJ}{kg}$$

$$q_M = 2\cdot q_{1\to 2'm} = 2\left(-172{,}34\frac{kJ}{kg}\right) = -344{,}68\frac{kJ}{kg}$$

3. Abgeführte spezifische Wärme im Zwischenkühler (Mantel- und Zwischenkühlung) q_Z

Zwischenkühlung: $q_Z = q_{2'm\to 2''m}$.

$$q_Z = c_{p,He}\left(T_{2''m} - T_{2'm}\right)$$

$$q_Z = 5{,}18\frac{kJ}{kg\cdot K}\left(300\,K - 346\,K\right) = -238{,}3\frac{kJ}{kg}$$

4. **Thermischer Wirkungsgrad der Anlage (Mantel- und Zwischenkühlung) η_{th}**

$$\eta_{th} = \frac{|w_{t,Nutz}|}{q_{zu}} = \frac{|w_{t,Nutz}|}{q_{2m3}}$$

Erster Hauptsatz für stationären Fließprozess $3 \rightarrow 4$:

$$q_{3\rightarrow4} + w_{t,3\rightarrow4} = h_4 - h_3 \qquad q_{3\rightarrow4} = 0$$

$$w_{t,3\rightarrow4} = h_4 - h_3 = c_{p,He}\left(T_4 - T_3\right)$$

$$w_{t,3\rightarrow4} = 5{,}180\,\frac{kJ}{kg\cdot K}\left(832\,K - 1200\,K\right) = -1906{,}24\,\frac{kJ}{kg}$$

$$w_{t,V} = 821{,}24\frac{kJ}{kg} \quad \text{(aus Punkt 1)}$$

$$w_{t,Nutz} = w_{t,3\rightarrow4} + w_{t,V} = -1906{,}24\,\frac{kJ}{kg} + 821{,}24\frac{kJ}{kg} = -1085\,\frac{kJ}{kg}$$

$$\left|w_{t,Nutz}\right| = \left|-1085\,\frac{kJ}{kg}\right| = 1085\,\frac{kJ}{kg}$$

$$q_{zu} = q_{2m3} = c_{p,He}\left(T_3 - T_{2m}\right) = 5{,}18\,\frac{kJ}{kg\cdot K}\left(1200\,K - 346\,K\right) = 4423{,}72\,\frac{kJ}{kg}$$

$$\eta_{th} = \frac{1085\,\frac{kJ}{kg}}{4423{,}72\,\frac{kJ}{kg}} = 0{,}245$$

5. **Darstellung der Zustandsänderungen (Mantel- und Zwischenkühlung) von 1 bis 2 m im *p,v*-Diagramm**

Die Zustandsänderungen von 1 bis 2 m bei Mantel- und Zwischenkühlung zeigt Bild 22.3.

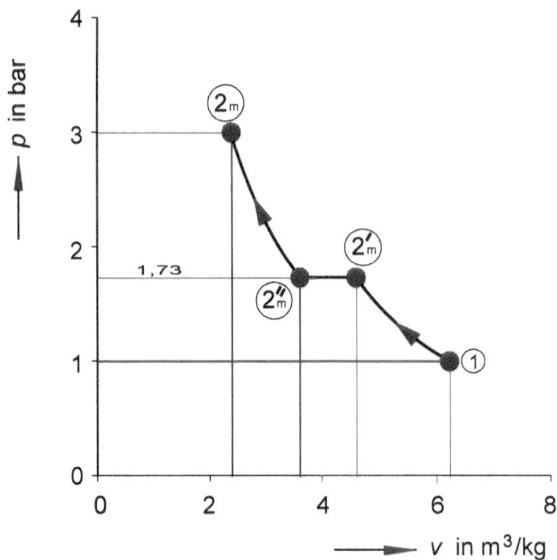

Bild 22.3 Zustandsdiagramm

Aufgabe 23

1. Hauptsatz für stationären Fließprozess, geschlossene Gasturbinenanlage mit Vorwärmung

Vorstellung:

In einer geschlossenen Gasturbinenanlage eines Kraftwerkes wird Helium als Arbeitsfluid verwendet (Bild 23.1). Das Helium tritt mit dem Zustand p_1 = 1 bar, T_1 = 300 K in den Verdichter ein und ändert in einer Abfolge von stationären Fließprozessen seinen Zustand. Es wird hier jetzt ein Vorwärmer zur Verbesserung des thermischen Wirkungsgrades verwendet.

$1 \rightarrow 2$ Polytrope adiabate Kompression im Verdichter auf p_2 = 3 bar

$2 \rightarrow 2'$ Isobare Wärmezufuhr im Vorwärmer auf $T_{2'}$

$2' \rightarrow 3$ Isobare Wärmezufuhr in der Brennkammer auf T_3 = 1200 K

$3 \rightarrow 4$ Polytrope adiabate Expansion in der Turbine auf p_4 = 1 bar

$4 \rightarrow 1$ Isobare Wärmeabfuhr im Kühler auf T_1 = 300 K

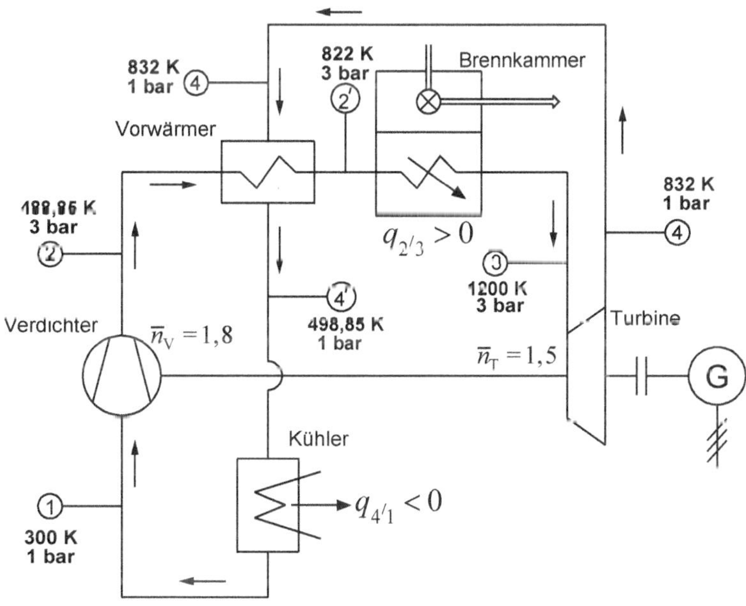

Bild 23.1 Gasturbinenanlage

Die Eintrittszustände in den Verdichter und die Turbine sind:

$$T_1 = 300\,\text{K},\ p_1 = 1\,\text{bar} \qquad \text{und} \qquad T_3 = 1200\,\text{K},\ p_3 = 3\,\text{bar}$$

Das im Kompressor verdichtete Arbeitsfluid wird auf $T_{2'}$ vorgewärmt und danach im Wärmetauscher der Brennkammer auf den Turbineneintrittszustand gebracht. Für die Temperaturdifferenz der Stoffströme am Ein- und Austritt des Vorwärmers soll gelten:

$$\Delta T = T_4 - T_{2'} = T_{4'} - T_2 = 10\,\text{K},$$

wobei vorausgesetzt wird, dass der Vorwärmer als Gegenstromwärmetauscher arbeitet.

- Polytropenexponent für den Verdichter: $\overline{n}_\text{V} = 1{,}8$
- Polytropenexponent für die Turbine: $\overline{n}_\text{T} = 1{,}5$

Die Zustandsänderungen im Vorwärmer sollen isobar und reibungsfrei ablaufen. Die isobaren Zustandsänderungen in den Wärmetauschern können als reibungsfrei betrachtet werden. Bei allen Teilprozessen können die Änderungen der kinetischen und potentiellen Energien vernachlässigt werden.

Hinweis: In Bild 23.1 werden an den gekennzeichneten Stellen zwecks Übersichtlichkeit die dort vorhandenen Temperaturen und Drücke in Fettschrift angegeben, auch wenn diese erst im weiteren Verlauf der Aufgabe zur Lösung gelangen.

Gesucht:

1. Thermischer Wirkungsgrad des Prozesses η_th
2. Vergleich von η_th mit dem thermischen Wirkungsgrad $\eta_\text{th,oV}$ ohne Vorwärmer
3. Im Kühler *ab*zuführende Wärmemenge $q_{4'1}$
4. In der Brennkammer *zu*zuführende Wärmemenge $q_{2'3}$
5. Darstellung der Zustandsänderungen im *p,v*-Diagramm

Lösung:

1. **Thermischer Wirkungsgrad des Prozesses η_th**

Definition des thermischen Wirkungsgrades:

$$\eta_\text{th} = \frac{\left|w_\text{t,Nutz}\right|}{q_\text{zu}}$$

$$q_\text{zu} = q_{2'3} = c_\text{p,He}\left(T_3 - T_{2'}\right)$$

$$T_{2'} = T_4 - 10\,\text{K} \qquad \overline{n}_\text{T} = 1{,}5 \qquad T_3 = 1200\,\text{K}$$

$$T_4 = T_3\left(\frac{p_4}{p_3}\right)^{\frac{\bar{n}_T-1}{\bar{n}_T}} = 1200\,\text{K}\left(\frac{1\,\text{bar}}{3\,\text{bar}}\right)^{\frac{1,5-1}{1,5}} = 832\,\text{K}$$

$$T_{2'} = 832\,\text{K} - 10\,\text{K} = 822\,\text{K} \qquad \boldsymbol{c_{p,He} = 5180\frac{J}{kg\cdot K}}$$

$$q_{2'3} = c_{p,He}\left(T_3 - T_{2'}\right) = 5,18\frac{\text{kJ}}{\text{kg}\cdot\text{K}}\left(1200\,\text{K} - 822\,\text{K}\right) = 1958\frac{\text{kJ}}{\text{kg}}$$

$\left|w_{t,Nutz}\right| = 928\frac{\text{kJ}}{\text{kg}}$ (entnommen aus Aufgabe 21)

$$\eta_{th} = \eta_{th,mV} = \frac{\left|w_{t,Nutz}\right|}{q_{zu}} = \frac{928\frac{\text{kJ}}{\text{kg}}}{1958\frac{\text{kJ}}{\text{kg}}} = 0,474$$

2. **Vergleich von η_{th} mit dem thermischen Wirkungsgrad $\eta_{th,oV}$ ohne Vorwärmer**

Der thermische Wirkungsgrad ohne Vorwärmung (entnommen aus Aufgabe 21) beträgt: $\eta_{th,oV} = 0,252$.

Der Vergleich ergibt:

$$\frac{\Delta\eta_{th}}{\eta_{th,oV}} = \frac{\eta_{th,mV} - \eta_{th,oV}}{\eta_{th,oV}} = \frac{0,474 - 0,252}{0,252} = 0,881$$

3. **Im Kühler *ab*zuführende Wärmemenge $q_{4'1}$**

$$q_{4'1} = c_{p,He}\left(T_1 - T_{4'}\right)$$

$$T_{4'} - T_2 = 10\,\text{K}$$

$$T_2 = T_1\left(\frac{p_2}{p_1}\right)^{\frac{n_V-1}{n_V}} = 300\,\text{K}\left(\frac{3\,\text{bar}}{1\,\text{bar}}\right)^{\frac{1,8-1}{1,8}} = 488,85\,\text{K}$$

$$T_{4'} = T_2 + 10\,\text{K} = 488,85\,\text{K} + 10\,\text{K} = 498,85\,\text{K}$$

$$q_{4'1} = 5,18\frac{\text{kJ}}{\text{kg}\cdot\text{K}}\left(300\,\text{K} - 498,85\,\text{K}\right)$$

$$q_{4'1} = -1030\frac{\text{kJ}}{\text{kg}}$$

4. In der Brennkammer *zu*zuführende Wärmemenge $q_{2'3}$

$$q_{2'3} = 1958 \frac{\text{kJ}}{\text{kg}} \text{ (aus Punkt 1)}$$

5. Darstellung der Zustandsänderungen im *p*,*v*-Diagramm

Die Zustandsänderung im *p*,*v*-Diagramm zeigt Bild 23.2.

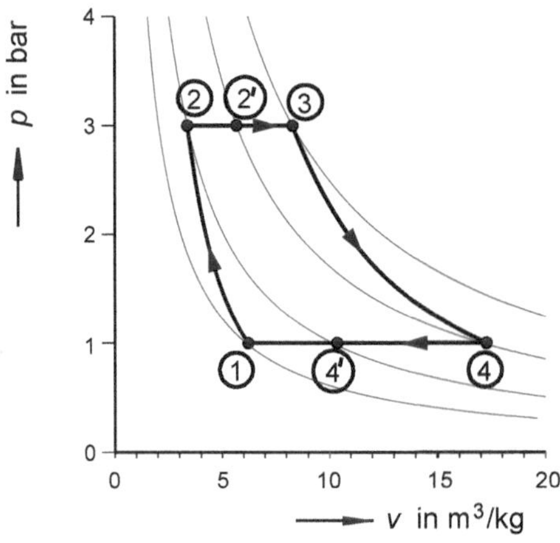

Bild 23.2 Zustandsdiagramm

Aufgabe 24

Entropieänderung eines Kupferblocks

Vorstellung:

Es ist die gesamte Entropieänderung der folgenden Prozesse zu berechnen:

a) Ein Kupferblock mit einer Masse von $m_{Cu} = 0{,}4$ kg, einer Temperatur von $T_{Cu(a)} = 373\,\text{K}$ und der spezifischen Wärmekapazität $c_{Cu} = 375\,\text{J}/(\text{kg}\cdot\text{K})$ wird in einem großen See mit der Temperatur $T_{See} = 283$ K geworfen.

b) Derselbe Kupferblock hat jetzt eine Temperatur von $T_{Cu(b)} = 283\,\text{K}$; er fällt aus einer Höhe von $\Delta z = 100\,\text{m}$ in den See, der die Temperatur wie unter (a) hat.

c) Zwei dieser Kupferblöcke mit den Temperaturen $T_{1,\text{Cu-BlockX}} = 373\,\text{K}$ und $T_{1,\text{Cu-BlockY}} = 273\,\text{K}$ werden in Kontakt gebracht. Dabei gleichen sich die Temperaturen an: $T_{2,\text{Cu-BlockX}} = T_{2,\text{Cu-BlockY}} = T_M$.

Gesucht:

1. Entropieänderung $\Delta S_{(a)}$
2. Entropieänderung $\Delta S_{(b)}$
3. Entropieänderung $\Delta S_{(c)}$

Lösung:

1. **Entropieänderung $\Delta S_{(a)}$**

Entropiebilanz für das Gesamtsystem (Kupferblock mit See):

$$\Delta S_{(a)} = \Delta S_{Cu(a)} + \Delta S_{See(a)}$$

Berechnung von $\Delta S_{Cu(a)}$: Definitionsgleichung der Entropie.

$$T_{Cu(a)} \cdot ds_{Cu(a)} = dh_{Cu(a)} - v_{Cu(a)} \cdot dp_{Cu(a)} \qquad \Rightarrow$$

$$ds_{Cu(a)} = \frac{dh_{Cu(a)} - v_{Cu(a)} \cdot dp_{Cu(a)}}{T_{Cu(a)}} \qquad dp_{Cu(a)} = 0$$

$$\mathrm{d}s_{\mathrm{Cu(a)}} = \frac{\mathrm{d}h_{\mathrm{Cu(a)}}}{T_{\mathrm{Cu(a)}}} = c_{\mathrm{Cu}} \frac{\mathrm{d}T_{\mathrm{Cu(a)}}}{T_{\mathrm{Cu(a)}}}$$

$$\int_1^2 \mathrm{d}s_{\mathrm{Cu(a)}} = \Delta s_{\mathrm{Cu(a)}} = s_{2,\mathrm{Cu(a)}} - s_{1,\mathrm{Cu(a)}} = \int_1^2 \frac{\mathrm{d}h_{\mathrm{Cu(a)}}}{T_{\mathrm{Cu(a)}}} = c_{\mathrm{Cu}} \int_1^2 \frac{1}{T_{\mathrm{Cu(a)}}} \mathrm{d}T_{\mathrm{Cu(a)}} = c_{\mathrm{Cu}} \cdot \ln \frac{T_{2,\mathrm{Cu(a)}}}{T_{1,\mathrm{Cu(a)}}}$$

Da $m_{\mathrm{See}} >> m_{\mathrm{Cu}}$ gilt $T_{2,\mathrm{Cu(a)}} = T_{\mathrm{See}} = 283\,\mathrm{K}$.

$$\Delta s_{\mathrm{Cu(a)}} = s_{2,\mathrm{Cu(a)}} - s_{1,\mathrm{Cu(a)}} = 375 \frac{\mathrm{J}}{\mathrm{kg \cdot K}} \ln \frac{283\,\mathrm{K}}{373\,\mathrm{K}} = -103{,}55 \frac{\mathrm{J}}{\mathrm{kg \cdot K}}$$

$$\Delta S_{\mathrm{Cu(a)}} = \Delta s_{\mathrm{Cu(a)}} \cdot m_{\mathrm{Cu(a)}} = -103{,}55 \frac{\mathrm{J}}{\mathrm{kg \cdot K}} 0{,}4\ \mathrm{kg}$$

$$\Delta S_{\mathrm{Cu(a)}} = -41{,}42 \frac{\mathrm{J}}{\mathrm{K}}$$

Berechnung von $\Delta S_{\mathrm{See(a)}}$:

$$S_{2,\mathrm{See(a)}} - S_{1,\mathrm{See(a)}} = \frac{Q_{12,\mathrm{See(a)}}}{T_{\mathrm{See}}}$$

$$Q_{12,\mathrm{See(a)}} = -m_{\mathrm{Cu}} \cdot c_{\mathrm{Cu}} \left(T_{\mathrm{See}} - T_{1,\mathrm{Cu(a)}}\right)$$

$$S_{2,\mathrm{See(a)}} - S_{1,\mathrm{See(a)}} = \Delta S_{\mathrm{See(a)}} = \frac{Q_{12,\mathrm{See(a)}}}{T_{\mathrm{See}}} = \frac{-m_{\mathrm{Cu}} \cdot c_{\mathrm{Cu}} \left(T_{\mathrm{See}} - T_{1,\mathrm{Cu(a)}}\right)}{T_{\mathrm{See}}}$$

$$\Delta S_{\mathrm{See(a)}} = \frac{-m_{\mathrm{Cu}} \cdot c_{\mathrm{Cu}}}{T_{\mathrm{See}}} \left(T_{\mathrm{See}} - T_{1,\mathrm{Cu(a)}}\right)$$

$$\Delta S_{\mathrm{See(a)}} = \frac{m_{\mathrm{Cu}} \cdot c_{\mathrm{Cu}}}{T_{\mathrm{See}}} \left(T_{1,\mathrm{Cu(a)}} - T_{\mathrm{See}}\right)$$

$$\Delta S_{\mathrm{See(a)}} = \frac{0{,}4\ \mathrm{kg} \cdot 375 \frac{\mathrm{J}}{\mathrm{kg \cdot K}}}{283\,\mathrm{K}} \left(373\,\mathrm{K} - 283\,\mathrm{K}\right)$$

$$\Delta S_{\mathrm{See(a)}} = 47{,}7 \frac{\mathrm{J}}{\mathrm{K}}$$

$$\Delta S_{(\mathrm{a})} = \Delta S_{\mathrm{Cu(a)}} + \Delta S_{\mathrm{See(a)}} = -41{,}42 \frac{\mathrm{J}}{\mathrm{K}} + 47{,}7 \frac{\mathrm{J}}{\mathrm{K}} = 6{,}28 \frac{\mathrm{J}}{\mathrm{K}}$$

2. **Entropieänderung $\Delta S_{(b)}$**

$$\Delta S_{(b)} = \Delta S_{Cu(b)} + \Delta S_{See(b)}$$

Berechnung von $\Delta S_{Cu(b)}$:

$$\Delta S_{Cu(b)} = m_{Cu} \cdot \Delta s_{Cu(b)} = 0$$

$\Delta S_{Cu(b)} = 0$ (von $1 \rightarrow 2$ keine Zustandsänderung: $T_{1,Cu(b)} = T_{2,Cu(b)} = T_{See} = 283\,\text{K}$).

Berechnung von $\Delta S_{See(b)}$:

Annahme: Die potentielle Energie des Kupferblocks mit m_{Cu} = 0,4 kg wird vollständig durch Reibung in Wärme umgewandelt (reversible Wärmezufuhr bei T_{See} = 283 K an das Wasser des Sees).

$$Q_{See(b)} = m_{Cu} \cdot g \cdot \Delta z$$

$$\Delta S_{See(b)} = \frac{Q_{See(b)}}{T_{See}} = \frac{m_{Cu} \cdot g \cdot \Delta z}{T_{See}} = \frac{0{,}4\,\text{kg} \cdot 9{,}81\frac{\text{m}}{\text{s}^2}100\,\text{m}}{283\,\text{K}} = 1{,}387\frac{\text{J}}{\text{K}}$$

$$\Delta S_{(b)} = \Delta S_{See(b)}$$

$$\Delta S_{(b)} = 1{,}387\frac{\text{J}}{\text{K}}$$

3. **Entropieänderung $\Delta S_{(c)}$**

Bild 24.1 soll insbesondere Klarheit bezüglich der Bezeichnungen für die Temperaturen schaffen.

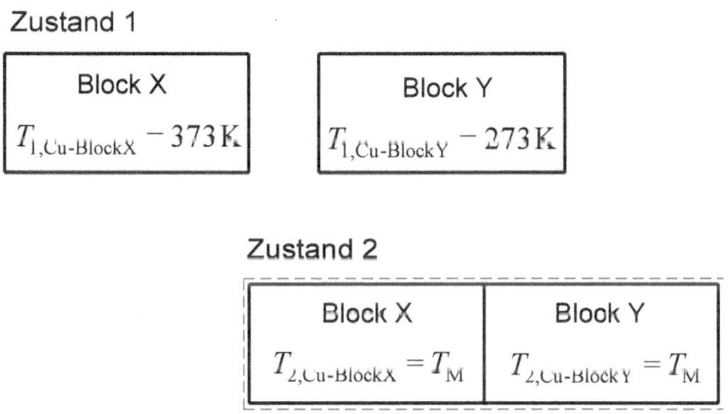

Zustand 1

Block X	Block Y
$T_{1,Cu\text{-}BlockX} = 373\,\text{K}$	$T_{1,Cu\text{-}BlockY} = 273\,\text{K}$

Zustand 2

Block X	Block Y
$T_{2,Cu\text{-}BlockX} = T_M$	$T_{2,Cu\text{-}BlockY} = T_M$

Bild 24.1 Bezeichnungen für die Temperaturen

Temperaturen:

$$T_{1,\text{Cu-BlockX}} = 373\,\text{K}, \qquad T_{1,\text{Cu-BlockY}} = 273\,\text{K} \qquad T_\text{M} = T_{2,\text{Cu-BlockX}} = T_{2,\text{Cu-BlockY}}$$

Berechnung von T_M:

Erster Hauptsatz

$u_{2,\text{Cu}} - u_{1,\text{Cu}} = 0$ (adiabat, keine Volumenänderungsarbeit, keine Dissipation)

$$u_{2,\text{Cu}} = u_{1,\text{Cu}}$$

$$u_{2,\text{Cu}} = u_{2,\text{Cu-BlockX}} + u_{2,\text{Cu-BlockY}}$$

$$u_{1,\text{Cu}} = u_{1,\text{Cu-BlockX}} + u_{1,\text{Cu-BlockY}}$$

Zwischenbetrachtung Anfang

$u = u(v,T)$ (gilt für Gas, Flüssigkeiten und feste Körper)

$$\text{d}u = \left(\frac{\partial u}{\partial v}\right)_\text{T} \text{d}v + \left(\frac{\partial u}{\partial T}\right)_\text{v} \text{d}T \qquad \text{d}v = 0$$

$$\text{d}u = \left(\frac{\partial u}{\partial T}\right)_\text{v} \text{d}T = c(T,v)\cdot \text{d}T$$

Bei Flüssigkeiten und festen Körpern $c = c(T,v) = \text{konst.}$

$$\text{d}u = c \cdot \text{d}T$$

$$u - u_0 = c\int_{\text{T}_0}^{\text{T}_\text{M}} \text{d}T = c(T_\text{M} - T_0)$$

$$u = c(T_\text{M} - T_0) + u_0$$

Zwischenbetrachtung Ende

$$u_{2,\text{Cu}} = u_{2,\text{Cu-BlockX}} + u_{2,\text{Cu-BlockY}} = c_\text{Cu}(T_\text{M} - T_0) + u_0 + c_\text{Cu}(T_\text{M} - T_0) + u_0$$

$$u_{2,\text{Cu}} = 2\left[c_\text{Cu}(T_\text{M} - T_0) + u_0\right]$$

$$u_{1,\text{Cu}} = u_{1,\text{Cu-BlockX}} + u_{1,\text{Cu-BlockY}} = c_\text{Cu}(T_{1\text{Cu-BlockX}} - T_0) + u_0 + c_\text{Cu}(T_{1,\text{Cu-BlockY}} - T_0) + u_0$$

$$u_{2,\text{Cu}} = u_{1,\text{Cu}}$$

$$2\left[c_\text{Cu}(T_\text{M} - T_0) + u_0\right] = c_\text{Cu}(T_{1,\text{Cu-BlockX}} - T_0) + u_0 + c_\text{Cu}(T_{1,\text{Cu-BlockY}} - T_0) + u_0$$

$$2\cdot c_\text{Cu}\cdot T_\text{M} - 2\cdot c_\text{Cu}\cdot T_0 + 2\cdot u_0 = c_\text{Cu}\cdot T_{1,\text{Cu-BlockX}} - c_\text{Cu}\cdot T_0 + u_0 + c_\text{Cu}\cdot T_{1,\text{Cu-BlockY}} - c_\text{Cu}\cdot T_0 + u_0$$

$$2 \cdot T_M = T_{1,\text{Cu-BlockX}} + T_{1,\text{Cu-BlockY}}$$

$$T_M = \frac{T_{1,\text{Cu-BlockX}} + T_{1,\text{Cu-BlockY}}}{2} = \frac{373\,\text{K} + 273\,\text{K}}{2} = 323\,\text{K}$$

$$\Delta S_{(c)} = \Delta S_{\text{Cu-BlockX}} + \Delta S_{\text{Cu-BlockY}} = \Delta S_{\text{irr(c)}} \qquad \Delta S_{Q(c)} = 0$$

$$\Delta S_{\text{Cu-BlockX}} = m_{Cu} \cdot c_{Cu} \cdot \ln \frac{T_{2,\text{Cu-BlockX}}}{T_{1,\text{Cu-BlockX}}} = m_{Cu} \cdot c_{Cu} \cdot \ln \frac{T_M}{T_{1,\text{Cu-BlockX}}}$$

$$\Delta S_{\text{Cu-BlockY}} = m_{Cu} \cdot c_{Cu} \cdot \ln \frac{T_{2,\text{Cu-BlockY}}}{T_{1,\text{Cu-BlockY}}} = m_{Cu} \cdot c_{Cu} \cdot \ln \frac{T_M}{T_{1,\text{Cu-BlockY}}}$$

$$\Delta S_{(c)} = \Delta S_{\text{irr(c)}} = m_{Cu} \cdot c_{Cu} \left(\ln \frac{T_M}{T_{1,\text{Cu-BlockX}}} + \ln \frac{T_M}{T_{1,\text{Cu-BlockY}}} \right)$$

$$\Delta S_{(c)} = \Delta S_{\text{irr(c)}} = m_{Cu} \cdot c_{Cu} \left(\ln \frac{T_M^2}{T_{1,\text{Cu-Blockx}} \cdot T_{1,\text{Cu-BlockY}}} \right)$$

$$\Delta S_{(c)} = \Delta S_{\text{irr(c)}} = 0{,}4\ \text{kg} \cdot 375\ \frac{\text{J}}{\text{kg} \cdot \text{K}} \left(\ln \frac{(323\,\text{K})^2}{373\,\text{K} \cdot 273\,\text{K}} \right)$$

$$\Delta S_{(c)} = 3{,}638 \frac{\text{J}}{\text{K}}$$

Aufgabe 25

Joulscher-Versuch, Rührwerk

Vorstellung:

Beim Joulschen Versuch wird in einem wärmedichten Gefäß ein Rührwerk durch eine absinkende Masse angetrieben (Bild 25.1). Durch die hierdurch zugeführte Reibungsarbeit ändert sich die innere Energie der Flüssigkeit.

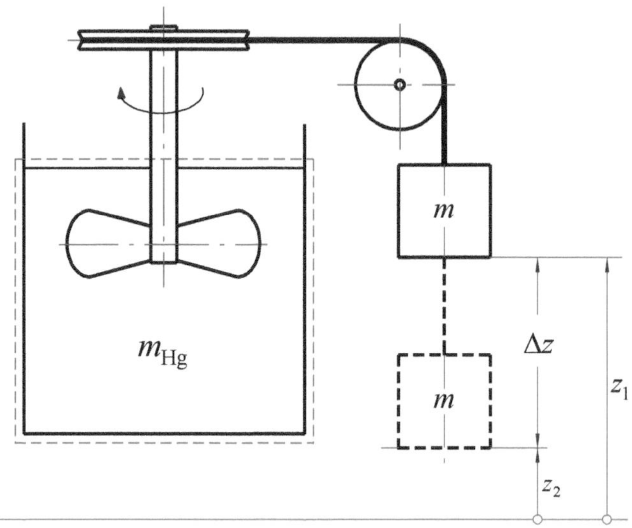

Bild 25.1 Versuchsanordnung beim Joulschen Versuch

Der Versuch soll mit m_{HG} = 0,5 kg Quecksilber von T_1 = 300 K Anfangstemperatur durchgeführt werden. Während der Versuchsdauer sinkt die das Rührwerk antreibende Masse von m = 5 kg um Δz = 1,5 m.

Das Quecksilber kann als inkompressible Flüssigkeit mit konstanter Wärmekapazität $c_{Hg} = 146{,}5 \dfrac{\text{J}}{\text{kg} \cdot \text{K}}$ behandelt werden.

Gesucht:

1. Temperatur des Quecksilbers am Ende des Versuchs T_2
2. Entropieerzeugung durch den Prozess ΔS_{irr12}

Lösung:

1. **Temperatur des Quecksilbers am Ende des Versuchs T_2**

Erster Hauptsatz für geschlossenes System:

$$U_2 - U_1 = Q_{12} - \int_1^2 p\,\mathrm{d}V + J_{12} \qquad Q_{12} = 0 \qquad -\int_1^2 p\,\mathrm{d}V = 0$$

$$J_{12} = U_2 - U_1 = m_{Hg} \cdot c_{Hg} \left(T_2 - T_1\right)$$

An das Quecksilber abgegebene Dissipation (Reibungswärme):

$$J_{12} = \int_1^2 G\,\mathrm{d}z = G\left(z_2 - z_1\right) = G \cdot \Delta z = m \cdot g \cdot \Delta z$$

$$m \cdot g \cdot \Delta z = m_{Hg} \cdot c_{Hg} \left(T_2 - T_1\right) = m_{Hg} \left(c_{Hg} \cdot T_2 - c_{Hg} \cdot T_1\right)$$

$$m \cdot g \cdot \Delta z = m_{Hg} \left(c_{Hg} \cdot T_2 - c_{Hg} \cdot T_1\right)$$

$$m \cdot g \cdot \Delta z = m_{Hg} \left(c_{Hg} \cdot T_2 - c_{Hg} \cdot T_1\right)$$

$$\frac{m \cdot g \cdot \Delta z}{m_{Hg}} = c_{Hg} \cdot T_2 - c_{Hg} \cdot T_1$$

$$\frac{m \cdot g \cdot \Delta z}{m_{Hg}} + c_{Hg} \cdot T_1 = c_{Hg} \cdot T_2$$

$$T_2 = \frac{\dfrac{m \cdot g \cdot \Delta z}{m_{Hg}} + c_{Hg} \cdot T_1}{c_{Hg}} = \frac{m \cdot g \cdot \Delta z}{m_{Hg} \cdot c_{Hg}} + T_1$$

$$T_2 = \frac{5\,\mathrm{kg} \cdot 9{,}81 \frac{\mathrm{m}}{\mathrm{s}^2}\, 1{,}5\,\mathrm{m}}{0{,}5\,\mathrm{kg} \cdot 146{,}5 \frac{\mathrm{J}}{\mathrm{kg} \cdot \mathrm{K}}} + 300\,\mathrm{K}$$

$$T_2 = 1\,\mathrm{K} + 300\,\mathrm{K} = 301\,\mathrm{K}$$

2. Entropieerzeugung durch den Prozess ΔS_{irr12}

$$\Delta S_{12} = \Delta S_{Q12} + \Delta S_{irr12} \qquad \Delta S_{Q12} = 0$$

$$\Delta S_{irr12} = \Delta S_{12} = \Delta S_{m_{Hg}12} + \Delta S_{m12} \qquad \Delta S_{m12} = 0$$

$$\Delta s_{m_{Hg}12} = \int_1^2 \frac{dh}{T} - \int_1^2 R_{Hg} \frac{dp}{p} = c_{Hg} \int_1^2 \frac{dT}{T} - R_{Hg} \int_1^2 \frac{dp}{p}$$

$$\Delta s_{m_{Hg}12} = c_{Hg} \ln \frac{T_2}{T_1} - R_{Hg} \ln \frac{p_{2Hg}}{p_{1Hg}} \qquad p_{2Hg} = p_{1Hg}$$

$$\Delta s_{m_{Hg}12} = c_{Hg} \ln \frac{T_2}{T_1}$$

$$\Delta S_{m_{Hg}12} = m_{m_{Hg}} \cdot c_{Hg} \cdot \ln \frac{T_2}{T_1}$$

$$\Delta S_{m_{Hg}12} = 0{,}5\,\mathrm{kg} \cdot 146{,}5 \frac{\mathrm{J}}{\mathrm{kg} \cdot \mathrm{K}} \ln \frac{301\,\mathrm{K}}{300\,\mathrm{K}}$$

$$\Delta S_{m_{Hg}12} = \Delta S_{irr12} = 0{,}244 \frac{\mathrm{J}}{\mathrm{K}}$$

Aufgabe 26

Entropieänderung bei Drosselung

Vorstellung:

Aus einem Behälter strömt Helium, das als ideales Gas betrachtet werden kann, stationär durch ein Rohr konstanten Querschnitts. Der Behälter ist so groß, dass sein Zustand als unverändert anzusehen ist. Am unteren Ende des Behälters befindet sich ein Rohr, in das eine Drosselstelle eingebaut ist, z. B. eine Blende zur Durchflussmessung (Bild 26.1). Das Rohr soll auf der ganzen Länge adiabat sein. Die Änderung der kinetischen Energien ist vernachlässigbar.

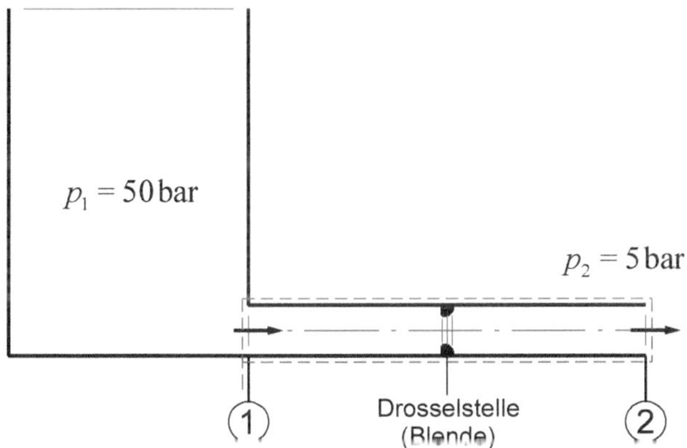

Bild 26.1 Behälter mit Rohr und Bilanzhülle

Gesucht:

1. Nachweis, dass $p_1 > \Delta p_2$ sein muss
2. Entropieänderung Δs_{12} des Gases bei Drosselung von $p_1 = 50$ bar auf $p_2 = 5$ bar

Lösung:

1. Nachweis, dass $p_1 > p_2$ sein muss

Der Übergang des Gases vom Zustand 1 in den Zustand 2 erfolgt wegen der Drosselstelle durch „Nichtgleichgewichtszustände".

$$\Delta s_{12} = \Delta s_{Q12} + \Delta s_{irr12} \qquad \Delta s_{Q12} = 0$$

$$\Delta s_{12} = \Delta s_{irr12}$$

Für eine quasistatische Zustandsänderung zwischen den Zustandspunkten 1 und 2 gilt:

$$\Delta s_{12} = \Delta s_{irr12} = \int_1^2 \left(\frac{dh}{T} - \frac{v}{T} dp \right) = \int_1^2 \frac{dh}{T} - \int_1^2 \frac{v}{T} dp$$

Erster Hauptsatz von $1 \rightarrow 2$:

$$q_{12} + w_{t,12} = h_2 - h_1 \qquad q_{12} = 0 \qquad w_{t,12} = 0 \qquad dh = 0$$

$$\Delta s_{12} = \Delta s_{irr12} = -\int_1^2 \frac{v}{T} dp$$

$$\Delta s_{12} = \Delta s_{irr12} = -\left(\overline{v/T}\right)_{1\rightarrow 2} \left[p_2 - p_1\right]$$

Die Größe $\left(\overline{v/T}\right)_{1\rightarrow 2}$ stellt einen konstanten mittleren Wert dar, der eingeführt wird, damit das Integral lösbar wird. Bei einem irreversiblen Vorgang ist stets $\Delta s_{irr12} > 0$. Deshalb gilt:

$$\Delta s_{12} = \Delta s_{irr12} = -\left(\overline{v/T}\right)_{1\rightarrow 2} \left[p_2 - p_1\right] > 0$$

Da $\left(\overline{v/T}\right)_{1\rightarrow 2} > 0$ ist, muss sein:

$$p_2 - p_1 < 0$$

Das ist nur dann der Fall, wenn gilt:

$$p_1 > p_2$$

2. Entropieänderung Δs_{12} des Gases bei Drosselung von $p_1 = 50$ bar auf $p_2 = 5$ bar

$$\boldsymbol{R_{p,He} = 2077 \frac{J}{kg \cdot K}}$$

Für ideale Gase gilt:

$$s_2 - s_1 = c_{p,He} \cdot \ln \frac{T_2}{T_1} - R_{p,He} \cdot \ln \frac{p_2}{p_1}$$

Hier ist:

$$s_2 - s_1 = \Delta s_{12} = \Delta s_{irr12} = c_{p,He} \cdot \ln\frac{T_2}{T_1} - R_{p,He} \cdot \ln\frac{p_2}{p_1}$$

Mit $T_1 = T_2$ (weil dh = 0) ergibt sich:

$$\ln\frac{T_2}{T_1} = \ln 1 = 0$$

$$\Delta s_{12} = \Delta s_{irr12} = -R_{p,He} \cdot \ln\frac{p_2}{p_1} = -2077\frac{\text{J}}{\text{kg}\cdot\text{K}}\ln\frac{5\,\text{bar}}{50\,\text{bar}}$$

$$\Delta s_{12} = \Delta s_{irr12} = -2077\frac{\text{J}}{\text{kg}\cdot\text{K}}\ln 0{,}1$$

$$\Delta s_{12} = \Delta s_{irr12} = 4{,}78\frac{\text{kJ}}{\text{kg}\cdot\text{K}}$$

Aufgabe 27

Entropieerzeugung beim Ausgleichsprozess

Vorstellung:

In zwei adiabaten Behältern befindet sich Stickstoff im thermodynamischen Gleichgewicht (Bild 27.1).

Zustand 1

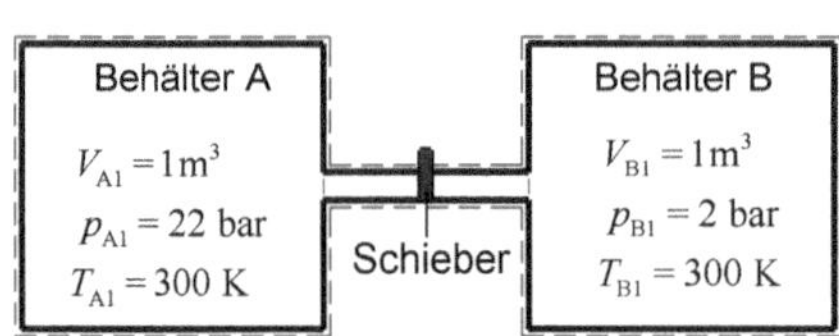

Zustand 2

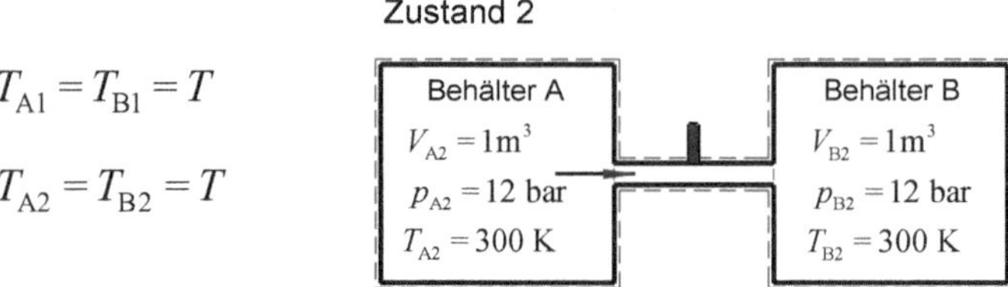

Bild 27.1 Behälter gefüllt mit Stickstoff in den Zuständen 1 und 2

Der Zustand des Stickstoffes im Zustand 1 und im Zustand 2 ist durch die in Bild 27.1 gegeben Größen gekennzeichnet.

Die beiden Behälter sind durch eine Leitung verbunden, so dass sich nach dem Öffnen des Schiebers der Druck ausgleichen kann ($p_{A2} = p_{B2} = 12$ bar). Während dieses Prozesses wird keine Wärme mit der Umgebung ausgetauscht.

Gesucht:

1. Die Entropieerzeugung des Ausgleichprozesses ΔS_{irr12}
2. Die Entropieerzeugung $\Delta S_{irr12,B\text{-}evakuiert}$ unter der Annahme, dass der Behälter B vor Beginn des Ausgleichprozesses vollständig evakuiert ist

Lösung:

1. **Die Entropieerzeugung des Ausgleichprozesses ΔS_{irr12}**

$$\Delta S_{12} = \Delta S_Q + \Delta S_{irr12} \qquad \Delta S_Q = 0$$

$$\Delta S_{12} = S_2 - S_1 = \Delta S_{irr12}$$

$$S_1 = S_{A1} + S_{B1}$$

$$S_2 = S_{A2} + S_{B2} = S_{A2+B2}$$

$$\Delta S_{12} = S_2 - S_1 = S_{A2+B2} - (S_{A1} + S_{B1}) = \Delta S_{irr12}$$

$$\Delta S_{irr12} = (m_A + m_B) s_{A2+B2} - (m_A \cdot s_{A1} + m_B \cdot s_{B1})$$

$$\Delta S_{irr12} = m_A \cdot s_{A2+B2} + m_B \cdot s_{A2+B2} - m_A \cdot s_{A1} - m_B \cdot s_{B1}$$

$$\Delta S_{irr12} = -m_A (s_{A1} - s_{A2+B2}) - m_B (s_{B1} - s_{A2+B2})$$

$$\Delta S_{irr12} = m_A (s_{A2+B2} - s_{A1}) + m_B (s_{A2+B2} - s_{B1})$$

$$s_{A2+B2} - s_{A1} = c_{p,N_2} \cdot \ln \frac{T}{T} + R_{N_2} \cdot \ln \frac{v_{A2+B2}}{v_{A1}}$$

$$\ln \frac{T}{T} = \ln 1 = 0$$

$$s_{A2+B2} - s_{A1} = R_{N_2} \cdot \ln \frac{\dfrac{R_{N_2} \cdot T}{p_{A2+B2}}}{\dfrac{R_{N_2} \cdot T}{p_{A1}}} = R_{N_2} \cdot \ln \frac{p_{A1}}{p_{A2+B2}} = -R_{N_2} \cdot \ln \frac{p_{A2+B2}}{p_{A1}}$$

Erster Hauptsatz:

$$u_2 - u_1 = q_{12} + w_{12} = 0 \qquad q_{12} = 0 \qquad w_{12} = 0$$

$$u_2 - u_1 = 0$$

$$s_{A2+B2} - s_{A1} = -R_{N_2} \cdot \ln \frac{p_{A2+B2}}{p_{A1}}$$

$$s_{A2+B2} - s_{B1} = -R_{N_2} \cdot \ln \frac{p_{A2+B2}}{p_{B1}}$$

$$\Delta S_{\text{irr}12} = m_{\text{A}}\left(-R_{\text{N}_2}\cdot\ln\frac{p_{\text{A2+B2}}}{p_{\text{A1}}}\right) - m_{\text{B}}\left(R_{\text{N}_2}\cdot\ln\frac{p_{\text{A2+B2}}}{p_{\text{B1}}}\right)$$

$$m_{\text{A}} = \frac{p_{\text{A1}}\cdot V_{\text{A1}}}{R_{\text{N}_2}\cdot T_{\text{A1}}} \qquad m_{\text{B}} = \frac{p_{\text{B1}}\cdot V_{\text{B1}}}{R_{\text{N}_2}\cdot T_{\text{B1}}}$$

$$\Delta S_{\text{irr}12} = \frac{p_{\text{A1}}\cdot V_{\text{A1}}}{R_{\text{N}_2}\cdot T_{\text{A1}}}\left(-R_{\text{N}_2}\cdot\ln\frac{p_{\text{A2+B2}}}{p_{\text{A1}}}\right) - \frac{p_{\text{B1}}\cdot V_{\text{B1}}}{R_{\text{N}_2}\cdot T_{\text{B1}}}\left(R_{\text{N}_2}\cdot\ln\frac{p_{\text{A2+B2}}}{p_{\text{B1}}}\right)$$

$$\frac{V_{\text{A1}}}{T_{\text{A1}}} = \frac{V_{\text{B1}}}{T_{\text{B1}}} = \frac{V}{T}$$

$$\Delta S_{\text{irr}12} = -\frac{V}{T}\left[\left(p_{\text{A1}}\cdot\ln\frac{p_{\text{A2+B2}}}{p_{\text{A1}}}\right) + \left(p_{\text{B1}}\cdot\ln\frac{p_{\text{A2+B2}}}{p_{\text{B1}}}\right)\right]$$

Zahlenrechnung ohne Einheiten:

$$\Delta S_{\text{irr}12} = -\frac{1}{300}\left[\left(22\cdot 10^5\cdot\ln\frac{12}{22}\right) + \left(2\cdot 10^5\ln\frac{12}{2}\right)\right]$$

$$\Delta S_{\text{irr}12} = -\frac{10^5}{300}\left[\left(22\cdot\ln\frac{12}{22}\right) + \left(2\cdot\ln\frac{12}{2}\right)\right]$$

$$\Delta S_{\text{irr}12} = 3250\frac{\text{J}}{\text{K}} = 3{,}25\frac{\text{kJ}}{\text{K}}$$

2. **Die Entropieerzeugung $\Delta S_{\text{irr12,B-evakuiert}}$ unter der Annahme, dass der Behälter B vor Beginn des Ausgleichprozesses vollständig evakuiert ist**

Die unter dieser Annahme vorliegenden Zustände zeigt Bild 27.2.

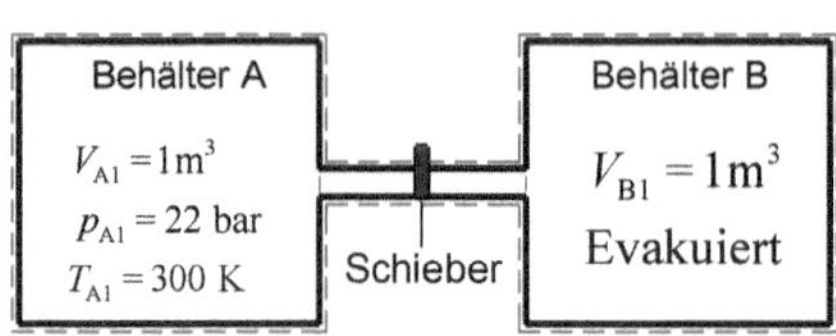

Zustand 2

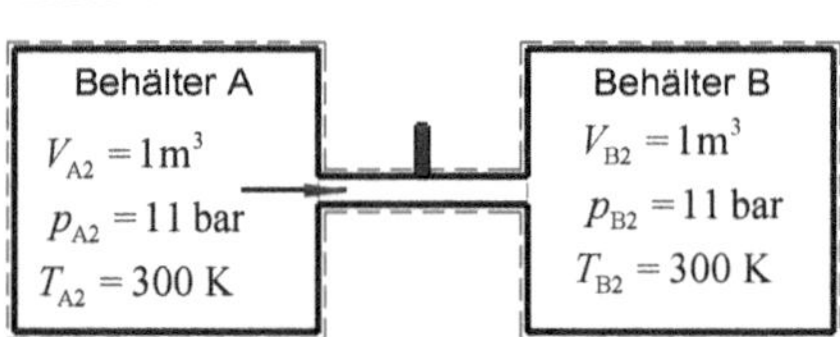

Bild 27.2 Behälter B evakuiert

$$\Delta s_{\text{irr12,B-evakuiert}} = s_{\text{A2B2}} - s_{\text{A1}} = R_{\text{N}_2} \cdot \ln \frac{v_{\text{A2B2}}}{v_{\text{A1}}} = R_{\text{N}_2} \cdot \ln \frac{\frac{R_{\text{N}_2} T}{p_{\text{A2B2}}}}{\frac{R_{\text{N}_2} T}{p_{\text{A1}}}}$$

$$\Delta s_{\text{irr12,B-evakuiert}} = s_{\text{A2B2}} - s_{\text{A1}} = R_{\text{N}_2} \cdot \ln \frac{p_{\text{A1}}}{p_{\text{A2B2}}}$$

$$\Delta S_{\text{irr12,B-evakuiert}} = m_{\text{A1}} \cdot s_{\text{A2B2}} - m_{\text{A1}} \cdot s_{\text{A1}} = m_{\text{A1}} \cdot R_{\text{N}_2} \cdot \ln \frac{p_{\text{A1}}}{p_{\text{A2B2}}}$$

$$p_{\text{A1}} = 2 \cdot p_{\text{A2B2}}$$

$$m_{\text{A1}} = \frac{p_{\text{A1}} \cdot V_{\text{A1}}}{R_{\text{N}_2} \cdot T} = m_{\text{A2B2}} = m_{\text{A}} = \frac{2 \cdot p_{\text{A2B2}} \cdot V_{\text{A1}}}{R_{\text{N}_2} \cdot T}$$

$$\Delta S_{\text{irr12,B-evakuiert}} = m_{\text{A1}} \cdot R_{\text{N}_2} \cdot \ln \frac{p_{\text{A1}}}{p_{\text{A2B2}}} = \frac{p_{\text{A1}} \cdot V_{\text{A1}}}{R_{\text{N}_2} \cdot T} R_{\text{N}_2} \cdot \ln \frac{p_{\text{A1}}}{p_{\text{A2B2}}}$$

$$\Delta S_{\text{irr12,B-evakuiert}} = \frac{p_{\text{A1}} \cdot V_{\text{A1}}}{T} \cdot \ln \frac{p_{\text{A1}}}{p_{\text{A2B2}}} = \frac{p_{\text{A1}} \cdot V_{\text{A1}}}{T} \cdot \ln \frac{2 \cdot p_{\text{A2B2}}}{p_{\text{A2B2}}}$$

$$\Delta S_{\text{irr12,B-evakuiert}} = \frac{p_{\text{A1}} \cdot V_{\text{A1}}}{T} \ln 2$$

$$\Delta S_{\text{irr1,B-evakuiert2}} = \frac{22 \cdot 10^5 \,\frac{\text{N}}{\text{m}^2}\, 1\,\text{m}^3}{300\,\text{K}} \ln 2 = 5088{,}08 \frac{\text{Nm}}{\text{K}} = 5088{,}08 \frac{\text{J}}{\text{K}}$$

$$\Delta S_{\text{irr12B-evakuiert}} = 5{,}09 \frac{\text{kJ}}{\text{K}}$$

Aufgabe 28

Kreisprozess mit Isentropen, Isobaren und Isochoren

Vorstellung:

Ein Kreisprozess besteht aus vier stationären Fließprozessen, bei denen folgende Zustandsänderungen ablaufen:

$1 \rightarrow 2$ Isentrope reibungsfreie Kompression

$2 \rightarrow 3$ Isobare reibungsfreie Wärmezufuhr

$3 \rightarrow 4$ Isentrope reibungsfreie Expansion

$4 \rightarrow 1$ Isochore reibungsfreie Expansion

Als Arbeitsfluid dient Luft, die als ideales Gas mit *temperaturabhängigen* spezifischen Wärmekapazitäten behandelt werden soll. Änderungen der kinetischen und potentiellen Energien können vernachlässigt werden.

Gesucht:

1. Temperatur und Druck für die Zustandsgrößen 2, 3 und 4 für die Bedingungen: $p_1 = 1\,\text{bar}$, $T_1 = 290\,\text{K}$, $p_4 = 2{,}28\,\text{bar}$ und $V_1/V_2 = 14$
2. Spezifische Wärmezufuhr q_{23}
3. Gesamte vom Kreisprozess verrichtete technische Arbeit $w_{t,\text{ges}}$
4. Darstellung des Kreisprozesses im p,v-Diagramm

Lösung:

1. **Temperatur und Druck für die Zustandsgrößen 2, 3 und 4 für die Bedingungen:** $p_1 = 1\,\text{bar}$, $T_1 = 290\,\text{K}$, $p_4 = 2{,}28\,\text{bar}$ und $V_1/V_2 = 14$

$$M_{\text{Luft}} = 28{,}96\,\frac{\text{kg}}{\text{kmol}}$$

$$R_{\text{Luft}} = 0{,}287\,\frac{\text{kJ}}{\text{kg} \cdot \text{K}}$$

$$R_m = 8{,}314 \frac{\mathbf{kJ}}{\mathbf{kg \cdot K}}$$

Zustand 2 T_2

Für einen beliebigen Zustand gilt:

$$S_m(V_m, T) = S_m(V_m^0, T) + R_m \cdot \ln \frac{V_m}{V_m^0}$$

Für die Zustandsänderungen von $1 \rightarrow 2$ gilt:

$$\Delta S_{m12} = S_m(V_m^0, T_2) + R_m \ln \frac{V_{m2}}{V_m^0} - \left(S_m(V_m^0, T_1) + R_m \ln \frac{V_{m1}}{V_m^0}\right)$$

$$\Delta S_{m12} = S_m(V_m^0, T_2) + R_m \ln \frac{V_{m2}}{V_m^0} - S_m(V_m^0, T_1) - R_m \ln \frac{V_{m1}}{V_m^0}$$

$$\Delta S_{m12} = S_m(V_m^0, T_2) - S_m(V_m^0, T_1) + R_m \ln \frac{V_{m2}}{V_m^0} - R_m \ln \frac{V_{m1}}{V_m^0}$$

$$\Delta S_{m12} = S_m(V_m^0, T_2) - S_m(V_m^0, T_1) + R_m \left(\ln \frac{V_{m2}}{V_m^0} - \ln \frac{V_{m1}}{V_m^0}\right)$$

$$\Delta S_{m12} = S_m(V_m^0, T_2) - S_m(V_m^0, T_1) + R_m \cdot \ln \frac{V_{m2}}{V_{m1}}$$

$\Delta S_{m12} = 0$, da isentrope reibungsfreie Kompression von $1 \rightarrow 2$.

$$S_m(V_m^0, T_2) = S_m(V_m^0, T_1) - R_m \cdot \ln \frac{V_{m2}}{V_{m1}} \qquad \frac{V_{m2}}{V_{m1}} = \frac{V_2}{V_1}$$

$$S_m(V_m^0, T_2) = S_m(V_m^0, T_1) + R_m \cdot \ln \frac{V_1}{V_2}$$

$$S_m(V_m^0, T_1) = S_m(V_m^0, 290\,\mathrm{K})$$

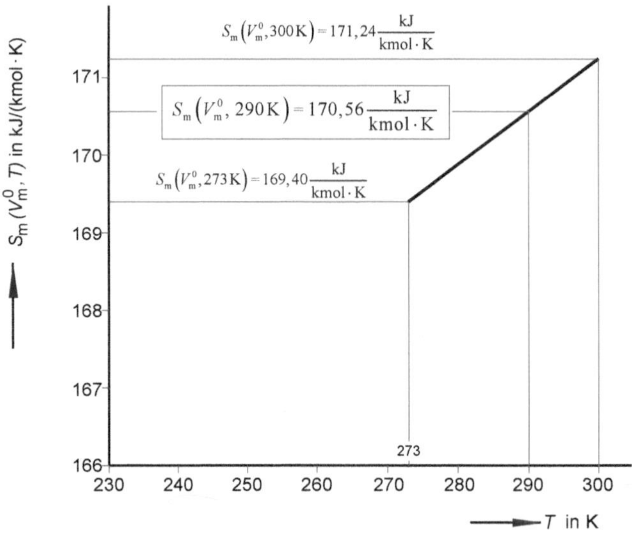

Bild 28.1 Interpolation

Mithilfe von Bild 28.1 lässt sich formulieren:

$$S_m\left(V_m^0, 290\,K\right) = \left(\frac{171{,}24\frac{kJ}{kmol \cdot K} - 169{,}40\frac{kJ}{kmol \cdot K}}{27\,K}\right) 17\,K + 169{,}40\frac{kJ}{kmol \cdot K}$$

$$S_m\left(V_m^0, 290\,K\right) = 170{,}56\frac{kJ}{kmol \cdot K} = S_m\left(V_m^0, T_1\right)$$

$$S_m\left(V_m^0, T_2\right) = S_m\left(V_m^0, T_1\right) + R_m \cdot \ln\frac{V_1}{V_1} = S_m\left(V_m^0, 290\,K\right) + R_L \cdot M_L \cdot \ln\frac{V_1}{V_2}$$

$$S_m\left(V_m^0, T_2\right) = 170{,}56\frac{kJ}{kmol \cdot K} + 0{,}287\frac{kJ}{kg \cdot K} 28{,}96\frac{kg}{kmol} \ln 14$$

$$S_m\left(V_m^0, T_2\right) = 192{,}5\frac{kJ}{kmol \cdot K}$$

$\frac{T}{K}$	$\frac{C_{mv}\vert_0^T}{\frac{kJ}{kmol \cdot K}}$	$\frac{S_m(p^0,T)}{\frac{kJ}{kmol \cdot K}}$	$\frac{S_m(V_m^0,T)}{\frac{kJ}{kmol \cdot K}}$
273	20,761	291,12	169,40
300	20,763	293,80	171,24
400	20,819	302,17	177,27
500	20,924	307,90	181,12
600	21,083	314,26	185,97
700	21,297	319,04	189,45
800	21,539	323,22	192,54

$\frac{T}{K}$	$\frac{C_{mv}\vert_0^T}{\frac{kJ}{kmol \cdot K}}$	$\frac{S_m(p^0,T)}{\frac{kJ}{kmol \cdot K}}$	$\frac{S_m(V_m^0,T)}{\frac{kJ}{kmol \cdot K}}$
900	21,807	327,24	195,35
1000	22,079	330,46	197,94
1100	23,356	333,64	200,33
1200	22,624	336,57	202,55
1300	22,887	339,84	205,10
1400	23,130	341,89	206,55

Nach F.A.F. Schmidt

Bild 28.2 Tabelle

Laut Bild 28.2 ist:

$$S_m\left(V_m^0, 800\,K\right) = 192,54 \frac{kJ}{kmol \cdot K} \qquad \Rightarrow$$

$$T_2 \approx 800\,K$$

Zustand 2 p_2

$$\frac{p_2 \cdot V_2}{T_2} = \frac{p_1 \cdot V_1}{T_1}$$

$$p_2 = p_1 \frac{V_1}{V_2} \frac{T_2}{T_1} = 1\,bar \cdot 14 \frac{800\,K}{290\,K}$$

$$p_2 = 38,6\,bar$$

Zustand 3 T_3

Für einen beliebigen Zustand gilt:

$$S_m(p, T) = S_m(p_0, T) - R_m \cdot \ln \frac{p}{p_0}$$

Für die Zustandsänderungen von $3 \rightarrow 4$ gilt:

$$\Delta S_{m34} = S_m(p_0, T_4) - R_m \ln \frac{p_4}{p_0} - \left(S_m(p_0, T_3) - R_m \ln \frac{p_3}{p_0} \right)$$

$$\Delta S_{m34} = S_m(p_0, T_4) - R_m \ln \frac{p_4}{p_0} - S_m(p_0, T_3) + R_m \ln \frac{p_3}{p_0}$$

$$\Delta S_{m34} = S_m(p_0, T_4) - S_m(p_0, T_3) - R_m \left(\ln \frac{p_4}{p_0} - \ln \frac{p_3}{p_0} \right)$$

$$\Delta S_{m34} = S_m(p_0, T_4) - S_m(p_0, T_3) - R_m \cdot \ln\frac{p_4}{p_3}$$

$$\Delta S_{m34} = S_m(p_0, T_4) - S_m(p_0, T_3) + R_m \cdot \ln\frac{p_3}{p_4}$$

$\Delta S_{m34} = 0$, da isentrope reibungsfreie Expansion von $3 \to 4$.

$$S_m(p_0, T_3) = S_m(p_0, T_4) + R_m \cdot \ln\frac{p_3}{p_4}$$

$$p_3 = p_2 = 38{,}6\ \text{bar}$$

$\frac{T_4}{T_1} = \frac{p_4}{p_1}$, da isochore reibungsfreie Expansion von $4 \to 1$.

$$T_4 = T_1\frac{p_4}{p_1} = 290\,\text{K}\frac{2{,}28\ \text{bar}}{1\ \text{bar}} = 661\,\text{K}$$

$$S_m(p_0, T_3) = S_m(p_0, 661\,\text{K}) + R_m \cdot \ln\frac{p_2}{p_4}$$

$$S_m(p_0, T_3) = S_m(p_0, 661\,\text{K}) + R_m \cdot \ln\frac{38{,}6\ \text{bar}}{2{,}28\ \text{bar}}$$

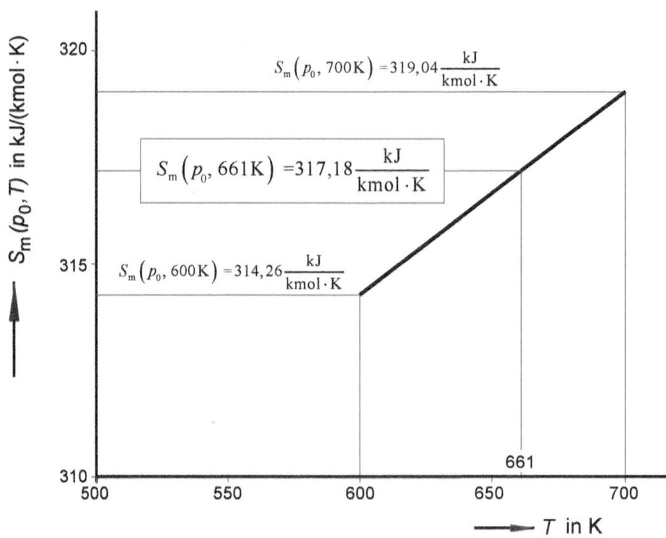

Bild 28.3 Interpolation

Mithilfe von Bild 28.3 lässt sich formulieren:

$$S_m\left(p_0, 661\,\mathrm{K}\right) = \left(\frac{319{,}04\dfrac{\mathrm{kJ}}{\mathrm{kmol\cdot K}} - 314{,}26\dfrac{\mathrm{kJ}}{\mathrm{kmol\cdot K}}}{100\,\mathrm{K}}\right) 61\,\mathrm{K} + 314{,}26\frac{\mathrm{kJ}}{\mathrm{kmol\cdot K}}$$

$$S_m\left(p_0, 661\,\mathrm{K}\right) = 317{,}18\frac{\mathrm{kJ}}{\mathrm{kmol\cdot K}}$$

$$S_m\left(p_0, T_3\right) = 317{,}18\frac{\mathrm{kJ}}{\mathrm{kmol\cdot K}} + 8{,}314\frac{\mathrm{kJ}}{\mathrm{kmol\cdot K}} \ln\frac{38{,}6\ \mathrm{bar}}{2{,}28\ \mathrm{bar}}$$

$$S_m\left(p_0, T_3\right) = 340{,}7\frac{\mathrm{kJ}}{\mathrm{kmol\cdot K}}$$

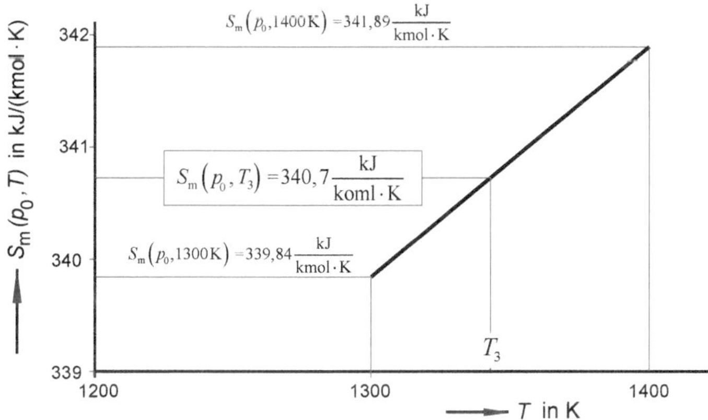

Bild 28.4 Interpolation

Mithilfe von Bild 28.4 lässt sich formulieren

$$T_3 = \frac{100\,\mathrm{K}}{341{,}89\dfrac{\mathrm{kJ}}{\mathrm{kmol\cdot K}} - 339{,}84\dfrac{\mathrm{kJ}}{\mathrm{kmol\cdot K}}}\left(340{,}7\frac{\mathrm{kJ}}{\mathrm{kmol\cdot K}} - 339{,}84\frac{\mathrm{kJ}}{\mathrm{kmol\cdot K}}\right) + 1300\,\mathrm{K}$$

$$T_3 = 1342\,\mathrm{K}$$

Zustand 3 p_3

$2 \rightarrow 3$ Isobare $p_3 = p_2 = 38{,}6\ \mathrm{bar}$.

Zustand 4 T_4

$\frac{T_4}{T_1} = \frac{p_4}{p_1}$, da isochore reibungsfreie Expansion von $4 \rightarrow 1$.

$$T_4 = T_1 \frac{p_4}{p_1} = 290\,\text{K} \frac{2{,}28\ \text{bar}}{1\ \text{bar}} = 661\,\text{K}$$

Zustand 4 p_4

p_4 = 2,28 bar (laut Aufgabenstellung)

2. **Spezifische Wärmezufuhr q_{23}**

Erster Hauptsatz:

$$q_{23} + w_{t23} = h_3 - h_2 = \int_2^3 c_p(T)\,dT = c_p\Big|_{T_2}^{T_3}(T_3 - T_2) \qquad w_{t,23} = 0$$

$$C_{mp}\Big|_{T_2}^{T_3} = c_p\Big|_{T_2}^{T_3} \cdot M_{Luft}$$

$$q_{23} = \frac{C_{mp}\Big|_{T_2}^{T_3}}{M_L}(T_3 - T_2)$$

$$C_{mv}\Big|_{T_2}^{T_3} = \frac{C_{mv}\Big|_0^{T_3} \cdot T_3 - C_{mv}\Big|_0^{T_2} \cdot T_2}{T_3 - T_2}$$

Interpolation mittels der Daten aus Bild 28.2 ergibt:

$$C_{mv}\Big|_0^{T_3} = C_{mv}\Big|_0^{1342\,\text{K}} = 22{,}887 \frac{\text{kJ}}{\text{kmol} \cdot \text{K}} + \frac{23{,}13 - 22{,}887}{100} 42 \frac{\text{kJ}}{\text{kmol} \cdot \text{K}}$$

$$C_{mv}\Big|_0^{T_3} = C_{mv}\Big|_0^{1342\,\text{K}} = 22{,}989 \frac{\text{kJ}}{\text{kmol} \cdot \text{K}}$$

$$C_{mv}\Big|_0^{T_2} = C_{mv}\Big|_0^{800\,\text{K}} = 21{,}539 \frac{\text{kJ}}{\text{kmol} \cdot \text{K}}$$

$$C_{mv}\Big|_{T_2}^{T_3} = \frac{22{,}989 \frac{\text{kJ}}{\text{kmol} \cdot \text{K}} 1342\,\text{K} - 21{,}539 \frac{\text{kJ}}{\text{kmol} \cdot \text{K}} 800\,\text{K}}{1342\,\text{K} - 800\,\text{K}}$$

$$C_{mv}\Big|_{T_2}^{T_3} = 25{,}1 \frac{\text{kJ}}{\text{kmol} \cdot \text{K}}$$

$$C_{mp}\Big|_{T_2}^{T_3} = R_m + C_{mv}\Big|_{T_2}^{T_3} = 8{,}314 \frac{\text{kJ}}{\text{kmol} \cdot \text{K}} + 25{,}1 \frac{\text{kJ}}{\text{kmol} \cdot \text{K}} = 33{,}414 \frac{\text{kJ}}{\text{kmol} \cdot \text{K}}$$

$$q_{23} = \frac{C_{mp}\Big|_{T_2}^{T_3}}{M_{Luft}}(T_3 - T_2)$$

$$q_{23} = \frac{33{,}414 \frac{\text{kJ}}{\text{kmol} \cdot \text{K}}}{28{,}96 \frac{\text{kg}}{\text{kmol}}} \left(1342\,\text{K} - 800\,\text{K}\right) = 625{,}36 \frac{\text{kJ}}{\text{kg}}$$

3. **Gesamte vom Kreisprozess verrichtete technische Arbeit $w_{t,ges}$**

$$w_{t,ges} = w_{t,12} + w_{t,23} + w_{t,34} + w_{t,41}$$

Zustandsänderung $1 \rightarrow 2$

Erster Hauptsatz:

$$q_{12} + w_{t,12} = h_2 - h_1 = \int_1^2 c_p(T)\,dT = c_p\Big|_1^2 (T_2 - T_1) \qquad q_{12} = 0$$

$$w_{t,12} = c_p\Big|_{T_1}^{T_2} (T_2 - T_1) = \frac{C_{mp}\Big|_{T_1}^{T_2}}{M_{Luft}} (T_2 - T_1)$$

$$C_{mp}\Big|_{T_1}^{T_2} = \frac{C_{mp}\Big|_0^{T_2} \cdot T_2 - C_{mp}\Big|_0^{T_1} \cdot T_1}{T_2 - T_1}$$

$$C_{mp}\Big|_0^{T_2} = R_m + C_{mv}\Big|_0^{T_2} \qquad C_{mp}\Big|_0^{T_1} = R_m + C_{mv}\Big|_0^{T_1}$$

$$C_{mp}\Big|_{T_1}^{T_2} = \frac{\left(R_m + C_{mv}\Big|_0^{T_2}\right) T_2 - \left(R_m + C_{mv}\Big|_0^{T_1}\right) T_1}{T_2 - T_1}$$

$$C_{mp}\Big|_{T_1}^{T_2} = \frac{\left(R_m \cdot T_2 + C_{mv}\Big|_0^{T_2} \cdot T_2\right) - \left(R_m \cdot T_1 + C_{mv}\Big|_0^{T_1} \cdot T_1\right)}{T_2 - T_1}$$

$$C_{mp}\Big|_{T_1}^{T_2} = \frac{R_m \cdot T_2 + C_{mv}\Big|_0^{T_2} T_2 - R_m \cdot T_1 - C_{mv}\Big|_0^{T_1} \cdot T_1}{T_2 - T_1}$$

$$C_{mp}\Big|_{T_1}^{T_2} = \frac{C_{mv}\Big|_0^{T_2} \cdot T_2 - C_{mv}\Big|_0^{T_1} \cdot T_1 + R_m \cdot T_2 - R_m \cdot T_1}{T_2 - T_1}$$

$$C_{mp}\Big|_{T_1}^{T_2} = \frac{C_{mv}\Big|_0^{T_2} \cdot T_2 - C_{mv}\Big|_0^{T_1} \cdot T_1 + R_m (T_2 - T_1)}{T_2 - T_1} \qquad T_1 = 290\,\text{K} \qquad T_2 = 800\,\text{K}$$

$$C_{mv}\Big|_0^{T_2} = C_{mv}\Big|_0^{800\,\text{K}} = 21{,}539 \frac{\text{kJ}}{\text{kmol} \cdot \text{K}}$$

Interpolation mittels der Daten aus Bild 28.2 ergibt:

$$C_{mv}\Big|_0^{290\,K} = 20{,}762\frac{kJ}{kmol\cdot K}$$

Zahlenrechnung ohne Einheiten:

$$C_{mp}\Big|_{T_1}^{T_2} = \frac{21{,}539\cdot 800 - 20{,}762\cdot 290 + 8{,}314(800-290)}{800-290}$$

$$C_{mp}\Big|_{T_1}^{T_2} = 30{,}295\frac{kJ}{kmol\cdot K}$$

$$w_{t,12} = \frac{C_{mp}\Big|_{T_1}^{T_2}}{M_{Luft}}(T_2 - T_1)$$

$$w_{t,12} = \frac{30{,}295\frac{kJ}{kmol\cdot K}}{28{,}96\frac{kg}{kmol}}(800\,K - 290\,K)$$

$$w_{t,12} = 533{,}51\frac{kJ}{kg}$$

Zustandsänderung $2 \rightarrow 3$

$$w_{t,23} = 0$$

Zustandsänderung $3 \rightarrow 4$

$$w_{t,34} = \frac{C_{mp}\Big|_{T_3}^{T_4}}{M_{Luft}}(T_4 - T_3)$$

$$C_{mp}\Big|_{T_3}^{T_4} = \frac{C_{mv}\Big|_0^{T_4}\cdot T_4 - C_{mv}\Big|_0^{T_3}\cdot T_3 + R_m(T_4 - T_3)}{T_4 - T_3} \qquad T_4 = 661\,K \qquad T_3 = 1342\,K$$

Interpolation mittels der Daten aus Bild 28.2 ergibt:

$$C_{mv}\Big|_0^{T_4} = C_{mv}\Big|_0^{661\,K} = 21{,}2135\frac{kJ}{kmol\cdot K}$$

$$C_{mv}\Big|_0^{T_2} = C_{mv}\Big|_0^{1342\,K} = 22{,}989\frac{kJ}{kmol\cdot K}$$

Zahlenrechnung ohne Einheiten:

$$C_{mp}\Big|_{T_3}^{T_4} = \frac{21{,}2135\cdot 661 - 22{,}989\cdot 1342 + 8{,}314\,(661-1342)}{661-1342}$$

$$C_{mp}\Big|_{T_3}^{T_4} = \frac{14022 - 30851 - 5661{,}834}{-681}$$

$$C_{mp}\Big|_{T_3}^{T_4} = 33\frac{kJ}{kmol \cdot K}$$

$$w_{t,34} = \frac{33\frac{kJ}{kmol \cdot K}}{28{,}96\frac{kg}{kmol}}(661K - 1342K)$$

$$w_{t,34} = -776\frac{kJ}{kg}$$

Zustandsänderung $4 \rightarrow 1$

$$w_{t,41} = \int_4^1 v\,dp = v_1(p_1 - p_4) = \frac{R_L \cdot T_1}{p_1}(p_1 - p_4)$$

$$w_{t,41} = \frac{0{,}287\frac{kJ}{kg \cdot K}290K}{1bar}(1bar - 2{,}28bar)$$

$$w_{t,41} = \frac{0{,}287\frac{kJ}{kg \cdot K}290K}{1bar}(1bar - 2{,}28bar)$$

$$w_{t,41} = -106{,}53\frac{kJ}{kg \cdot K}$$

$$w_{t,ges} = w_{t,12} + w_{t,34} + w_{t,41}$$

$$w_{t,ges} = 533{,}51\frac{kJ}{kg} - 776\frac{kJ}{kg} - 106{,}53\frac{kJ}{kg \cdot K}$$

$$w_{t,ges} = -349\frac{kJ}{kg \cdot K}$$

4. Darstellung des Kreisprozesses im *p,v*-Diagramm

$$v_1 = \frac{R_{Luft} \cdot T_1}{p_1} = \frac{287\frac{J}{kg\ K} \cdot 290K}{1 \cdot 10^5\frac{N}{m^2}} = \frac{287\frac{Nm}{kg} \cdot 290}{1 \cdot 10^5\frac{N}{m^2}} = 0{,}832\frac{m^3}{kg}$$

$$v_2 = \frac{R_{\text{Luft}} \cdot T_2}{p_2} = \frac{287 \frac{\text{J}}{\text{kg} \cdot \text{K}} 800\,\text{K}}{38{,}6 \cdot 10^5 \frac{\text{N}}{\text{m}^2}} = 0{,}0594 \frac{\text{m}^3}{\text{kg}}$$

$$v_3 = \frac{R_{\text{Luft}} \cdot T_3}{p_3} = \frac{287 \frac{\text{J}}{\text{kg} \cdot \text{K}} 1340{,}1\,\text{K}}{38{,}6 \cdot 10^5 \frac{\text{N}}{\text{m}^2}} = 0{,}0996 \frac{\text{m}^3}{\text{kg}}$$

$$v_4 = \frac{R_{\text{Luft}} \cdot T_4}{p_4} = \frac{287 \frac{\text{J}}{\text{kg} \cdot \text{K}} 661\,\text{K}}{2{,}28 \cdot 10^5 \frac{\text{N}}{\text{m}^2}} = 0{,}832 \frac{\text{m}^3}{\text{kg}}$$

Das p,v-Diagramm ist in Bild 28.5 maßstäblich dargestellt.

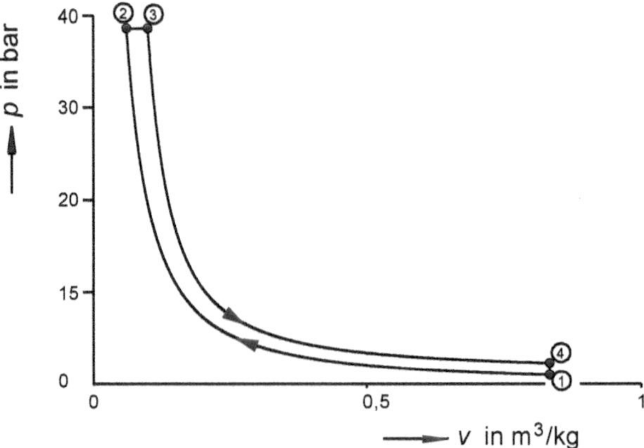

Bild 28.5 Zustandsdiagramm

Aufgabe 29

Entropieänderung und Entropieerzeugung bei einer Turbine, Turbinenleistung

Vorstellung:

In einer Turbine expandiert Luft mit dem Massenstrom $\dot{m}_L = 15\ \text{kg/s}$ isentrop mit einem Druck $p_1 = 15$ bar auf den Umgebungsdruck $p_u = 1$ bar. Die Turbineneintrittstemperatur beträgt $T_1 = 651$ K. Während der Expansion wird Wärme von $|q_{12}| = 32\ \text{kJ/kg}$ an die Umgebung mit der Temperatur $T_u = 280$ K abgeführt. Die Zustandsänderung verläuft als quasistatische Expansion mit konstanten Isentropenexponenten $\bar{k} = 1{,}4$.

Die Luft kann als ideales Gas mit konstanten Wärmekapazitäten

$$c_{p,L} = 1{,}004\ \frac{\text{kJ}}{\text{kg} \cdot \text{K}} \qquad c_{v,L} = 0{,}717\ \frac{\text{kJ}}{\text{kg} \cdot \text{K}}$$

behandelt werden.

Gesucht:

1. Darstellung des Prozesses im h,s- und T,s-Diagramm
2. Turbinenleistung $P_{t,12}$
3. Prozentualer Anteil der Reibleistung an der Turbinenleistung $P_{R,12}/|P_{t,12}|$
4. Spezifische Entropieänderung Δs_{12}
5. Spezifische Entropieerzeugung Δs_{irr12}

Lösung:

1. **Darstellung des Prozesses im *h,s*- und *T,s*-Diagramm**

Bild 29.1 zeigt die Prozessverläufe im h,s- und T,s-Diagramm.

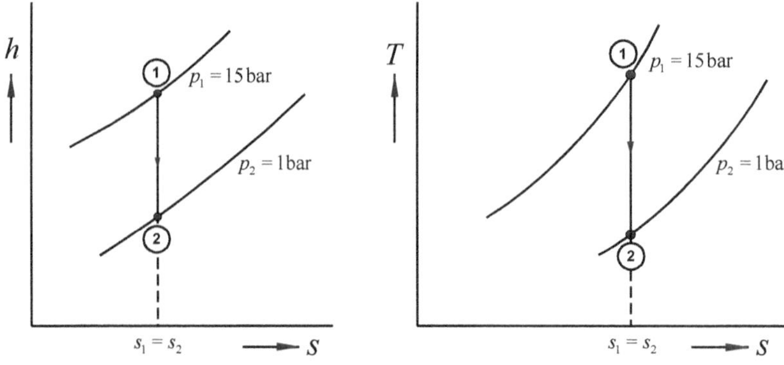

Bild 29.1 Zustandsdiagramme

2. Turbinenleistung $P_{t,12}$

Erster Hauptsatz für stationäres offenes System:

$$P_{t,12} + \dot{Q}_{12} = m_L \left(h_2 - h_1\right)$$

$$P_{t12} = \dot{m}_L \left(h_2 - h_1\right) - \dot{Q}_{12}$$

$$P_{t,12} = \dot{m}_L \left[c_{p,L} \left(T_2 - T_1\right)\right] - \dot{m}_L \cdot q_{12}$$

$$P_{t,12} = \dot{m}_L \left[c_{p,L} \left(T_2 - T_1\right) - q_{12}\right]$$

$$T_2 = T_1 \left(\frac{p_2}{p_1}\right)^{\frac{\bar{\kappa}-1}{\bar{\kappa}}} = 651\,\text{K} \left(\frac{1\,\text{bar}}{15\,\text{bar}}\right)^{\frac{1,4-1}{1,4}} = 651\,\text{K} \left(\frac{1\,\text{bar}}{15\,\text{bar}}\right)^{0,285714} = 300\,\text{K}$$

$$q_{12} = -32 \frac{\text{kJ}}{\text{kg}}$$

$$P_{t,12} = 15 \frac{\text{kg}}{\text{s}} \left[1,004 \frac{\text{kJ}}{\text{kg} \cdot \text{K}} \left(300\,\text{K} - 651\,\text{K}\right) + 32 \frac{\text{kJ}}{\text{kg}}\right]$$

$$\left[\frac{\text{kg}}{\text{s}} \frac{\text{kJ}}{\text{kg}}\right] = \left[\frac{\text{kJ}}{\text{s}}\right] = \left[\frac{\text{kNm}}{\text{s}}\right] = \left[\text{kW}\right]$$

$$P_{t,12} = -\,4806,06\,\text{kW} \approx -\,4,8\,\text{MW}$$

3. **Prozentualer Anteil der Reibleistung an der Turbinenleistung $P_{R,12}/|P_{t,12}|$**

Isentrope Zustandsänderung: $P_{R,12}+\dot{Q}_{12}=0$.

$$P_{R,12}=-\dot{Q}_{12}=-\dot{m}_L\cdot q_{12}=-15\frac{kg}{s}\left(-32\frac{kJ}{kg}\right)=480\frac{kJ}{s}$$

$$\frac{P_{R,12}}{|P_{t,12}|}=\frac{480\frac{kJ}{s}}{4800\frac{kJ}{s}}\approx 0{,}1$$

4. **Spezifische Entropieänderung Δs_{12}**

$\Delta s_{12}=\Delta s_{Q12}+\Delta s_{irr12}=0$, da isentrope Zustandsänderung von $1\rightarrow 2$.

5. **Spezifische Entropieerzeugung Δs_{irr12}**

$$\Delta s_{irr12}=-\Delta s_{Q12}=-\int_1^2\frac{dq}{T}=-\frac{q_{12}}{T_u}$$

$$\Delta s_{irr12}=-\frac{q_{12}}{T_u}=-\frac{-32\frac{kJ}{kg}}{280\,K}$$

$$\Delta s_{irr12}=0{,}1143\frac{kJ}{kg\cdot K}$$

Aufgabe 30

Mit Luft betriebener Kreisprozess, Isentropen und Isothermen

Vorstellung:

Ein mit Luft betriebener Kreisprozess (Bild 30.1) durchläuft folgende quasistatische Zustandsänderungen:

$1 \rightarrow 2$ Isentrope Verdichtung vom Zustand 1 $p_1 = 1$ bar, $T_1 = 273$ K auf einen Enddruck von $p_2 = 5$ bar

$2 \rightarrow 3$ Reibungsfreie isotherme Wärmezufuhr aus einem Reservoir der konstanten Temperatur $T_R = 450$ K von p_2 auf $p_3 = 4$ bar

$3 \rightarrow 4$ Isentrope Expansion von p_3 auf p_4

$4 \rightarrow 1$ Reibungsfreie isotherme Wärmeabgabe an ein Reservoir der konstanten Temperatur $T_{R0} = 260$ K bis zum Zustand 1

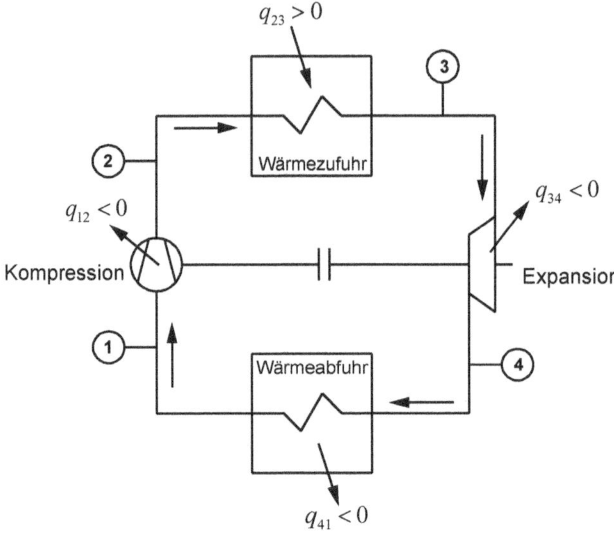

Bild 30.1 Kreisprozess

Weiterhin ist bekannt, dass die isentrope Expansion und die isentrope Kompression nicht adiabat sind und dabei jeweils 5 % von q_{23} an die Umgebung (T_u = 272 K) abgegeben werden.

Die Luft kann als ideales Gas mit konstanter Wärmekapazität behandelt werden.

Gesucht:

1. Darstellung des Prozesses im *T,s*-Diagramm
2. Drücke und Temperaturen für die Zustandspunkte 1, 2, 3 und 4
3. Spezifische Wärmen q_{23}, q_{41} und spezifische Reibungsarbeiten j_{34}, j_{12}
4. Thermischer Wirkungsgrad η_{th}
5. Verhältnis η_{th}/η_C
6. Spezifischer Exergieverlust e_V des Gesamtprozesses

Lösung:

1. **Darstellung des Prozesses im *T,s*-Diagramm**

Bild 30.2 zeigt den Prozessverlauf im *T,s*-Diagramm.

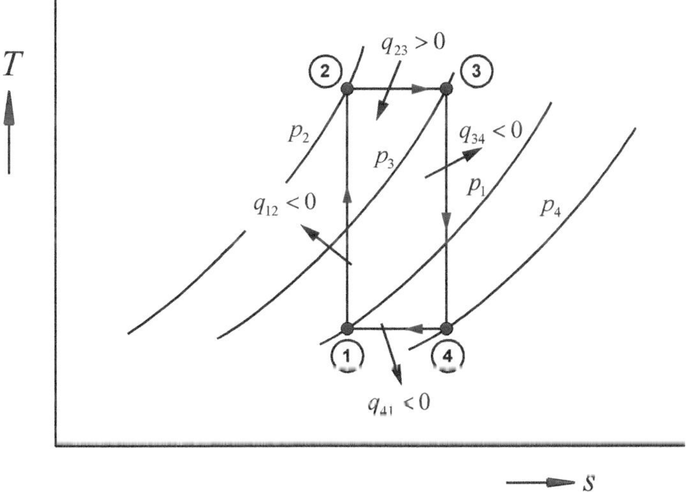

Bild 30.2 Zustandsdiagramm

2. **Drücke und Temperaturen für die Zustandspunkte 1, … , 4**

Zustandspunkt 1:

$$p_1 = 1\,\text{bar} \qquad T_1 = 273\,\text{K}$$

Zustandspunkt 2:

$$\bar{\kappa} = 1{,}4$$

$$T_2 = T_1\left(\frac{p_2}{p_1}\right)^{\frac{\bar{\kappa}-1}{\bar{\kappa}}} = 273\,\text{K}\left(\frac{5\,\text{bar}}{1\,\text{bar}}\right)^{\frac{1{,}4-1}{1{,}4}} = 273\,\text{K}\cdot 5^{\,0{,}286}$$

$$p_2 = 5\,\text{bar} \qquad T_2 \approx 433\,\text{K}$$

Zustandspunkt 3:

$$p_3 = 4\,\text{bar} \qquad T_3 \approx 433\,\text{K}$$

Zustandspunkt 4:

$$p_4 = p_3\left(\frac{T_4}{T_3}\right)^{\frac{\bar{\kappa}}{\bar{\kappa}-1}} = 4\,\text{bar}\left(\frac{273\,\text{K}}{433\,\text{K}}\right)^{\frac{1{,}4}{1{,}4-1}} = 4\,\text{bar}\cdot 0{,}63^{\,3{,}5}$$

$$p_4 = 0{,}794\,\text{bar} \qquad T_4 = 273\,\text{K}$$

3. **Spezifische Wärmen q_{23}, q_{41} und spezifische Reibungsarbeiten j_{34}, j_{12}**

$$R_{\text{Luft}} = 0{,}287\,\frac{\text{kJ}}{\text{kg}\cdot\text{K}}$$

Spezifische Wärmen q_{23}, q_{41}

Erster Hauptsatz:

$$w_{t,23} + q_{23} = h_3 - h_2 = u_3 + p_3\cdot v_3 - (u_2 + p_2\cdot v_2)$$

$$w_{t,23} + q_{23} = u_3 - u_2 + p_3\cdot v_3 - p_2\cdot v_2 \qquad u_3 - u_2 = 0 \qquad p_3\cdot v_3 = p_2\cdot v_2$$

$$q_{23} = -w_{t,23} = -\left(\int_2^3 v\,\text{d}p + j_{23}\right) \qquad j_{23} = 0$$

$$q_{23} = -w_{t,23} = -\int_2^3 v\,\text{d}p \qquad p\cdot v = R_{\text{Luft}}\cdot T_2 \qquad v = \frac{R_{\text{Luft}}\cdot T_2}{p}$$

$$q_{23} = -R_{\text{Luft}}\cdot T_2\int_2^3 \frac{\text{d}p}{p} = -R_{\text{Luft}}\cdot T_2\cdot\ln\frac{p_3}{p_2} = R_{\text{Luft}}\cdot T_2\cdot\ln\frac{p_2}{p_3}$$

$$q_{23} = 0{,}287 \frac{\text{kJ}}{\text{kg}\cdot\text{K}} \cdot 433\,\text{K} \cdot \ln \frac{5\,\text{bar}}{4\,\text{bar}}$$

$$q_{23} = 27{,}73 \frac{\text{kJ}}{\text{kg}}$$

Analog:

$$q_{41} = R_{\text{Luft}} \cdot T_4 \cdot \ln \frac{p_4}{p_1}$$

$$q_{41} = 0{,}287 \frac{\text{kJ}}{\text{kg}\cdot\text{K}} 273\text{K} \cdot \ln \frac{0{,}794\,\text{bar}}{1\,\text{bar}} = 0{,}287 \frac{\text{kJ}}{\text{kg}\cdot\text{K}} 273\text{K} \cdot \ln 0{,}794$$

$$q_{41} = -18{,}1 \frac{\text{kJ}}{\text{kg}}$$

Spezifische Reibungsarbeiten (Dissipationen)

$$\int_1^2 T\,\text{d}s = q_{12} + j_{12} \qquad \text{Isentrope:} \qquad \text{d}s = 0$$

$$q_{12} + j_{12} = 0$$

$$j_{12} = -q_{12} \qquad\qquad q_{12} < 0$$

$$q_{12} = -0{,}05 \cdot q_{23} = -0{,}05 \cdot 27{,}73 \frac{\text{kJ}}{\text{kg}} = -1{,}3865 \frac{\text{kJ}}{\text{kg}}$$

$$j_{12} = -\left(-1{,}3865 \frac{\text{kJ}}{\text{kg}}\right)$$

$$j_{12} = 1{,}3865 \frac{\text{kJ}}{\text{kg}}$$

$$\int_3^4 T\,\text{d}s = q_{34} + j_{34} \qquad \text{Isentrope:} \qquad \text{d}s = 0$$

$$q_{34} + j_{34} = 0$$

$$j_{34} = -q_{34} \qquad\qquad q_{34} < 0$$

$$q_{34} = -0{,}05 \cdot q_{23} = -0{,}05 \cdot 27{,}73 \frac{\text{kJ}}{\text{kg}} = -1{,}3865 \frac{\text{kJ}}{\text{kg}}$$

$$j_{34} = -\left(-1{,}3865\frac{\text{kJ}}{\text{kg}}\right)$$

$$j_{34} = 1{,}3865\frac{\text{kJ}}{\text{kg}} = j_{12}$$

4. **Thermischer Wirkungsgrad η_{th}**

$$\eta_{\text{th}} = \frac{\left|w_{\text{t12}} + w_{\text{t23}} + w_{\text{t34}} + w_{\text{t41}}\right|}{q_{23}} \qquad q_{23} = 27{,}73\frac{\text{kJ}}{\text{kg}}$$

Zustandsänderung $1 \rightarrow 2$:

$$w_{\text{t,12}} = \frac{\bar{\kappa}}{\bar{\kappa}-1}\left(T_2 - T_1\right)R_{\text{Luft}} + j_{12}$$

$$w_{\text{t12}} = \frac{1{,}4}{1{,}4-1}\left(433\,\text{K} - 273\,\text{K}\right)0{,}287\frac{\text{kJ}}{\text{kg}\cdot\text{K}} + 1{,}3865\frac{\text{kJ}}{\text{kg}}$$

$$w_{\text{t,12}} = 162{,}1065\frac{\text{kJ}}{\text{kg}}$$

Zustandsänderung $2 \rightarrow 3$:

$$w_{\text{t,23}} = -R_{\text{Luft}} \cdot T_2 \cdot \ln\frac{p_2}{p_3}$$

$$w_{\text{t,23}} = -0{,}287\frac{\text{kJ}}{\text{kg}\cdot\text{K}}433\,\text{K} \cdot \ln\frac{5\text{ bar}}{4\text{ bar}}$$

$$w_{\text{t,23}} = -27{,}73\frac{\text{kJ}}{\text{kg}}$$

Zustandsänderung $3 \rightarrow 4$:

$$w_{\text{t,34}} = \frac{\bar{\kappa}}{\bar{\kappa}-1}\left(T_4 - T_3\right)R_{\text{Luft}} + j_{12}$$

$$w_{\text{t,34}} = \frac{1{,}4}{1{,}4-1}\left(237\,\text{K} - 433\,\text{K}\right)0{,}287\frac{\text{kJ}}{\text{kg}\cdot\text{K}} + 1{,}3865\frac{\text{kJ}}{\text{kg}}$$

$$w_{\text{t,34}} = -159{,}334\frac{\text{kJ}}{\text{kg}}$$

Zustandsänderung $4 \rightarrow 1$:

$$w_{t,41} = R_{Luft} \cdot T_1 \cdot \ln \frac{p_1}{p_4}$$

$$w_{t,41} = 0{,}287 \frac{kJ}{kg \cdot K} 273\,K \cdot \ln \frac{1\,bar}{0{,}794\,bar}$$

$$w_{t,41} = 18{,}073 \frac{kJ}{kg}$$

$$\left| w_{t,12} + w_{t,23} + w_{t,34} + w_{t,41} \right| =$$

$$\left| 162{,}1065 \frac{kJ}{kg} - 27{,}73 \frac{kJ}{kg} - 159{,}334 \frac{kJ}{kg} + 18{,}073 \frac{kJ}{kg} \right| = 6{,}885 \frac{kJ}{kg}$$

$$\eta_{th} = \frac{\left| w_{t,12} + w_{t,23} + w_{t,34} + w_{t,41} \right|}{q_{23}} \qquad q_{23} = 27{,}73 \frac{kJ}{kg}$$

$$\eta_{th} = \frac{6{,}885 \frac{kJ}{kg}}{27{,}73 \frac{kJ}{kg}}$$

$$\eta_{th} = 0{,}248$$

5. **Verhältnis η_{th}/η_C**

CARNOT-Wirkungsgrad

$$\eta_C = 1 - \frac{T_1}{T_2} = 1 - \frac{273\,K}{433\,K} = 0{,}37$$

$$\frac{\eta_{th}}{\eta_C} = \frac{0{,}248}{0{,}37} = 0{,}67$$

6. **Spezifischer Exergieverlust e_V des Gesamtprozesses**

$$e_V = T_u \cdot \Delta s_{irr}$$

$$\Delta s = \Delta s_Q + \Delta s_{irr} \qquad \text{Kreisprozess: } \Delta s = 0$$

$$\Delta s_{irr} = - \Delta s_Q$$

$$\Delta s_{\text{irr}} = -\oint \frac{\mathrm{d}q}{T} = -\left(\frac{q_{12}}{T_{\text{u}}} + \frac{q_{23}}{T_{\text{R}}} + \frac{q_{34}}{T_{\text{u}}} + \frac{q_{41}}{T_{\text{R0}}} \right)$$

$$\Delta s_{\text{irr}} = -\left(-\frac{1{,}3865\dfrac{\text{kJ}}{\text{kg}}}{273\,\text{K}} + \frac{27{,}73\dfrac{\text{kJ}}{\text{kg}}}{450\,\text{K}} - \frac{1{,}3865\dfrac{\text{kJ}}{\text{kg}}}{273\,\text{K}} - \frac{18{,}1\dfrac{\text{kJ}}{\text{kg}}}{260\,\text{K}} \right)$$

$$\Delta s_{\text{irr}} = -\left(-0{,}005078\frac{\text{kJ}}{\text{kg}\cdot\text{K}} + 0{,}061622\frac{\text{kJ}}{\text{kg}\cdot\text{K}} - 0{,}005078\frac{\text{kJ}}{\text{kg}\cdot\text{K}} - 0{,}069615\frac{\text{kJ}}{\text{kg}\cdot\text{K}} \right)$$

$$\Delta s_{\text{irr}} = 0{,}01815\frac{\text{kJ}}{\text{kg}\cdot\text{K}}$$

$$e_{\text{V}} = T_{\text{u}} \cdot \Delta s_{\text{irr}} = 273\,\text{K} \cdot 0{,}01815\frac{\text{kJ}}{\text{kg}\cdot\text{K}}$$

$$e_{\text{V}} = 4{,}955\frac{\text{kJ}}{\text{kg}}$$

Aufgabe 31

Kälteanlage, isotherme Verdichtung, polytrope Expansion, isobare Wärmezufuhr

Vorstellung:

Im Kühlraum der Anlage (Bild 31.1) wird eine Kälteleistung von $\dot{Q}_{34} = 600\,\text{kJ/h}$ erbracht, um dort die Temperatur $t_k = -130\,°C$ beizubehalten. Zusätzlich wird ein Raum klimatisiert (gekühlt).

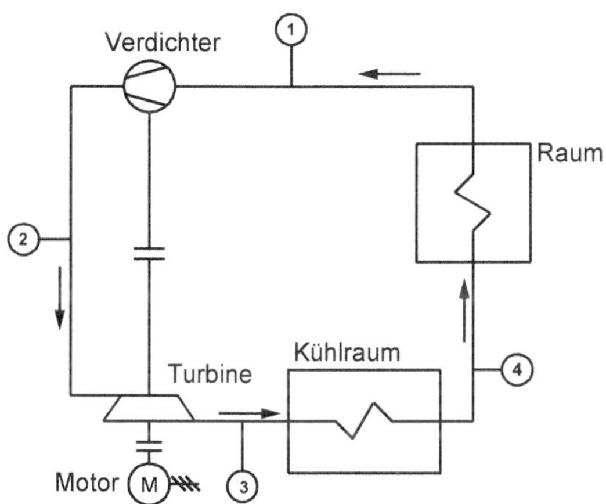

Bild 31.1 Kälteanlage

In der Anlage durchläuft die Luft als Arbeitsfluid folgende Zustandsänderungen:

$1 \rightarrow 2$

Isotherme Verdichtung vom Eintrittszustand $p_1 = 1$ bar, $t_1 = 20\,°C$ auf den Enddruck $p_2 = 30$ bar. Dabei wird Wärme mit einem Wasserreservoir konstanter Temperatur $t_W = t_u = 15°C$ ausgetauscht. Die Reibleistung des Verdichters beträgt $P_R = 0{,}1 \cdot \left|\dot{Q}_{12}\right|$.

$2 \rightarrow 3$

Polytrope Expansion $(\bar{n}_T = 1{,}35)$ in einer Turbine auf $p_3 = p_1 = 1$ bar (adiabat).

$3 \rightarrow 4$

Isobare reibungsfreie Wärmezufuhr im Kühlraum bis auf eine Temperatur T_4, wobei gelten soll: $T_k - T_4 = 10\,\text{K}$.

$4 \rightarrow 1$

Isobare reibungsfreie Wärmezufuhr bis auf den Eintrittszustand des Verdichters. Die Temperatur im klimatisierten Raum ist konstant mit t_R = 37 °C.

Die Luft ist als ideales Gas mit $c_{p,\text{Luft}} = 1{,}004\,\text{kJ}/(\text{kg}\cdot\text{K})$ zu behandeln. Die Änderungen der potentiellen und kinetischen Energien sind zu vernachlässigen.

Gesucht:

1. Zustandsänderungen im p,v- und T,s-Diagramm
2. Luftmassenstrom $\dot{m}_{\text{Luft}}$
3. Vom Verdichter aufgenommene Leistung P_V
4. Von der Turbine abgegebene Leistung P_T
5. Kühlwärmestrom $\dot{Q}_{12}$
6. Dem Wärmetauscher zugeführter Wärmestrom $\dot{Q}_{41}$
7. Vom Motor an die Turbine übergebene Leistung P_{Motor}
8. Exergieverluststrom durch Reibung bei der Verdichtung $\dot{E}_{\text{VR},12}$
9. Exergieverluststrom durch Wärmeübergang an das Kühlwasser $\dot{E}_{\text{VWÜ},12}$
10. Entropieerzeugung $\Delta s_{\text{irr,ges}}$ des gesamten Prozesses
11. Exergieverluststrom $\dot{E}_V$ des gesamten Prozesses
12. Leistungsziffer der Anlage ε und
13. Zusammenfassung

Lösung:

1. **Zustandsänderungen im p,v- und T,s-Diagramm**

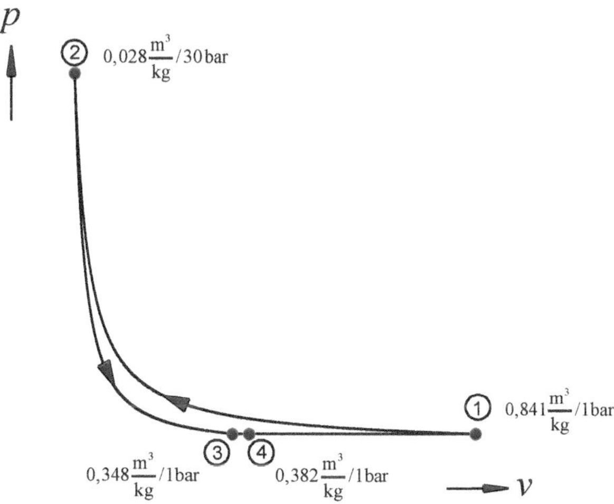

Bild 31.2 *p,v*-Diagramm

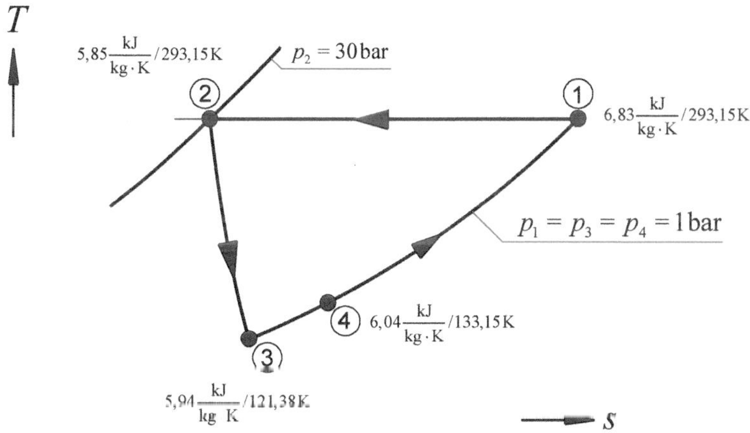

Bild 31.3 *T,s*-Diagramm

2. Luftmassenstrom $\dot{m}_{\text{Luft}}$

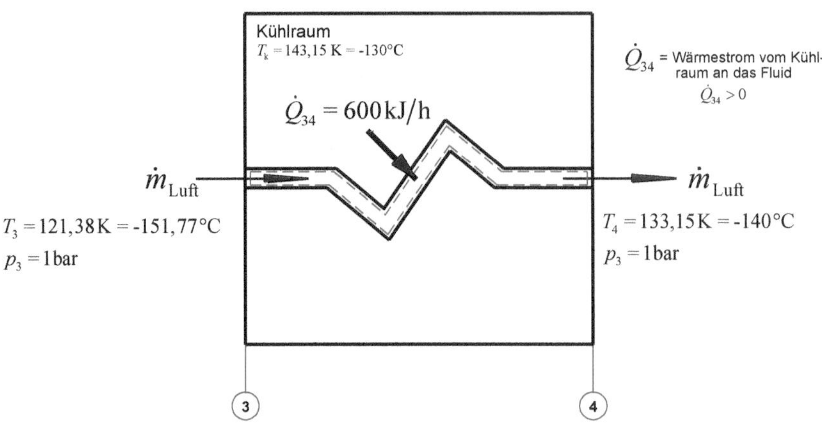

Bild 31.4 Rohrsystem im Kühlraum mit Bilanzhülle

Erster Hauptsatz für stationären Fließprozess (Bild 31.4):

$$\dot{m}_{\text{Luft}} \cdot h_3 + \dot{Q}_{34} - \dot{m}_{\text{Luft}} \cdot h_4 = 0$$

$$\dot{Q}_{34} = \dot{m}_{\text{Luft}} \cdot h_4 - \dot{m}_{\text{Luft}} \cdot h_3$$

$$\dot{Q}_{34} = \dot{m}_{\text{Luft}} \left(h_4 - h_3\right) = \dot{m}_{\text{Luft}} \cdot c_{\text{p,L}} \left(T_4 - T_3\right)$$

$$\dot{m}_{\text{L}} = \frac{\dot{Q}_{34}}{c_{\text{p,Luft}} \left(T_4 - T_3\right)}$$

$$T_k - T_4 = 10\,\text{K}$$

$$T_2 = T_1 = 293{,}15\,\text{K} \qquad p_3 = p_1 = 1\,\text{bar} \qquad p_2 = 30\,\text{bar}$$

$$\frac{T_3}{T_2} = \left(\frac{p_3}{p_2}\right)^{\frac{\bar{n}_\text{T}-1}{\bar{n}_\text{T}}}$$

$$T_3 = T_2 \left(\frac{p_3}{p_2}\right)^{\frac{\bar{n}_\text{T}-1}{\bar{n}_\text{T}}} = 293{,}15\,\text{K} \left(\frac{1\,\text{bar}}{30\,\text{bar}}\right)^{\frac{1{,}35-1}{1{,}35}} = 121{,}38\,\text{K}$$

$$t_k = -130\,°\text{C}$$

$$T_k = t_k + 273{,}15\,\text{K} = -130\,°\text{C} + 273{,}15\,\text{K} = 143{,}15\,\text{K}$$

$$T_4 = T_k - 10\,\text{K} = 143{,}15\,\text{K} - 10\,\text{K} = 133{,}15\,\text{K}$$

$$\dot{m}_{\text{Luft}} = \frac{\dot{Q}_{34}}{c_{\text{p,Luft}}\left(T_4 - T_3\right)} = \frac{600\,\dfrac{\text{kJ}}{\text{h}}}{1{,}004\,\dfrac{\text{kJ}}{\text{kg}\cdot\text{K}}\left(133{,}15\,\text{K} - 121{,}38\,\text{K}\right)}$$

$$\dot{m}_{\text{Luft}} = 50{,}774\,\frac{\text{kg}}{\text{h}} = 50{,}774\,\frac{\text{kg}}{3600\,\text{s}} = \frac{50{,}774}{3{,}6}\,10^{-3}\,\frac{\text{kg}}{\text{s}}$$

$$\dot{m}_{\text{Luft}} = 14{,}1\cdot 10^{-3}\,\frac{\text{kg}}{\text{s}}$$

3. **Vom Verdichter aufgenommene Leistung P_V**

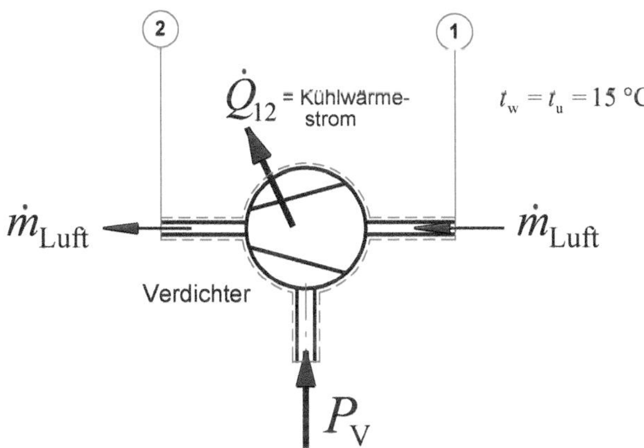

Bild 31.5 Verdichter mit Bilanzhülle

$w_{t,V} + q_{12} = h_2 - h_1 = c_{p,Luft}\left(T_2 - T_1\right)$ $\quad T_2 = T_1$, da isotherme Verdichtung.

$$w_{t,V} = -q_{12} = -q_V$$

$$w_{t,V} = \int_1^2 v\,\text{d}p + j_V = -q_V$$

$$P_V = \dot{m}_{\text{Luft}}\cdot w_{t,V} = \dot{m}_{\text{Luft}}\left(\int_1^2 v\,\text{d}p + j_V\right) = \dot{m}_{\text{Luft}}\int_1^2 v\,\text{d}p + \dot{m}_{\text{Luft}}\cdot j_V$$

$\dot{m}_{Luft}\cdot j_V = 0{,}1\cdot\left|\dot{Q}_V\right| = P_R$ Reibleistung des Verdichters

$$P_V = \dot{m}_{\text{Luft}}\int_1^2 v\,\text{d}p + 0{,}1\cdot\left|\dot{Q}_V\right| \qquad P_V = \left|\dot{Q}_V\right|$$

$$P_V = \dot{m}_{Luft}\int_1^2 v\,dp + 0{,}1 \cdot P_V$$

$$P_V - 0{,}1 \cdot P_V = \dot{m}_{Luft}\int_1^2 v\,dp$$

$$P_V = \frac{\dot{m}_{Luft}}{0{,}9}\int_1^2 v\,dp \qquad v = \frac{R_{Luft} \cdot T_1}{p}$$

$$P_V = \frac{\dot{m}_{Luft}}{0{,}9}\int_1^2 \frac{R_{Luft} \cdot T_1}{p}\,dp = \frac{\dot{m}_{Luft}}{0{,}9} R_{Luft} \cdot T_1 \int_1^2 \frac{dp}{p} = \frac{\dot{m}_{Luft}}{0{,}9} R_{Luft} \cdot T_1 \cdot \ln\left(\frac{p_2}{p_1}\right)$$

$$\boldsymbol{R_{Luft} = 0{,}287\frac{kJ}{kg \times K}}$$

$$P_V = \frac{14{,}1 \cdot 10^{-3}\,\frac{kg}{s}}{0{,}9} 0{,}287\frac{kJ}{kg \cdot K} 293{,}15\,K \cdot \ln\left(\frac{30\,bar}{1\,bar}\right)$$

$$P_V = 4{,}5\,kW$$

4. **Von der Turbine abgegebene Leistung P_T**

Hinweis: Es besteht Leistungsgleichgewicht zwischen Verdichter und Turbine, d. h die Turbine gibt die für den Betrieb des Verdichters benötigte Leistung *ab*. Für die Turbinenleistung wird deshalb das negative Vorzeichen verwendet.

$$P_T = -4{,}5\ kW$$

5. **Kühlwärmestrom $\dot{Q}_{12}$** (Bild 31.5)

$$\dot{Q}_{12} = -P_V$$

$$\dot{Q}_{12} = -4{,}5\,kW$$

6. **Dem Wärmetauscher zugeführter Wärmestrom $\dot{Q}_{41}$**

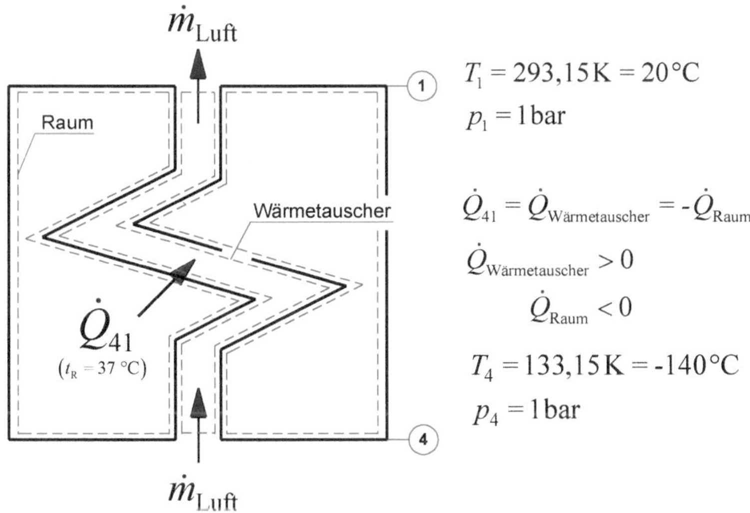

Bild 31.6 Bilanzhülle des Raumes und des Wärmetauschers

Bei Betrachtung der Bilanzhülle des Wärmetauschers (Bild 31.6) ergibt sich nach dem 1. Hauptsatz:

$$\dot{Q}_{41} + \dot{m}_{\text{Luft}} \cdot h_4 - \dot{m}_{\text{Luft}} \cdot h_1 = 0$$

$$\dot{Q}_{41} = \dot{m}_{\text{Luft}} \left(h_1 - h_4\right) = \dot{m}_{\text{Luft}} \cdot c_{p,\text{Luft}} \left(T_1 - T_4\right)$$

$$T_1 = 293{,}15\,\text{K} \qquad\qquad T_4 = 133{,}15\,\text{K}$$

$$\dot{Q}_{41} = 14{,}1 \cdot 10^{-3}\,\frac{\text{kg}}{\text{s}}\,1{,}004\,\frac{\text{kJ}}{\text{kg} \cdot \text{K}}\left(293{,}15\,\text{K} - 133{,}15\,\text{K}\right)$$

$$\dot{Q}_{41} = 2{,}27\,\frac{\text{kJ}}{\text{s}} = 2{,}27\,\text{kW}$$

Hinweis: Dieser Wärmestrom wird der Luft im Wärmetauscher *zu*geführt. Die Temperatur der Luft steigt dabei von T_4 auf T_1. Der vom Raum *ab*gegebene Wärmestrom beträgt $\dot{Q}_{\text{Raum}} = -\dot{Q}_{41} = -2{,}27\,\text{kW}$.

7. Vom Motor an die Turbine übergebene Leistung P_{Motor}

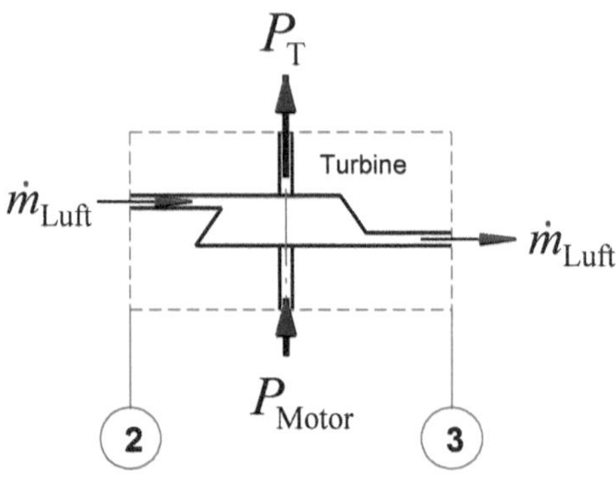

Bild 31.7 Bilanzhülle Turbine

1. Hauptsatz (Bild 31.7):

$$P_{\text{Motor}} - P_T + \dot{m}_{\text{Luft}} \cdot h_2 - \dot{m}_{\text{Luft}} \cdot h_3 = 0$$

Hinweis: Diese Gleichung beinhaltet bereits die Berücksichtigung der Vorzeichen (zugeführte Energien positiv, abgeführte Energien negativ). Deshalb muss die Turbinenleistung mit $P_T = +4{,}5\,\text{kW}$ eingesetzt werden.

$$P_{\text{Motor}} = \dot{m}_{\text{Luft}}\left(h_3 - h_2\right) + P_T = \dot{m}_{\text{Luft}} \cdot c_{p,L}\left(T_3 - T_2\right) + P_T$$

$$T_3 = 121{,}38\,\text{K} \qquad T_2 = 293{,}15\,\text{K}$$

$$P_{\text{Motor}} = 14{,}1 \cdot 10^{-3}\,\frac{\text{kg}}{\text{s}}\,1{,}004\,\frac{\text{kJ}}{\text{kg}\cdot\text{K}}\left(121{,}38\,\text{K} - 293{,}15\,\text{K}\right) + 4{,}5\,\text{kW}$$

$$P_{\text{Motor}} = 2{,}07\ \text{kW}$$

8. Exergieverluststrom durch Reibung bei der Verdichtung $\dot{E}_{VR,12}$

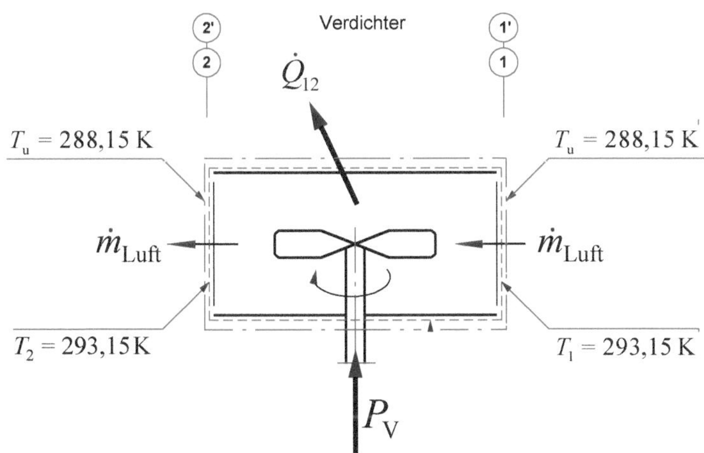

Bild 31.8 Verdichter-Bilanzhüllen

Für die gestrichelte Bilanzhülle nach Bild 31.8 gilt:

$$s_2 - s_1 = \Delta s_{12} = \Delta s_{Q,12} + \Delta s_{irrR,12}$$

$$\Delta s_{irrR,12} = \Delta s_{12} - \Delta s_{Q,12} \qquad \Delta s_{12} = c_{v,Luft} \cdot \ln\frac{T_2}{T_1} - R_{Luft} \cdot \ln\frac{p_2}{p_1} \qquad T_1 = T_2 \qquad \Delta s_{Q,12} = \frac{q_{12}}{T_1}$$

$$\Delta s_{irrR,12} = -R_{Luft} \cdot \ln\frac{p_2}{p_1} - \frac{q_{12}}{T_1} \qquad (q_{12} < 0)$$

Für den durch Reibung entstanden Exergieverluststrom gilt

$$\dot{E}_{VR,12} = T_u \cdot \dot{m}_{Luft} \cdot \Delta s_{irrR,12}$$

$$T_u = 288,15\,K \qquad T_1 = 293,15\,K \qquad \dot{Q}_{12} = -4,5\,kW \qquad \dot{m}_{Luft} = 14,1 \cdot 10^{-3}\,\frac{kg}{s}$$

$$q_{12} = \frac{\dot{Q}_{12}}{\dot{m}_{Luft}} = \frac{-4,5\,\frac{kJ}{s}}{14,1 \cdot 10^{-3}\,\frac{kg}{s}} = -319,15\,\frac{kJ}{kg}$$

$$\Delta s_{irrR,12} = -R_{Luft} \cdot \ln\frac{p_2}{p_1} - \frac{q_{12}}{T_1}$$

$$\Delta s_{irr,R12} = -0,287\,\frac{kJ}{kg \cdot K}\ln\frac{30\,bar}{1\,bar} - \frac{-319,15\,\frac{kJ}{kg}}{293,15\,K}$$

$$\Delta s_{\text{irrR},12} = 0{,}1125 \frac{\text{kJ}}{\text{kg}\cdot\text{K}}$$

$$\dot{E}_{\text{VR},12} = T_\text{u} \cdot \dot{m}_\text{Luft} \cdot \Delta s_{\text{irrR}12} = 288{,}15\,\text{K} \cdot 14{,}1 \cdot 10^{-3} \frac{\text{kg}}{\text{s}} 0{,}1125 \frac{\text{kJ}}{\text{kg}\cdot\text{K}}$$

$$\dot{E}_{\text{VR},12} = 0{,}457 \frac{\text{kJ}}{\text{s}} = 0{,}457\,\text{kW}$$

9. **Exergieverluststrom durch Wärmeübergang an das Kühlwasser** $\dot{E}_{\text{VWÜ},12}$

Für die strichpunktierte Bilanzhülle nach Bild 31.8 gilt:

$$s_{2'} - s_{1'} = \Delta s_{1'2'} = \Delta s_{\text{Q},1'2'} + \Delta s_{\text{irrR},12} + \Delta s_{\text{irrVWÜ},1'2'}$$

$$\Delta s_{\text{irrVWÜ},1'2'} = \Delta s_{1'2'} - \Delta s_{\text{Q},1'2'} - \Delta s_{\text{irrR},12}$$

$$\Delta s_{1'2'} = -R_\text{Luft} \cdot \ln \frac{p_2}{p_1} = -\,0{,}287 \frac{\text{kJ}}{\text{kg}\cdot\text{K}} \ln \frac{30\,\text{bar}}{1\,\text{bar}} = -0{,}97614 \frac{\text{kJ}}{\text{kg}\cdot\text{K}}$$

$$\Delta s_{\text{Q},1'2'} = \frac{q_{12}}{T_\text{u}} = \frac{-319{,}15 \frac{\text{kJ}}{\text{kg}}}{288{,}15\,\text{K}} = -1{,}1076 \frac{\text{kJ}}{\text{kg}\cdot\text{K}}$$

$$\Delta s_{\text{irrR},12} = 0{,}1125 \frac{\text{kJ}}{\text{kg}\cdot\text{K}}$$

$$\Delta s_{\text{irrVWÜ},1'2'} = -0{,}97614 \frac{\text{kJ}}{\text{kg}\cdot\text{K}} - \left(-1{,}1076 \frac{\text{kJ}}{\text{kg}\cdot\text{K}} \right) - 0{,}1125 \frac{\text{kJ}}{\text{kg}\cdot\text{K}}$$

$$\Delta s_{\text{irrVWÜ},1'2'} = 0{,}01896 \frac{\text{kJ}}{\text{kg}\cdot\text{K}}$$

Für den durch Wärmeübertragung entstanden Exergieverluststrom gilt:

$$\dot{E}_{\text{VWÜ},12} = T_\text{u} \cdot \dot{m}_\text{L} \cdot \Delta s_{\text{irrVW,Ü}1'2'}$$

$$T_\text{u} = 288{,}15\,\text{K} \qquad \dot{m}_\text{Luft} = 14{,}1 \cdot 10^{-3} \frac{\text{kg}}{\text{s}}$$

$$\dot{E}_{\text{VWÜ},12} = T_\text{u} \cdot \dot{m}_\text{L} \cdot \Delta s_{\text{irrVW,Ü}1'2'} = 288{,}15\,\text{K} \cdot 14{,}1 \cdot 10^{-3} \frac{\text{kg}}{\text{s}} 0{,}01896 \frac{\text{kJ}}{\text{kg}\cdot\text{K}}$$

$$\dot{E}_{\text{VWÜ},12} = 0{,}077\,\text{kW}$$

10. **Entropieerzeugung $\Delta s_{irr,ges}$ des gesamten Prozesses**

Für den Gesamtprozess gilt:

$$\dot{S}_{ges} = \dot{S}_{Q,ges} + \dot{S}_{irr,ges} = 0$$

$$\dot{S}_{irr,ges} = -\dot{S}_{Q,ges} = -\oint \frac{dQ}{T} = -\left(\frac{\dot{Q}_{12}}{T_u} + \frac{\dot{Q}_{34}}{T_K} + \frac{\dot{Q}_{41}}{T_R} \right)$$

$$\dot{S}_{irr,ges} = -\left(\frac{-4{,}5\ \text{kW}}{288{,}15\,\text{K}} + \frac{600\,\frac{\text{kJ}}{\text{h}}}{143{,}15\,\text{K}} + \frac{2{,}27\,\frac{\text{kJ}}{\text{s}}}{310{,}15\,\text{K}} \right)$$

$$\dot{S}_{irr,ges} = -\left(\frac{-4{,}5\,\frac{\text{kJ}}{\text{s}}}{288{,}15\,\text{K}} + \frac{600\,\frac{\text{kJ}}{3600\,\text{s}}}{143{,}15\,\text{K}} + \frac{2{,}27\,\frac{\text{kJ}}{\text{s}}}{310{,}15\,\text{K}} \right)$$

$$\dot{S}_{irr,ges} = -\left(-0{,}01562\,\frac{\text{kJ}}{\text{K}\cdot\text{s}} + 0{,}00116428\,\frac{\text{kJ}}{\text{K}\cdot\text{s}} + 0{,}007319\,\frac{\text{kJ}}{\text{K}\cdot\text{s}} \right)$$

$$\dot{S}_{irr,ges} = 7{,}137\cdot 10^{-3}\,\frac{\text{kJ}}{\text{K}\cdot\text{s}}$$

$$\dot{S}_{irr,ges} = 7{,}137\cdot 10^{-3}\,\frac{\text{kJ}}{\text{K}\cdot\text{s}}$$

$$\Delta s_{irr,ges} = \frac{\dot{S}_{irr,ges}}{\dot{m}_{Luft}} = \frac{7{,}137\cdot 10^{-3}\,\frac{\text{kJ}}{\text{K}\cdot\text{s}}}{14{,}1\cdot 10^{-3}\,\frac{\text{kg}}{\text{s}}}$$

$$\Delta s_{irr,ges} = 0{,}506\,\frac{\text{kJ}}{\text{kg}\cdot\text{K}}$$

11. **Exergieverluststrom $\dot{E}_V$ des gesamten Prozesses**

$$\dot{E}_V = T_u \cdot \dot{S}_{irr,ges} = 288{,}15\,\text{K}\cdot 7{,}137\cdot 10^{-3}\,\frac{\text{kJ}}{\text{K}\cdot\text{s}} \approx 2{,}06\,\frac{\text{kJ}}{\text{s}}$$

$$\dot{E}_V \approx 2{,}06\ \text{kW}$$

12. **Leistungsziffer der Anlage ε**

Die Leistungsziffer wird aus dem Verhältnis der zugeführten Energieströme und der insgesamt aufgewendeten Leistung gebildet.

Die der Anlage zugeführten Energieströme sind $\dot{Q}_{41}$ und $\dot{Q}_{34}$; die insgesamt aufgewendete Leistung wird vom Motor mit P_{Motor} erbracht.

$$\varepsilon = \frac{\dot{Q}_{41} + \dot{Q}_{34}}{P_{Motor}} = \frac{2{,}27\,\frac{kJ}{s} + \frac{600}{3{,}6\cdot 10^3}\,\frac{kJ}{s}}{2{,}07\,\frac{kJ}{s}}$$

$$\varepsilon = 1{,}177$$

13. **Zusammenfassung**

Bild 31.9 zeigt zusammenfassend in vereinfachter Darstellung die Energieströme (Leistungen), die das Fluid aufnimmt (positiv) und abgibt (negativ) und macht Angaben zu Temperaturen/Drücken an den interessierenden Stellen 1 bis 4.

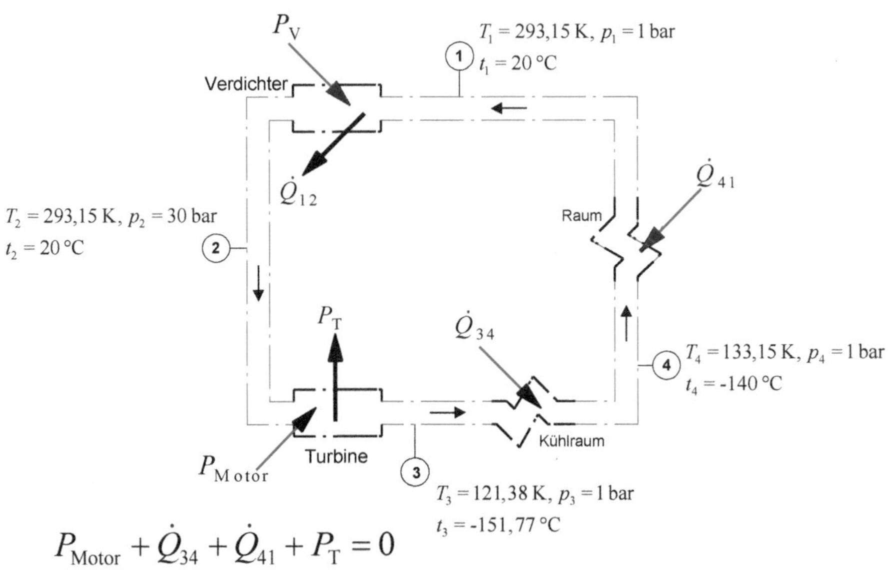

Bild 31.9 Zusammenfassende Darstellung

Aufgrund des 1. Hauptsatzes ergibt sich:

$$P_V + \dot{Q}_{12} + P_{Motor} + \dot{Q}_{34} + \dot{Q}_{41} + P_T = 0$$

Es ist $P_V = -\dot{Q}_{12}$, also $P_{Motor} + \dot{Q}_{34} + \dot{Q}_{41} + P_T = 0$.

Aufgabe 32

Von Nassdampf durchströmter Kessel, Dampfgehalt, Entropiezunahme, Entropieerzeugung

Vorstellung:

Durch einen Kessel (Bild 32.1) strömen 1000 kg/h Nassdampf mit einem spezifischem Volumen von 0,02 m³/kg und einem Druck von 80 bar. Im Kessel wird dem Nassdampf isobar und reibungsfrei so viel Wärme zugeführt, dass dieser in Sattdampf überführt wird. Der Wärmestrom wird einem Reservoir mit konstanter Temperatur $T_R = 600$ K entzogen. Die Umgebungstemperatur beträgt $T_u = 300$ K. Die Änderungen der kinetischen und potentiellen Energien sind zu vernachlässigen.

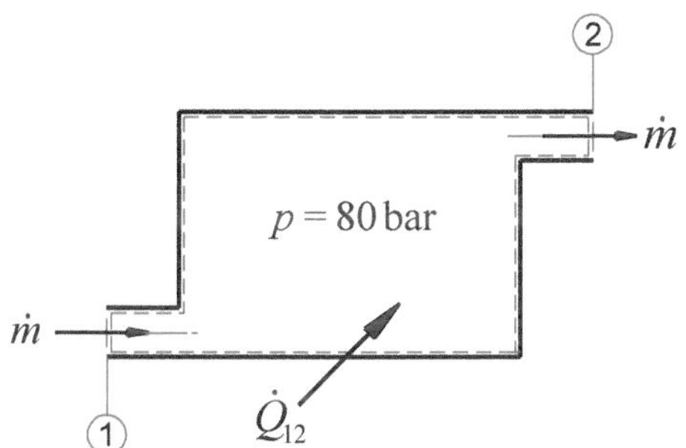

Bild 32.1 Von Nassdampf durchströmter Kessel

Gesucht:

1. Dampfgehalt x_1 des Nassdampfes
2. Zugeführter Wärmestrom $\dot{Q}_{12}$
3. Entropiezunahme $s_2 - s_1$ des Dampfes im Kessel
4. Entropieerzeugung $\dot{S}_{irr,12}$
5. Exergieverluststrom $\dot{E}_{V,12}$

Lösung:

1. **Dampfgehalt x_1 des Nassdampfes**

Es besteht folgende Proportionalität:

$$\frac{v''_{80\,\text{bar}} - v'_{80\,\text{bar}}}{x_{100\%} - x_{0\%}} = \frac{v_1 - v'_{80\,\text{bar}}}{x_1 - x_{0\%}} \quad \text{mit} \quad x_{0\%} = 0, \; x_{100\%} = 1$$

$$\frac{v''_{80\,\text{bar}} - v'_{80\,\text{bar}}}{1 - 0} = \frac{v_1 - v'_{80\,\text{bar}}}{x_1 - 0}$$

$$\frac{v''_{80\,\text{bar}} - v'_{80\,\text{bar}}}{1} = \frac{v_1 - v'_{80\,\text{bar}}}{x_1}$$

Nach *Knoche K. F.*:

$$\mathbf{v'_{80\,bar} = 0{,}0013842 \frac{m^3}{kg}}$$

$$\mathbf{v''_{80\,bar} = 0{,}02353 \frac{m^3}{kg}}$$

$$x_1 = \frac{v_1 - v'_{80\,\text{bar}}}{v''_{80\,\text{bar}} - v'_{80\,\text{bar}}} = \frac{0{,}02 \frac{\text{m}^3}{\text{kg}} - 0{,}0013842 \frac{\text{m}^3}{\text{kg}}}{0{,}02353 \frac{\text{m}^3}{\text{kg}} - 0{,}0013842 \frac{\text{m}^3}{\text{kg}}} = \frac{20 - 1{,}3842}{23{,}53 - 1{,}3842}$$

$$x_1 = 0{,}841$$

2. **Zugeführter Wärmestrom $\dot{Q}_{12}$**

1. Hauptsatz für stationären Fließprozess:

$$\dot{Q}_{12} = \dot{m}(h_2 - h_1) = \dot{m}\left\{h''_{80\text{bar}} - \left[x_1\left(h'' - h'\right) + h'\right]\right\}$$

$$\dot{Q}_{12} = \dot{m}(h_2 - h_1) = \dot{m}\left\{h''_{80\,\text{bar}} - \left[x_1\left(h''_{80\,\text{bar}} - h'_{80\,\text{bar}}\right) + h'_{80\,\text{bar}}\right]\right\}$$

$$r_{80\,\text{bar}} = h''_{80\,\text{bar}} - h'_{80\,\text{bar}}$$

$$\dot{Q}_{12} = \dot{m}\left[h''_{80\,\text{bar}} - \left(x_1 \cdot r_{80\,\text{bar}} + h'_{80\,\text{bar}}\right)\right]$$

$$\dot{Q}_{12} = \dot{m}\left(h''_{80\,\text{bar}} - x_1 \cdot r_{80\,\text{bar}} - h'_{80\,\text{bar}}\right) = \dot{m}\left(r_{80\,\text{bar}} - x_1 \cdot r_{80\,\text{bar}}\right) = \dot{m} \cdot r_{80\,\text{bar}}\left(1 - x_1\right)$$

Nach *Knoche K. F.*:

$$r_{80\,\text{bar}} = \mathbf{1442{,}8\,\frac{kJ}{kg}}$$

$$\dot{Q}_{12} = \dot{m} \cdot r_{80\,\text{bar}}\left(1 - x_1\right)$$

$$\dot{Q}_{12} = 1000\,\frac{\text{kg}}{\text{h}}\,1442{,}8\,\frac{\text{kJ}}{\text{kg}}\left(1 - 0{,}841\right) = 229405{,}2\,\frac{\text{kJ}}{\text{h}} = \frac{229405{,}2}{3{,}6 \cdot 10^3}\,\frac{\text{kJ}}{\text{s}}$$

$$\dot{Q}_{12} = 63{,}72\ \text{kW}$$

3. **Entropiezunahme $s_2 - s_1$ des Dampfes im Kessel**

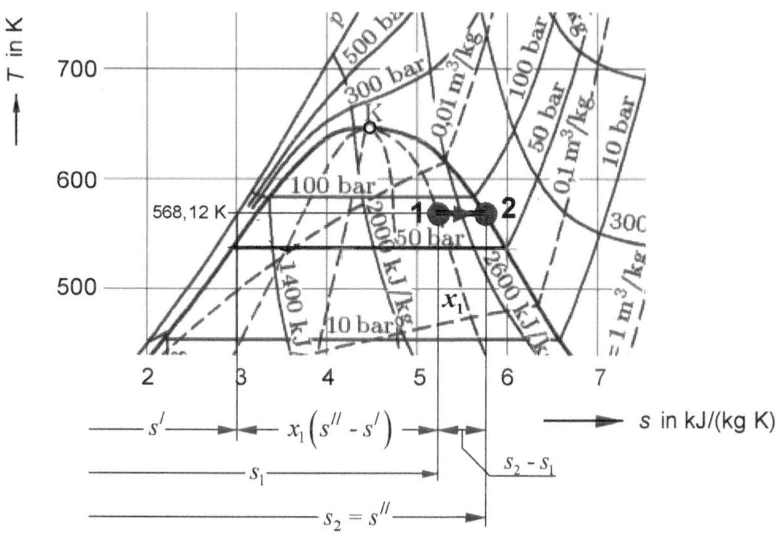

Bild 32.2 Zur Verdeutlichung der Gleichung $s_2 - s_1 = \ldots$

Anhand des *T,s*-Diagramms (Bild 32.2) wird die folgende Gleichung verdeutlicht:

$$s_2 - s_1 = s''_{80\,\text{bar}} - \left[x_1\left(s''_{80\,\text{bar}} - s'_{80\,\text{bar}}\right) + s'_{80\,\text{bar}}\right] = s''_{80\,\text{bar}} - s'_{80\,\text{bar}} - x_1\left(s''_{80\,\text{bar}} - s'_{80\,\text{bar}}\right)$$

$$s_2 - s_1 = \left(s''_{80\,\text{bar}} - s'_{80\,\text{bar}}\right)\left(1 - x_1\right)$$

Zwischen der Entropieänderung, der Verdampfungswärme und der zugehörigen Temperatur existiert der Zusammenhang

$$s''_{80\,\text{bar}} - s'_{80\,\text{bar}} = \frac{r_{80\,\text{bar}}}{T_{80\,\text{bar}}}$$

der sich aus der Gleichung $T \cdot \mathrm{d}s = \mathrm{d}h - v \cdot \mathrm{d}p$, mit $\mathrm{d}p = 0$ ergibt. Es ist nach *Knoche K.F.*:

$$T_{80\,\text{bar}} = \mathbf{568{,}12\,K}$$

$$s_2 - s_1 = \frac{r_{80\,\text{bar}}}{T_{80\,\text{bar}}}(1 - x_1) = \frac{1442{,}8\,\frac{\text{kJ}}{\text{kg}}}{568{,}12\,\text{K}}(1 - 0{,}841)$$

$$s_2 - s_1 = 0{,}404\,\frac{\text{kJ}}{\text{kg} \cdot \text{K}}$$

4. **Entropieerzeugung $\dot{S}_{\text{irr},12}$**

$$\dot{S}_2 - \dot{S}_1 = \dot{m}(s_2 - s_1)$$

$$\dot{S}_{\text{irr},12} = (\dot{S}_2 - \dot{S}_1) - \dot{S}_{Q,12}$$

$$\dot{S}_{\text{irr},12} = \dot{m}(s_2 - s_1) - \dot{m} \cdot s_{Q,12}$$

$$\dot{S}_{\text{irr},12} = \dot{m}(s_2 - s_1) - \dot{m}\frac{q_{12}}{T_R}$$

$$\dot{S}_{\text{irr},12} = \dot{m}(s_2 - s_1) - \frac{\dot{Q}_{12}}{T_R}$$

$$\dot{S}_{\text{irr},12} = 1000\,\frac{\text{kg}}{\text{h}}\left(0{,}404\,\frac{\text{kJ}}{\text{kg} \cdot \text{K}}\right) - \frac{63{,}72\,\text{kW}}{600\,\text{K}}$$

$$\dot{S}_{\text{irr},12} = 404\,\frac{\text{kJ}}{\text{K} \cdot \text{h}} - \frac{63{,}72\,\text{kW}}{600\,\text{K}} = 404\,\frac{\text{kJ}}{\text{K} \cdot \text{h}} - \frac{63{,}72}{600}\,\frac{\text{kJ}}{\text{K} \cdot \text{s}}$$

$$\dot{S}_{\text{irr},12} = 404\,\frac{\text{kJ}}{\text{K} \cdot \text{h}} - \frac{63{,}72 \cdot 3{,}6 \cdot 10^3}{600}\,\frac{\text{kJ}}{\text{K} \cdot \text{h}}$$

$$\dot{S}_{\text{irr},12} = 21{,}68\,\frac{\text{kJ}}{\text{K} \cdot \text{h}}$$

5. **Exergieverluststrom $\dot{E}_{V,12}$**

$$\dot{E}_{V,12} = T_u \cdot \dot{S}_{\text{irr},12} = 300\,\text{K} \cdot 21{,}68\,\frac{\text{kJ}}{\text{K} \cdot \text{h}} = 300\,\text{K} \cdot 21{,}68\,\frac{\text{kJ}}{\text{K} \cdot 3{,}6 \cdot 10^3\,\text{s}}$$

$$\dot{E}_{V,12} = 1{,}81\,\text{kW}$$

Aufgabe 33

Geschlossener Behälter, Dampfgehalt, kritischer Zustand, abzuführende Wärmemenge

Vorstellung:

Ein geschlossener Behälter mit einem Volumen von $V = 2\ \text{m}^3$ enthält Wasser im kritischen Zustand. Durch Kühlung des Behälters wird der Druck auf 100 bar gesenkt.

Gesucht:

1. Zustandsänderung im T,s-Diagramm
2. Masse m des Behälterinhalts
3. Dampfgehalt x_2 nach der Abkühlung,
4. Abzuführende Wärmemenge Q_{12}
5. Temperatur im Behälter nach der Abkühlung T_{Beh}

Lösung:

1. **Zustandsänderung im T,s-Diagramm** (Bild 33.1)

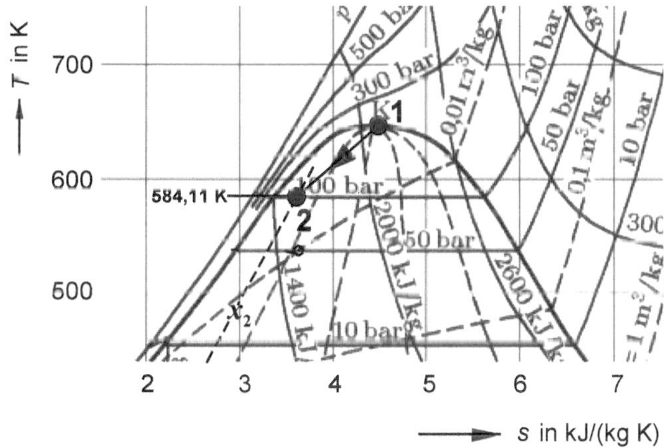

Bild 33.1 Zustandsänderung

2. **Masse m des Behälterinhalts**

Nach *Knoche, K.F.*:

$$\mathbf{v_{Krit} = 3{,}18 \cdot 10^{-3}\,\frac{m^3}{kg}}$$

$$\rho_{Krit} = \frac{1}{v_{Krit}} = \frac{1}{v_1} = \frac{1}{3{,}18 \cdot 10^{-3}\,\frac{m^3}{kg}} = 314{,}4654\,\frac{kg}{m^3}$$

$$m = V \cdot \rho_{Krit} = 2\,m^3 \cdot 314{,}4654\,\frac{kg}{m^3}$$

$$m = 628{,}93\text{ kg}$$

3. **Dampfgehalt x_2 nach der Abkühlung**

Es besteht folgende Proportionalität:

$$\frac{v''_{100\,bar} - v'_{100\,bar}}{x_{100\%} - x_{0\%}} = \frac{v_2 - v'_{100\,bar}}{x_2 - x_{0\%}} \qquad \text{mit} \quad x_{0\%} = 0, \qquad x_{100\%} = 1$$

$$\frac{v''_{100\,bar} - v'_{100\,bar}}{1 - 0} = \frac{v_2 - v'_{100\,bar}}{x_2 - 0} \qquad v_2 = v_1 = v_{Krit} = 3{,}18 \cdot 10^{-3}\,\frac{m^3}{kg}$$

$$\frac{v''_{100\,bar} - v'_{100\,bar}}{1} = \frac{v_2 - v'_{100\,bar}}{x_2}$$

Nach *Knoche, K.F.*:

$$\mathbf{v'_{100\,bar} = 1{,}4526 \cdot 10^{-3}\,m^3/kg}$$

$$\mathbf{v''_{100\,bar} = 18{,}04 \cdot 10^{-3}\,m^3/kg}$$

$$x_2 = \frac{v_{Krit} - v'_{100\,bar}}{v''_{100\,bar} - v'_{100\,bar}} = \frac{3{,}18 \cdot 10^{-3}\,m^3/kg - 1{,}4526 \cdot 10^{-3}\,m^3/kg}{18{,}04 \cdot 10^{-3}\,m^3/kg - 1{,}4526 \cdot 10^{-3}\,m^3/kg}$$

$$x_2 = 0{,}104$$

4. **Abzuführende Wärmemenge Q_{12}**

Nach *Knoche, K.F.*:

$$\mathbf{h''_{100\,bar} = 2727{,}7\,\frac{kJ}{kg}}$$

$$h_{\text{Krit}} = \mathbf{2099{,}7}\ \frac{\textbf{kJ}}{\textbf{kg}}$$

$$r_{100\,\text{bar}} = \mathbf{1319{,}7}\ \frac{\textbf{kJ}}{\textbf{kg}}$$

$$p_{\text{Krit}} = \mathbf{221{,}1\ bar}$$

1. Hauptsatz für geschlossene Systeme

$$Q_{12} = U_2 - U_1 = m\left(u_2 - u_1\right)$$

$$u_2 = x_2\left(u''_{100\,\text{bar}} - u'_{100\,\text{bar}}\right) + u'_{100\,\text{bar}}$$

$$u_1 = u_{\text{Krit}} = h_{\text{Krit}} - p_{\text{Krit}} \cdot v_{\text{Krit}}$$

$$u_{\text{Krit}} = 2099{,}7\ \frac{\text{kJ}}{\text{kg}} - 221{,}1 \cdot 10^5\ \frac{\text{N}}{\text{m}^2}\, 3{,}18 \cdot 10^{-3}\ \frac{\text{m}^3}{\text{kg}}\ \frac{\text{k}}{1000} = 2099{,}7\ \frac{\text{kJ}}{\text{kg}} - 70{,}31\ \frac{\text{kJ}}{\text{kg}}$$

$$u_{\text{Krit}} = 2029{,}39\frac{\text{kJ}}{\text{kg}}$$

$$u_2 = x_2\left(u''_{100\,\text{bar}} - u'_{100\,\text{bar}}\right) + u'_{100\,\text{bar}}$$

$$u''_{100\,\text{bar}} = h''_{100\,\text{bar}} - p''_{100\,\text{bar}} \cdot v''_{100\,\text{bar}} \qquad u'_{100\,\text{bar}} = h'_{100\,\text{bar}} - p'_{100\,\text{bar}} \cdot v'_{100\,\text{bar}}$$

$$p'_{100\,\text{bar}} = p''_{100\,\text{bar}} = p_2 = 100\,\text{bar}$$

$$u_2 = x_2\left(h''_{100\,\text{bar}} - p_2 \cdot v''_{100\,\text{bar}} - h'_{100\,\text{bar}} + p_2 \cdot v'_{100\,\text{bar}}\right) + h'_{100\,\text{bar}} - p_2 \cdot v'_{100\,\text{bar}}$$

$$u_2 = h'_{100\,\text{bar}} - p_2 \cdot v'_{100\,\text{bar}} + x_2\left(h''_{100\,\text{bar}} - p_2 \cdot v''_{100\,\text{bar}} - h'_{100\,\text{bar}} + p_2 \cdot v'_{100\,\text{bar}}\right)$$

$$r_{100\,\text{bar}} = h''_{100\,\text{bar}} - h'_{100\,\text{bar}}$$

$$u_2 = h'_{100\,\text{bar}} - p_2 \cdot v'_{100\,\text{bar}} + x_2\left[r_{100\,\text{bar}} - p_2\left(v''_{100\,\text{bar}} - v'_{100\,\text{bar}}\right)\right]$$

$$h'_{100\,\text{bar}} = h''_{100\,\text{bar}} - r_{100\,\text{bar}} = 2727{,}7\frac{\text{kJ}}{\text{kg}} - 1319{,}7\ \frac{\text{kJ}}{\text{kg}} = 1408\frac{\text{kJ}}{\text{kg}}$$

$$u_2 = 1408 \cdot 10^3\ \frac{\text{J}}{\text{kg}} - 100 \cdot 10^5\ \frac{\text{N}}{\text{m}^2} 1{,}4526 \cdot 10^{-3}\ \frac{\text{m}^3}{\text{kg}}$$

$$+ 0{,}104\left[1319{,}7 \cdot 10^3\ \frac{\text{J}}{\text{kg}} - 100 \cdot 10^5\ \frac{\text{N}}{\text{m}^2}\left(18{,}04 \cdot 10^{-3}\ \frac{\text{m}^3}{\text{kg}} - 1{,}4526 \cdot 10^{-3}\ \frac{\text{m}^3}{\text{kg}}\right)\right]$$

$$u_2 = 1408 \cdot 10^3 \frac{\text{J}}{\text{kg}} - 14526 \frac{\text{Nm}}{\text{kg}} + 0{,}104 \left[1319{,}7 \cdot 10^3 \frac{\text{J}}{\text{kg}} - 165{,}874 \cdot 10^3 \frac{\text{Nm}}{\text{kg}} \right]$$

$$u_2 = 1408 \cdot 10^3 \frac{\text{J}}{\text{kg}} - 14{,}526 \cdot 10^3 \frac{\text{Nm}}{\text{kg}} + 119{,}997 \cdot 10^3 \frac{\text{J}}{\text{kg}}$$

$$u_2 = 1513{,}47 \frac{\text{kJ}}{\text{kg}}$$

$$Q_{12} = m\,(u_2 - u_1) = 628{,}93\,\text{kg} \left(1513{,}47 \frac{\text{kJ}}{\text{kg}} - 2029{,}39 \frac{\text{kJ}}{\text{kg}} \right)$$

$$Q_{12} = -324478\,\text{kJ} = -324{,}478\ \text{MJ}$$

Hinweis: Das negative Vorzeichen verweist darauf, dass Wärme aus dem System *ab*geführt wird.

5. **Temperatur im Behälter nach der Abkühlung T_{Beh}** (Bild 33.1)

$$T_2 = 584{,}11\,\text{K}$$

$$T_{Beh} = T_2 = 584{,}11\,\text{K} \qquad t_{Beh} = t_2 = 310{,}96\,°\text{C}$$

Aufgabe 34

Beheiztes Ventil, Zustandsänderungen, Entropieerzeugung, Exergieverlust

Vorstellung:

Nassdampf im Zustand 1 mit p_1 = 100 bar und x_1 = 0,9 wird in einem beheizten Ventil gedrosselt, das von einem Gehäuse umschlossen ist (Bild 34.1). Dabei entsteht Sattdampf (Zustand 2) mit p_2 = 2 bar. Die Zustandsänderung des Heißdampfes kann als isobar angenommen werden. Die Umgebungstemperatur beträgt T_u = 290 K. Das Ventil wird mit Sattdampf von 120 bar beheizt, die Abfuhr des Kondensats erfolgt bei Siedetemperatur. Entropieerzeugung und Exergieverlust sollen je kg des Nassdampfes berechnet werden. Änderungen kinetischer und potentieller Energien sind zu vernachlässigen.

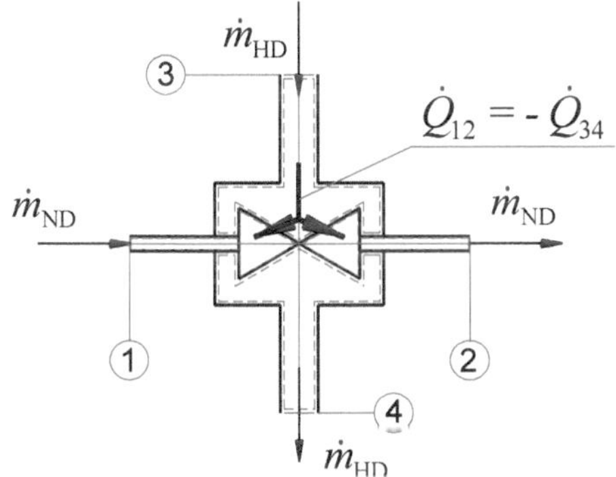

Bild 34.1 Beheiztes Ventil

Gesucht:

1. Zustandsänderung im Ventil (h,s-Diagramm)
2. Zustandsänderung im Gehäuse (T,s-Diagramm)
3. Spezifische Wärmezufuhr q_{12} an den Nassdampf
4. Entropieerzeugung $\Delta s_{irr,ges}$ beim adiabaten Gesamtprozess
5. Exergieverlust Δe_V

Lösung:

1. **Zustandsänderung im Ventil (h,s-Diagramm)**

Die Zustandsänderung vom Zustand 1 zum Zustand 2 wird in Bild 34.2 veranschaulicht.

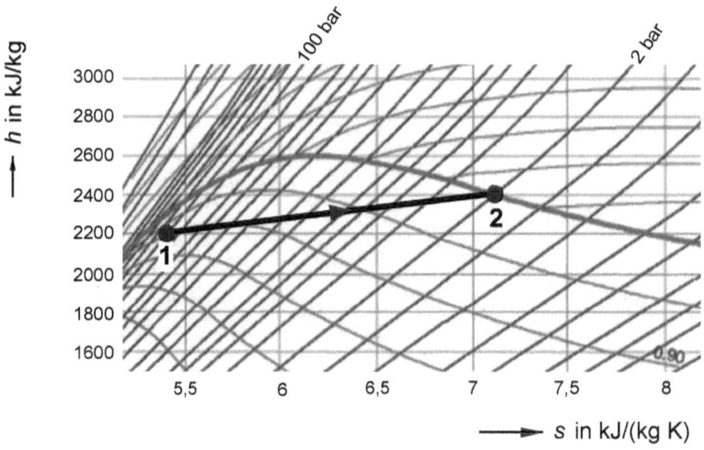

Bild 34.2 Zustandsdiagramm

2. **Zustandsänderung im Gehäuse (T,s-Diagramm)**

Die Zustandsänderung vom Zustand 3 zum Zustand 4 wird in Bild 34.3 veranschaulicht.

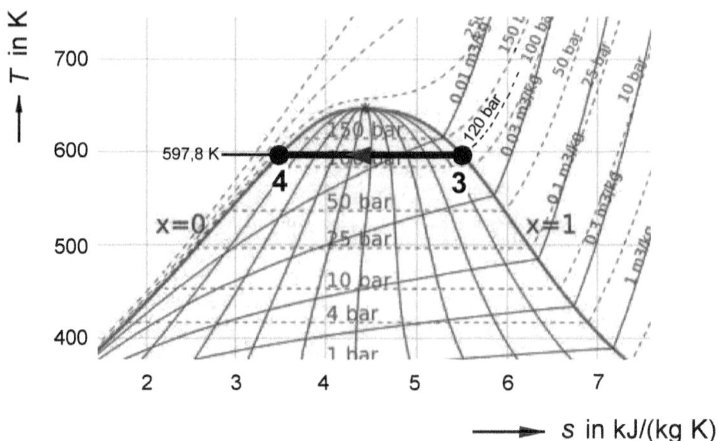

Bild 34.3 Zustandsdiagramm

3. **Spezifische Wärmezufuhr q_{12} an den Nassdampf**

1. Hauptsatz für offenes System, Zustandsänderung von 1 nach 2 (Bild 34.1).

$$\dot{Q}_{12} = \dot{m}_{\mathrm{ND}} \cdot q_{12} = \dot{m}_{\mathrm{ND}} \left(h_2 - h_1\right)$$

$$q_{12} = h_2 - h_1 = h''_{2\,\mathrm{bar}} - h_1$$

$$h_1 = x_1 \left(h''_{100\,\mathrm{bar}} - h'_{100\,\mathrm{bar}}\right) + h'_{100\,\mathrm{bar}} = x_1 \cdot r_{100\,\mathrm{bar}} + h'_{100\,\mathrm{bar}}$$

$$q_{12} = h''_{2\,\mathrm{bar}} - \left(x_1 \cdot r_{100\,\mathrm{bar}} + h'_{100\,\mathrm{bar}}\right)$$

$$h'_{100\,\mathrm{bar}} = h''_{100\,\mathrm{bar}} - r_{100\,\mathrm{bar}}$$

$$q_{12} = h''_{2\,\mathrm{bar}} - \left(x_1 \cdot r_{100\,\mathrm{bar}} + h''_{100\,\mathrm{bar}} - r_{100\,\mathrm{bar}}\right)$$

$$q_{12} = h''_{2\,\mathrm{bar}} - x_1 \cdot r_{100\,\mathrm{bar}} - h''_{100\,\mathrm{bar}} + r_{100\,\mathrm{bar}} = h''_{2\,\mathrm{bar}} - h''_{100\,\mathrm{bar}} + r_{100\,\mathrm{bar}} - x_1 \cdot r_{100\,\mathrm{bar}}$$

$$q_{12} = h''_{2\,\mathrm{bar}} - h''_{100\,\mathrm{bar}} + r_{100\,\mathrm{bar}} \left(1 - x_1\right)$$

Nach *Knoche K. F.*:

$$\boldsymbol{h''_{2\,\mathrm{bar}} = 2706{,}3 \frac{\mathrm{kJ}}{\mathrm{kg}}}$$

$$\boldsymbol{h''_{100\,\mathrm{bar}} = 2727{,}7 \frac{\mathrm{kJ}}{\mathrm{kg}}}$$

$$\boldsymbol{r_{100\,\mathrm{bar}} = 1319{,}7 \frac{\mathrm{kJ}}{\mathrm{kg}}}$$

$$q_{12} = 2706{,}3 \frac{\mathrm{kJ}}{\mathrm{kg}} - 2727{,}7 \frac{\mathrm{kJ}}{\mathrm{kg}} + 1319{,}7 \frac{\mathrm{kJ}}{\mathrm{kg}} \left(1 - 0{,}9\right)$$

$$q_{12} = 110{,}57 \frac{\mathrm{kJ}}{\mathrm{kg}}$$

4. **Entropieerzeugung $\Delta s_{\mathrm{irr,ges}}$ beim adiabaten Gesamtprozess**

Für das Gesamtsystem gilt:

$$\Delta \dot{S}_{\mathrm{ges}} = \left(\dot{S}_2 - \dot{S}_1\right) + \left(\dot{S}_4 - \dot{S}_3\right)$$

$$\Delta \dot{S}_{\mathrm{ges}} = \dot{S}_{\mathrm{Q}12} + \dot{S}_{\mathrm{irr}12} + \dot{S}_{\mathrm{Q}34} + \dot{S}_{\mathrm{irr}34} \qquad \text{adiabat:} \quad \dot{S}_{\mathrm{Q}12} = 0, \quad \dot{S}_{\mathrm{Q}34} = 0$$

$$\Delta \dot{S}_{\mathrm{ges}} = \dot{S}_{\mathrm{irr}12} + \dot{S}_{\mathrm{irr}34}$$

$$\Delta\dot{S}_{ges} = \Delta\dot{S}_{irrges} = \dot{S}_{irr12} + \dot{S}_{irr34}$$

$$\Delta\dot{S}_{ges} = \dot{m}_{ND}\left(s_2 - s_1\right) + \dot{m}_{HD}\left(s_4 - s_3\right)$$

Hinweis: Laut Aufgabenstellung soll die Entropieerzeugung auf je kg Nassdampf bezogen werden. Deshalb gilt:

$$\Delta s_{irrges} = \frac{\Delta\dot{S}_{ges}}{\dot{m}_{ND}} = \frac{\Delta\dot{S}_{irr,ges}}{\dot{m}_{ND}}$$

$$\Delta s_{irrges} = \frac{\dot{m}_{ND}\left(s_2 - s_1\right) + \dot{m}_{HD}\left(s_4 - s_3\right)}{\dot{m}_{ND}} = \left(s_2 - s_1\right) + \frac{\dot{m}_{HD}}{\dot{m}_{ND}}\left(s_4 - s_3\right)$$

$$\dot{Q}_{12} = -\dot{Q}_{34}$$

$$\dot{m}_{ND} \cdot q_{12} = -\dot{m}_{HD} \cdot q_{34} = \dot{m}_{ND}\left(h_2 - h_1\right) = -\dot{m}_{HD}\left(h_4 - h_3\right)$$

$$-\dot{m}_{HD}\left(h_4 - h_3\right) = \dot{m}_{ND}\left(h_2 - h_1\right) \qquad \frac{\dot{m}_{HD}}{\dot{m}_{ND}} = -\frac{h_2 - h_1}{h_4 - h_3}$$

Nach *Knoche K. F.*:

$$\boldsymbol{h_4 = \mathrm{h}'_{120bar} = 1491{,}8\frac{kJ}{kg}}$$

$$\boldsymbol{h_3 = \mathrm{h}''_{120bar} = 2689{,}2\frac{kJ}{kg}}$$

$$\frac{\dot{m}_{HD}}{\dot{m}_{ND}} = \frac{h_2 - h_1}{h_3 - h_4} = \frac{q_{12}}{h''_{120bar} - h'_{120bar}}$$

$$\frac{\dot{m}_{HD}}{\dot{m}_{ND}} = \frac{110{,}57\frac{kJ}{kg}}{2689{,}2\frac{kJ}{kg} - 1491{,}8\frac{kJ}{kg}} = 0{,}092342$$

$$\Delta s_{irrges} = \left(s_2 - s_1\right) + \frac{\dot{m}_{HD}}{\dot{m}_{ND}}\left(s_4 - s_3\right)$$

$$\left(s_4 - s_3\right) = -\left(s_3 - s_4\right) = -\frac{r_{120bar}}{T_{S,120bar}}$$

$$\Delta s_{irrges} = \left(s_2 - s_1\right) + \frac{\dot{m}_{HD}}{\dot{m}_{ND}}\left(-\frac{r_{120bar}}{T_{S,120bar}}\right)$$

$$\Delta s_{\text{irrges}} = (s_2 - s_1) - 0{,}092342 \frac{r_{120\,\text{bar}}}{T_{S,120\,\text{bar}}}$$

$$\Delta s_{\text{irrges}} = \left(s''_{2\,\text{bar}} - s_1\right) - 0{,}092342 \frac{r_{120\,\text{bar}}}{T_{S,120\,\text{bar}}}$$

Nach *Knoche K. F.*:

$$\mathbf{r_{120\,bar} = 1197{,}4 \frac{kJ}{kg}}$$

$$\mathbf{T_{S,120bar} = 597{,}8\,K}$$

$$\Delta s_{\text{irrges}} = \left(s''_{2\,\text{bar}} - s_1\right) - 0{,}092342 \frac{1197{,}4 \frac{\text{kJ}}{\text{kg}}}{597{,}8\,\text{K}} = \left(s''_{2\,\text{bar}} - s_1\right) - 0{,}185 \frac{\text{kJ}}{\text{kg} \cdot \text{K}}$$

Nach *Knoche K. F.*:

$$\mathbf{s'_{100\,bar} = 3{,}3605 \frac{kJ}{kg \cdot K}}$$

$$\mathbf{r_{100\,bar} = 1319{,}7 \frac{kJ}{kg \cdot K}}$$

$$\mathbf{s''_{2\,bar} = 7{,}1268 \frac{kJ}{kg \cdot K}}$$

$$\mathbf{T_{S,100\,bar} = 584{,}11\,K}$$

$$s_1 = x_1 \left(s''_{100\,\text{bar}} - s'_{100\,\text{bar}}\right) + s'_{100\,\text{bar}} = x_1 \frac{r_{100\,\text{bar}}}{T_{S,100\,\text{bar}}} + s'_{100\,\text{bar}}$$

$$s_1 = 0{,}9 \frac{1319{,}7 \frac{\text{kJ}}{\text{kg} \cdot \text{K}}}{584{,}11\,\text{K}} + 3{,}3605 \frac{\text{kJ}}{\text{kg} \cdot \text{K}} = 5{,}394 \frac{\text{kJ}}{\text{kg} \cdot \text{K}}$$

$$\Delta s_{\text{irrges}} = \left(s''_{2\,\text{bar}} - s_1\right) - 0{,}185 \frac{\text{kJ}}{\text{kg} \cdot \text{K}} = \left(7{,}1268 \frac{\text{kJ}}{\text{kg} \cdot \text{K}} - 5{,}394 \frac{\text{kJ}}{\text{kg} \cdot \text{K}}\right) - 0{,}185 \frac{\text{kJ}}{\text{kg} \cdot \text{K}}$$

$$\Delta s_{\text{irrges}} = 1{,}5478 \frac{\text{kJ}}{\text{kg} \cdot \text{K}}$$

5. **Exergieverlust Δe_V**

$$\Delta e_V = T_u \cdot \Delta s_{irrges} = 290\ K \cdot 1{,}5478 \frac{kJ}{kg \cdot K}$$

$$\Delta e_V = 448{,}86 \frac{kJ}{kg}$$

Aufgabe 35

Reversibler rechtsläufiger CARNOT-Prozess, Isentrope und Isotherme

Vorstellung:

Ein reversibler rechtsläufiger CARNOT-Prozess soll mit Wasserdampf betrieben werden.

Zustandsänderungen:

$1 \rightarrow 2$, Isentrope (Verdichter)

Zustand 1: $p_1 = 0{,}1$ bar, $x_1 = 0{,}6$, Zustand 2 $p_2 = 50$ bar

$2 \rightarrow 2'$, Isotherme (Wärmetauscher)

Zustand 2 und Zustand $2'$ (gesättigter Dampf): $p_2 = 50$ bar

$2' \rightarrow 3$, Isotherme (Turbine)

Zustand: $2'$ $p_2 = 50$ bar, Zustand 3: $p_1 = 1$ bar

$3 \rightarrow 4$, Isentrope (Turbine)

Zustand 3 : $p_3 = 1$ bar, Zustand 4 (gesättigter Dampf): $p_4 = 0{,}1$ bar

$4 \rightarrow 1$, Isotherme (Wärmetauscher)

Zustand 4: $p_4 = 0{,}1$ bar, Zustand 1: $p_1 = 0{,}1$ bar, $x_1 = 0{,}6$

Gesucht:

1. Zustandsänderungen im T,s-Diagramm
2. Zustandsänderungen im h,s-Diagramm
3. Temperatur T_2, Dampfgehalt x_2 und Enthalpie h_2 nach der Verdichtung
4. Spezifische Arbeit des Verdichters $w_{t,12}$
5. Spezifische Arbeit der isothermen Turbine $w_{t,2'3}$
6. Spezifische Wärmezufuhr im Wärmetauscher hinter dem Verdichter $q_{22'}$
7. Spezifische Arbeit der isentropen Turbine $w_{t,34}$

Lösung:

1. **Zustandsänderungen im *T,s*-Diagramm** (Bild 35.1)

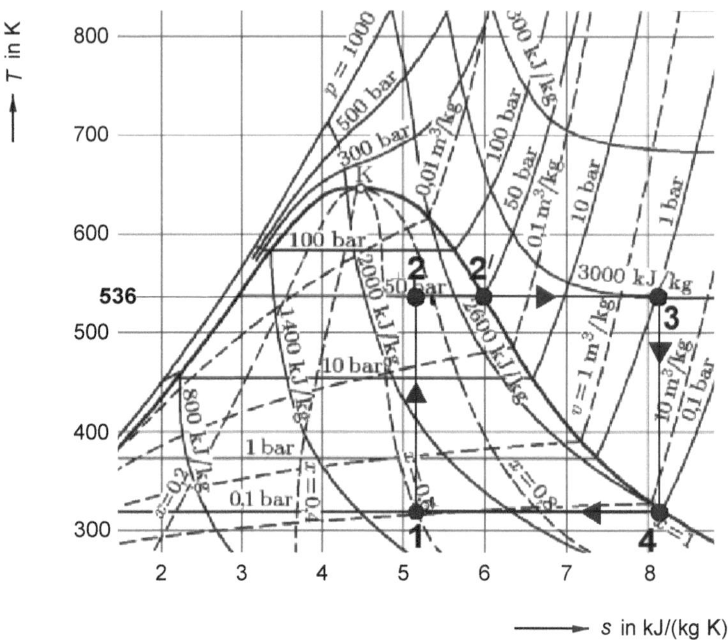

Bild 35.1 Zustandsänderungen

2. **Zustandsänderungen im *h,s*-Diagramm** (Bild 35.2)

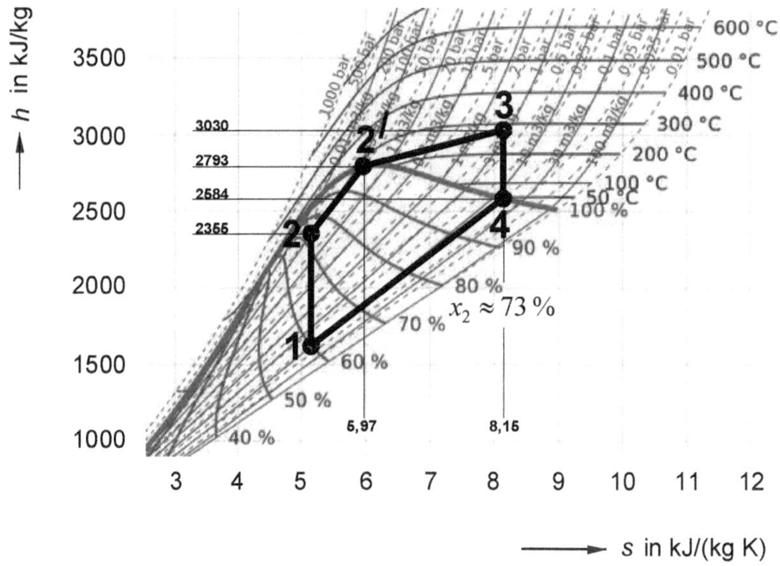

Bild 35.2 Zustandsänderungen

3. Temperatur T_2, Dampfgehalt x_2 und Enthalpie h_2 nach der Verdichtung

$T_2 = 536\,\mathrm{K}$ (Bild 35.1)

$x_2 \approx 73\%\,\mathrm{K}$ (Bild 35.2)

$h_2 = 2355\,\frac{\mathrm{kJ}}{\mathrm{kg\cdot K}}$ (Bild 35.2)

4. Spezifische Arbeit des Verdichters $w_{t,12}$

Enthalpien bei p = 0,1 bar nach *Knoche, K. F.:*

$$h''_{0{,}1\,\mathrm{bar}} = 2584{,}8\,\frac{\mathrm{kJ}}{\mathrm{kg}}$$

$$h'_{0{,}1\,\mathrm{bar}} = 191{,}83\,\frac{\mathrm{kJ}}{\mathrm{kg}}$$

$$w_{t,12} = h_2 - h_1$$

Enthalpie im Zustand 1

$$h_1 = h'_{0{,}1\,\mathrm{bar}} + x_1\left(h''_{0{,}1\,\mathrm{bar}} - h'_{0{,}1\,\mathrm{bar}}\right)$$

$$h_1 = 191{,}83\,\frac{\mathrm{kJ}}{\mathrm{kg}} + 0{,}6\left(2584{,}8\,\frac{\mathrm{kJ}}{\mathrm{kg}} - 191{,}83\,\frac{\mathrm{kJ}}{\mathrm{kg}}\right)$$

$$h_1 = 1627{,}6\,\frac{\mathrm{kJ}}{\mathrm{kg}}$$

$$w_{t,12} = h_2 - h_1 = 2355\,\frac{\mathrm{kJ}}{\mathrm{kg}} - 1627{,}6\,\frac{\mathrm{kJ}}{\mathrm{kg}}$$

$$w_{t,12} = 727{,}4\,\frac{\mathrm{kJ}}{\mathrm{kg}}$$

5. Spezifische Arbeit der isothermen Turbine $w_{t,2'3}$

$$q_{2'3} + w_{t,2'3} = h_3 - h_{2'}$$

$$w_{t,2'3} = h_3 - h_{2'} - q_{2'3} = h_3 - h_{2'} - \int_{2'}^{3} T\,\mathrm{d}s$$

$$w_{t,2'3} = \left(h_3 - h_{2'}\right) - q_{2'3} = h_3 - h_{2'} - T_2\left(s_3 - s_{2'}\right)$$

Aus Bild 35.2:

$$h_{2'} = 2793\frac{\text{kJ}}{\text{kg}}$$

$$h_3 = 3030\frac{\text{kJ}}{\text{kg}}$$

$$s_{2'} = 5{,}97\frac{\text{kJ}}{\text{kg}\cdot\text{K}}$$

$$s_3 = 8{,}15\frac{\text{kJ}}{\text{kg}\cdot\text{K}}$$

$$w_{t,2'3} = \left(3030\frac{\text{kJ}}{\text{kg}} - 2793\frac{\text{kJ}}{\text{kg}}\right) - 536\,\text{K}\left(8{,}15\frac{\text{kJ}}{\text{kg}\cdot\text{K}} - 5{,}97\frac{\text{kJ}}{\text{kg}\cdot\text{K}}\right)$$

$$w_{t,2'3} = 237\frac{\text{kJ}}{\text{kg}} - 1168{,}48\frac{\text{kJ}}{\text{kg}} = -931{,}48\frac{\text{kJ}}{\text{kg}}$$

6. **Spezifische Wärmezufuhr im Wärmetauscher hinter dem Verdichter** $q_{22'}$

$$q_{22'} = h_2' - h_2$$

Aus Bild 35.2:

$$h_2 = 2355\frac{\text{kJ}}{\text{kg}}$$

$$q_{22'} = 2793\frac{\text{kJ}}{\text{kg}} - 2355\frac{\text{kJ}}{\text{kg}}$$

$$q_{22'} = 438\frac{\text{kJ}}{\text{kg}}$$

7. **Spezifische Arbeit der isentropen Turbine** $w_{t,34}$

$$w_{t,34} = h_4 - h_3$$

Aus Bild 35.2:

$$h_4 = 2584\frac{\text{kJ}}{\text{kg}}$$

$$w_{t,34} = 2584\frac{\text{kJ}}{\text{kg}} - 3030\frac{\text{kJ}}{\text{kg}}$$

$$w_{t,34} = -446\frac{\text{kJ}}{\text{kg}}$$

Aufgabe 36

Behälter mit Wasser und Eis, Volumenänderungsarbeit, Exergieverlust

Vorstellung:

Ein gewichtsloser Kolben verschließt einen Behälter (Bild 36.1). Darin befindet sich eine Masse m_{E1} = 1 kg Eis mit der Temperatur t_{E1} = 0 °C und eine Masse m_{W1} = 1 kg Wasser mit der Temperatur t_{W1} = 20 °C (Zustand 1). Das gesamte System soll keine Wärme mit der Umgebung austauschen. Die Schmelzwärme des Eises bei 0 °C beträgt $r_{S,0\,°C}$ = 333 kJ/kg. Die spezifischen Volumina betragen: v_E = 1,091 dm³/kg und v_W = 1,0002 dm³/kg. Umgebungsdruck p_u = 1 bar, Umgebungstemperatur T_u = 280 K. Der Kolben soll frei beweglich sein.

Gesucht:

1. Masse des geschmolzenen Eises m_{E1}–m_{E2} im Gleichgewichtzustand
2. Temperatur t_M und Druck p_u (Zustand 2)
3. Volumenänderungsarbeit $W_{V,E \rightarrow W12}$
4. Exergieverlust des Mischungsprozesses E_V

Lösung:

1. **Masse des geschmolzenen Eises m_{E1}–m_{E2} im Gleichgewichtzustand**

Hinweis: Im Zustand 2 bleibt noch Eis übrig. Es stellt sich als Temperatur im Gleichgewichtszustand die Temperatur des Eises ein, also t_M = 0 °C.

1. Hauptsatz für geschlossenes System

$$U_2 - U_1 = Q_{12} + W_{V,12} + J_{12} \qquad Q_{12} = 0 \qquad J_{12} = 0$$

$$W_{V,12} = W_{V,K12} + W_{V,W12} + W_{V,E \rightarrow W12}$$

K = Kolben, W = Wasser, E→W = Eis→Wasser

$$W_{V,K12} = -\int_1^2 p \, dV_K = 0$$

$$W_{V,W12} = -\int_1^2 p\,dV_W = 0$$

$$U_2 - U_1 = W_{V,E\to W12} = -(m_{E1} - m_{E2})\int_1^2 p\,dv_{E\to W,12} = \Delta m_E \cdot p_u (v_{W2} - v_{E1})$$

mit $m_{E1} - m_{E2} = -\Delta m_E$ bzw. $m_{E2} - m_{E1} = \Delta m_E$.

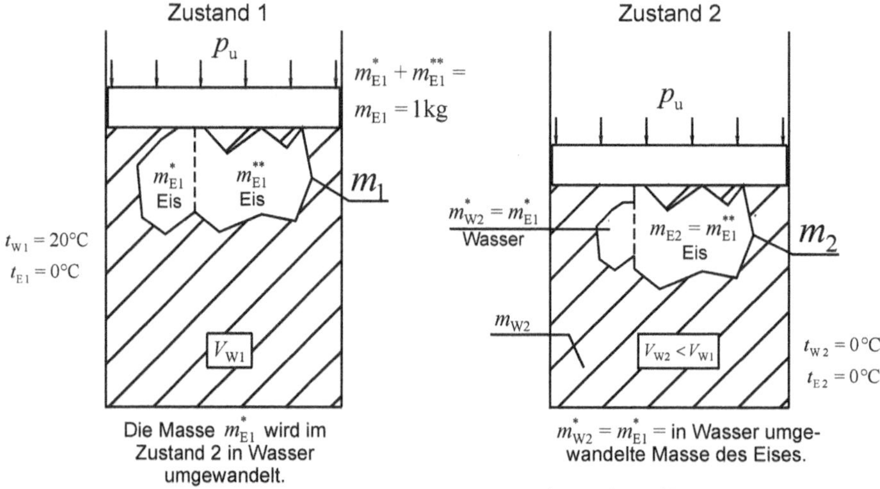

Bild 36.1 Behälter mit Kolben

Hinweis: Im Zustand 1 beträgt die Masse des Eises $m_{E1} = \overset{*}{m}_{E1} + \overset{**}{m}_{E1} = 1\,\text{kg}$ (Bild 36.1). Die Masse $\overset{*}{m}_{E1}$ wird im Zustand 2 in Wasser umgewandelt: $\overset{*}{m}_{E1} = \overset{*}{m}_{W2}$. Im Zustand 2 verbleibt die Eismasse $m_{E2} = \overset{**}{m}_{E1}$. Da die Masse des Eises im Zustand 1 größer ist als die Masse des Eises im Zustand 2 gilt $m_{E1} - m_{E2} > 0$.

$$U_2 - U_1 = (U_{W2} + U_{E2}) - (U_{W1} + U_{E1})$$

$$U_1 = U_{W1} + U_{E1}$$

$$U_1 = m_{W1} \cdot u_{W1} + m_{E1} \cdot u_{E1}$$

$$U_2 = U_{W2} + U_{E2}$$

$$U_2 = m_{W2} \cdot u_{W2} + \overset{*}{m}_{W2} \cdot u_{W2} + m_{E2} \cdot u_{E2}$$

$$U_2 - U_1 = m_{W2} \cdot u_{W2} + \overset{*}{m}_{W2} \cdot u_{W2} + m_{E2} \cdot u_{E2} - m_{W1} \cdot u_{W1} - m_{E1} \cdot u_{E1}$$

$$U_2 - U_1 = m_{W2} \cdot u_{W2} + m^*_{W2} \cdot u_{W2} + m_{E2} \cdot u_{E2} - m_{E1} \cdot u_{E1} - m_{W1} \cdot u_{W1}$$

$$u_{E1} = u_{E2} = u_E$$

$$U_2 - U_1 = m_{W2} \cdot u_{W2} + m^*_{W2} \cdot u_{W2} + u_E \left(m_{E2} - m_{E1}\right) - m_{W1} \cdot u_{W1}$$

$$m_{W1} = m_{W2} = m_W$$

$$U_2 - U_1 = m_W \cdot u_{W2} - m_W \cdot u_{W1} + m^*_{W2} \cdot u_{W2} + u_E \left(m_{E2} - m_{E1}\right)$$

$$U_2 - U_1 = m_W \left(u_{W2} - u_{W1}\right) + m^*_{W2} \cdot u_{W2} + u_E \left(m_{E2} - m_{E1}\right)$$

$$U_2 - U_1 = m_W \cdot c_W \left(t_{W2} - t_{W1}\right) + m^*_{W2} \cdot u_{W2} + u_E \left(m_{E2} - m_{E1}\right)$$

$$U_2 - U_1 = m_W \cdot c_W \left(t_{W2} - t_{W1}\right) + m^*_{W2} \cdot u_{W2} - u_E \left(m_{E1} - m_{E2}\right)$$

$$m^*_{W2} = m_{E1} - m_{E2}$$

$$U_2 - U_1 = m_W \cdot c_W \left(t_{W2} - t_{W1}\right) + u_{W2} \left(m_{E1} - m_{E2}\right) - u_E \left(m_{E1} - m_{E2}\right)$$

$$U_2 - U_1 = m_W \cdot c_W \left(t_{W2} - t_{W1}\right) + \left(m_{E1} - m_{E2}\right)\left(u_{W2} - u_E\right)$$

$$U_2 - U_1 = m_W \cdot c_W \left(t_{W2} - t_{W1}\right) - \left(m_{E2} - m_{E1}\right)\left(u_{W2} - u_E\right)$$

$$m_{E2} - m_{E1} = \Delta m_E$$

$$U_2 - U_1 = m_W \cdot c_W \left(t_{W2} - t_{W1}\right) - \Delta m_E \left(u_{W2} - u_E\right)$$

1. Hauptsatz (s. o.): $U_2 - U_1 = W_{V,E\to W,12} = \Delta m_E \cdot p_u \left(v_{W2} - v_E\right)$

$$m_W \cdot c_W \left(t_{W2} - t_{W1}\right) - \Delta m_E \left(u_{W2} - u_E\right) = \Delta m_E \cdot p_u \left(v_{W2} - v_E\right)$$

$$m_W \cdot c_W \left(t_{W2} - t_{W1}\right) + \Delta m_E \left(u_E - u_{W2}\right) = \Delta m_E \cdot p_u \left(v_{W2} - v_E\right)$$

$$m_W \cdot c_W \left(t_{W2} - t_{W1}\right) - \Delta m_E \cdot p_u \left(v_{W2} - v_E\right) - \Delta m_E \left(u_E - u_{W2}\right)$$

$$m_W \cdot c_W \left(t_{W2} - t_{W1}\right) = \Delta m_E \cdot p_u \cdot v_{W2} - \Delta m_E \cdot p_u \cdot v_E - \Delta m_E \cdot u_E + \Delta m_E \cdot u_{W2}$$

$$m_W \cdot c_W \left(t_{W2} - t_{W1}\right) = \Delta m_E \cdot p_u \cdot v_{W2} + \Delta m_E \cdot u_{W2} - \Delta m_E \cdot p_u \cdot v_E - \Delta m_E \cdot u_E$$

$$m_W \cdot c_W \left(t_{W2} - t_{W1}\right) = \Delta m_E \cdot p_u \cdot v_{W2} + \Delta m_E \cdot u_{W2} - \Delta m_E \cdot p_u \cdot v_E - \Delta m_E \cdot u_E$$

$$m_W \cdot c_W \left(t_{W2} - t_{W1}\right) = \Delta m_E \left(p_u \cdot v_{W2} + u_{W2}\right) - \Delta m_E \left(p_u \cdot v_E + u_E\right)$$

$$m_W \cdot c_W \left(t_{W2} - t_{W1}\right) = \Delta m_E \cdot h_{W2} - \Delta m_E \cdot h_E$$

$$m_W \cdot c_W \left(t_{W2} - t_{W1}\right) = \Delta m_E \left(h_{W2} - h_E\right) = \Delta m_E \cdot r_{S,0°C}$$

$$\mathbf{c_W = 4{,}187 \frac{kJ}{kg \cdot K}}$$

$$\Delta m_E = \frac{m_{W1} \cdot c_W \left(t_{W2} - t_{W1}\right)}{r_{S,0°C}}$$

$$\Delta m_E = \frac{1\,\text{kg} \cdot 4{,}187 \frac{\text{kJ}}{\text{kg} \cdot \text{K}} \left(0\,°\text{C} - 20\,°\text{C}\right)}{333 \frac{\text{kJ}}{\text{kg}}}$$

$$\Delta m_E = -0{,}2515\,\text{kg}$$

$$\Delta m_E = m_{E2} - m_{E1}$$

$$m_{E2} = m_{E1} + \Delta m_E = 1\,\text{kg} + \left(-0{,}2515\,\text{kg}\right)$$

$$m_{E2} = 0{,}7485\,\text{kg}$$

$$m_{E1} - m_{E2} = 1\,\text{kg} - 0{,}7485\,\text{kg} = 0{,}2515\,\text{kg}$$

2. **Temperatur t_M und Druck p_u (Zustand 2)**

$t_M = 0\,°\text{C}$ $\qquad$ $p_u = p_M = 1\,\text{bar}$

3. **Volumenänderungsarbeit $W_{V,E \to W12}$**

$$W_{V,E \to W12} = \Delta m_E \cdot p_u \left(v_{W2} - v_{E1}\right)$$

$$W_{V,E \to W12} = -0{,}2515\,\text{kg} \cdot 1 \cdot 10^5 \frac{\text{N}}{\text{m}^2} \left(1{,}0002 - 1{,}091\right) \frac{10^{-3}\,\text{m}^3}{\text{kg}}$$

$$W_{V,E \to W12} = 2{,}284\,\text{Nm}$$

4. **Exergieverlust des Mischungsprozesses E_V**

$$E_V = T_u \cdot \Delta S_{irr}$$

$\Delta S = \Delta S_Q + \Delta S_{irr}$ $\qquad$ $\Delta S_Q = 0$

$$\Delta S = \Delta S_{irr}$$

$$\Delta S = \Delta S_E + \Delta S_W$$

$$\Delta S = |\Delta m_E|(s_{E2} - s_{E1}) + m_W(s_{W2} - s_{W1})$$

$$\Delta S = |\Delta m_E|[s_W(0°C) - s_E(0°C)] + m_W(s_{W2} - s_{W1})$$

$$\Delta S = |\Delta m_E|\frac{r_{S(0°C)}}{T_M} + m_W\int_1^2 c_W \frac{dT}{T}$$

$$\Delta S = |\Delta m_E|\frac{r_{S(0°C)}}{T_M} + m_W \cdot c_W \cdot \ln\frac{T_M}{T_{W1}}$$

$$\Delta S = 0{,}2515\,\text{kg}\frac{333\,\frac{\text{kJ}}{\text{kg}}}{273{,}15\text{ kg}} + 1\,\text{kg} \cdot 4{,}187\frac{\text{kJ}}{\text{kg} \cdot \text{K}}\ln\frac{273{,}15\,\text{K}}{293{,}15\,\text{K}}$$

$$\Delta S = 0{,}3066\frac{\text{kJ}}{\text{K}} - 0{,}295867\frac{\text{kJ}}{\text{K}}$$

$$\Delta S = \Delta S_{irr} = 0{,}010733\frac{\text{kJ}}{\text{K}}$$

$$E_V = 280\,\text{K} \cdot 0{,}010733\frac{\text{kJ}}{\text{K}}$$

$$E_V = 3\text{ kJ}$$

Aufgabe 37

Adiabate Mischkammer, Partialdrücke, Entropieproduktion

Vorstellung:

Ein Stickstoffstrom von $\dot{n}_{N_2 1} = 5\,\text{kmol/s}$ mit einer Temperatur von 1200 K wird in einer adiabaten Mischkammer isobar mit Luft der Temperatur 300 K gemischt (Bild 37.1). Das Gemisch tritt mit einer Temperatur von 500 K aus der Mischkammer aus. Der statische Druck der Stoffströme beträgt 2 bar.

Die einzelnen Gase können als ideale Gase mit *temperaturabhängigen* Wärmekapazitäten behandelt werden. Änderungen äußerer Energien sind zu vernachlässigen.

Gesucht:

1. Massenstrom $\dot{m}_{\text{Luft}}$ der *zuzumischenden* Luft
2. Partialdruck der Komponenten $p_{N_2\text{Luft1}}$ und $p_{O_2\text{Luft1}}$
3. Partialdruck der Komponenten $p_{N_2 2}$, $p_{N_2\text{Luft2}}$ und $p_{O_2\text{Luft2}}$
4. Sekündliche Entropieproduktion des Mischungsprozesses $\dot{S}_{\text{irr}}$

Lösung:

1. **Massenstrom $\dot{m}_{\text{Luft}}$ der *zuzumischenden* Luft**

1. Hauptsatz für stationären Fließprozess (Bild 37.1)

$$\dot{Q}_{12} + P_{12} - \dot{H}_2 + \dot{H}_1 = 0 \qquad \dot{Q}_{12} = 0 \qquad P_{12} = 0$$

$$0 = \dot{H}_2 - \dot{H}_1$$

$$\dot{H}_1 = \dot{m}_{N_2,1} \cdot h_{N_2,1200\text{K},1} + \dot{m}_{\text{Luft},1} \cdot h_{\text{Luft},300\text{K},1}$$

$$\dot{H}_2 = \dot{m}_{N_2,2} \cdot h_{N_2,500\text{K},2} + \dot{m}_{\text{Luft},2} \cdot h_{\text{Luft},500\text{K},2}$$

$$0 = \left(\dot{m}_{N_2,2} \cdot h_{N_2,500\text{K},2} + \dot{m}_{\text{Luft},2} \cdot h_{\text{Luft},500\text{K},2}\right) - \left(\dot{m}_{N_2,1} \cdot h_{N_2,1200\text{K},1} + \dot{m}_{\text{Luft},1} \cdot h_{\text{Luft},300\text{K},1}\right)$$

$$0 = \dot{m}_{N_2,2} \cdot h_{N_2,500\text{K},2} + \dot{m}_{\text{Luft},2} \cdot h_{\text{Luft},500\text{K},2} - \dot{m}_{N_2,1} \cdot h_{N_2,1200\text{K},1} - \dot{m}_{\text{Luft},1} \cdot h_{\text{Luft},300\text{K},1}$$

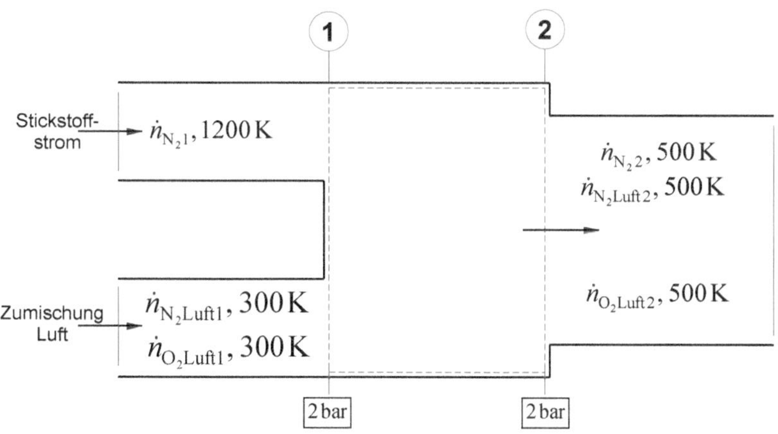

Bild 37.1 Adiabate Mischkammer mit Bilanzraum

$$0 = \dot{m}_{N_2,2} \cdot h_{N_2,500K,2} - \dot{m}_{N_2,1} \cdot h_{N_2,1200K,1} + \dot{m}_{Luft,2} \cdot h_{Luft,500K,2} - \dot{m}_{Luft,1} \cdot h_{Luft,300K,1}$$

$$\dot{m}_{Luft,2} = \dot{m}_{Luft,1} = \dot{m}_{Luft} \qquad \dot{m}_{N_2,2} = \dot{m}_{N_2,1} = \dot{m}_{N_2}$$

$$0 = \dot{m}_{N_2} \cdot h_{N_2,500K,2} - \dot{m}_{N_2} \cdot h_{N_2,1200K,1} + \dot{m}_{Luft} \cdot h_{Luft,500K,2} - \dot{m}_{Luft} \cdot h_{Luft,300K,1}$$

$$0 = \dot{m}_{N_2} \cdot h_{N_2,500K,2} - \dot{m}_{N_2} \cdot h_{N_2,1200K,1} + \dot{m}_{Luft} \cdot h_{Luft,500K,2} - \dot{m}_{Luft} \cdot h_{Luft,300K,1}$$

$$0 = \dot{m}_{N_2}\left(h_{N_2,500K,2} - h_{N_2,1200K,1}\right) + \dot{m}_{Luft}\left(h_{Luft,500K,2} - h_{Luft,300K,1}\right)$$

$$\dot{m}_{Luft} = M_{Luft} \cdot \dot{n}_{Luft} \qquad \dot{m}_{N_2} = M_{N_2} \cdot \dot{n}_{N_2}$$

$$0 = M_{Luft} \cdot \dot{n}_{Luft}\left[\bar{c}_{p,Luft}\Big|_{T_{Luft1}}^{T_{Luft2}}\left(T_{Luft2} - T_{Luft1}\right)\right] + M_{N_2} \cdot \dot{n}_{N_2}\left[\bar{c}_{p,N_2}\Big|_{T_{N_2 1}}^{T_{N_2 2}}\left(T_{N_2 2} - T_{N_2 1}\right)\right]$$

$$0 = \dot{n}_{Luft}\left[M_{Luft} \cdot \bar{c}_{p,Luft}\Big|_{T_{Luft1}}^{T_{Luft2}}\left(T_{Luft2} - T_{Luft1}\right)\right] + \dot{n}_{N_2}\left[M_{N_2} \cdot \bar{c}_{p,N_2}\Big|_{T_{N_2 1}}^{T_{N_2 2}}\left(T_{N_2 2} - T_{N_2 1}\right)\right]$$

$$M_{Luft} \cdot \bar{c}_{p,Luft}\Big|_{T_{Luft1}}^{T_{Luft2}} = \xi_{pLuft}\Big|_{T_{Luft1}}^{T_{Luft2}} \qquad M_{N_2} \cdot \bar{c}_{p,N_2}\Big|_{T_{N_2 1}}^{T_{N_2 2}} = \xi_{pN_2}\Big|_{T_{N_2 1}}^{T_{N_2 2}}$$

$$0 = \dot{n}_{Luft}\left[\xi_{p,Luft}\Big|_{T_{Luft1}}^{T_{Luft2}}\left(T_{Luft2} - T_{Luft1}\right)\right] + \dot{n}_{N_2}\left[\xi_{p,N_2}\Big|_{T_{N_2 1}}^{T_{N_2 2}}\left(T_{N_2 2} - T_{N_2 1}\right)\right]$$

$$\xi_{p,Luft}\Big|_{T_{Luft1}}^{T_{Luft2}} = \xi_{v,Luft}\Big|_{T_{Luft1}}^{T_{Luft2}} + R_m \qquad \xi_{p,N_2}\Big|_{T_{N_2 1}}^{T_{N_2 2}} = \xi_{v,N_2}\Big|_{T_{N_2 1}}^{T_{N_2 2}} + R_m$$

$$0 = \dot{n}_{Luft}\left[\left(\xi_{v,Luft}\Big|_{T_{Luft1}}^{T_{Luft2}} + R_m\right)\left(T_{Luft2} - T_{Luft1}\right)\right] + \dot{n}_{N_2}\left[\left(\xi_{v,N_2}\Big|_{T_{N_2 1}}^{T_{N_2 2}} + R_m\right)\left(T_{N_2 2} - T_{N_2 1}\right)\right]$$

$$\xi_{v,Luft}\Big|_{T_{Luft1}}^{T_{Luft2}}\left(T_{Luft2} - T_{Luft1}\right) = \xi_{v,Luft}\Big|_{0}^{T_{Luft2}} T_{Luft2} - \xi_{p,Luft}\Big|_{0}^{T_{Luft1}} T_{Luft1}$$

$$\xi_{v,Luft}\Big|_{T_{Luft1}}^{T_{Luft2}} = \frac{\xi_{v,Luft}\Big|_{0}^{T_{Luft2}} \cdot T_{Luft2} - \xi_{v,Luft}\Big|_{0}^{T_{Luft1}} \cdot T_{Luft1}}{T_{Luft2} - T_{Luft1}}$$

Analog:

$$\xi_{v,N_2}\Big|_{T_{N_2 1}}^{T_{N_2 2}} = \frac{\xi_{v,N_2}\Big|_{0}^{T_{N_2 2}} \cdot T_{N_2 2} - \xi_{v,N_2}\Big|_{0}^{T_{N_2 1}} \cdot T_{N_2 1}}{T_{N_2 2} - T_{N_2 1}}$$

$$0 = \dot{n}_{Luft}\left[\left(\frac{\xi_{v,Luft}\Big|_{0}^{T_{Luft2}} \cdot T_{Luft2} - \xi_{v,Luft}\Big|_{0}^{T_{Luft1}} \cdot T_{Luft1}}{T_{Luft2} - T_{Luft1}} + R_m\right)\left(T_{Luft2} - T_{Luft1}\right)\right] +$$
$$\dot{n}_{N_2}\left[\left(\frac{\xi_{v,N_2}\Big|_{0}^{T_{N_2 2}} \cdot T_{N_2 2} - \xi_{v,N_2}\Big|_{0}^{T_{N_2 1}} \cdot T_{N_2 1}}{T_{N_2 2} - T_{N_2 1}} + R_m\right)\left(T_{N_2 2} - T_{N_2 1}\right)\right]$$

$$0 = \dot{n}_{Luft}\left[\xi_{v,Luft}\Big|_{0}^{T_{Luft2}} \cdot T_{Luft2} - \xi_{v,Luft}\Big|_{0}^{T_{Luft1}} \cdot T_{Luft1} + R_m\left(T_{Luft2} - T_{Luft1}\right)\right] +$$
$$\dot{n}_{N_2}\left[\xi_{v,N_2}\Big|_{0}^{T_{N_2 2}} \cdot T_{N_2 2} - \xi_{v,N_2}\Big|_{0}^{T_{N_2 1}} \cdot T_{N_2 1} + R_m\left(T_{N_2 2} - T_{N_2 1}\right)\right]$$

$$\dot{n}_{Luft} = -\dot{n}_{N_2}\frac{\xi_{v,N_2}\Big|_{0}^{T_{N_2 2}} \cdot T_{N_2 2} - \xi_{v,N_2}\Big|_{0}^{T_{N_2 1}} \cdot T_{N_2 1} + R_m\left(T_{N_2 2} - T_{N_2 1}\right)}{\xi_{v,Luft}\Big|_{0}^{T_{Luft2}} \cdot T_{Luft2} - \xi_{v,Luft}\Big|_{0}^{T_{Luft1}} \cdot T_{Luft1} + R_m\left(T_{Luft2} - T_{Luft1}\right)}$$

$$\boldsymbol{\xi_{v,N_2}\Big|_{0}^{T_{N_2 1}=1200\,K} = 22{,}352\,\frac{kJ}{kmol \cdot K}}$$

$$\boldsymbol{\xi_{v,Luft}\Big|_{0}^{T_{Luft1}=300\,K} = 20{,}765\,\frac{kJ}{kmol \cdot K}}$$

$$\boldsymbol{\xi_{v,Luft}\Big|_{0}^{T_{Luft2}=500\,K} = 20{,}924\,\frac{kJ}{kmol \cdot K}}$$

$$\boldsymbol{\xi_{v,N_2}\Big|_{0}^{T_{N_2 2}=500\,K} = 20{,}857\,\frac{kJ}{kmol \cdot K}}$$

$$\boldsymbol{R_m = 8{,}314 \frac{kJ}{kmol \cdot K}}$$

$$\dot{n}_{Luft} = -\dot{n}_{N_2} \frac{\xi_{v,N_2}\Big|_0^{T_{N_2 2}} \cdot T_{N_2 2} + R_m \cdot T_{N_2 2} - \xi_{v,N_2}\Big|_0^{T_{N_2 1}} \cdot T_{N_2 1} - R_m \cdot T_{N_2 1}}{\xi_{v,Luft}\Big|_0^{T_{Luft2}} \cdot T_{Luft2} + R_m \cdot T_{Luft2} - \xi_{v,Luft}\Big|_0^{T_{Luft1}} \cdot T_{Luft1} - R_m \cdot T_{Luft1}}$$

$$\dot{n}_{Luft} = -\dot{n}_{N_2} \frac{T_{N_2 2}\left(\xi_{v,N_2}\Big|_0^{T_{N_2 2}} + R_m\right) - T_{N_2 1}\left(\xi_{v,N_2}\Big|_0^{T_{N_2 1}} + R_m\right)}{T_{Luft2}\left(\xi_{v,Luft}\Big|_0^{T_{Luft2}} + R_m\right) - T_{Luft1}\left(\xi_{v,Luft}\Big|_0^{T_{Luft1}} + R_m\right)}$$

Zahlenrechnung ohne Einheiten:

$$\dot{n}_{Luft} = -\dot{n}_{N_2} \frac{500(20{,}857 + 8{,}314) - 1200(22{,}352 + 8{,}314)}{500(20{,}924 + 8{,}314) - 300(20{,}765 + 8{,}314)}$$

$$\dot{n}_{Luft} = -\dot{n}_{N_2} \frac{14585{,}5 - 36799{,}2}{14619 - 8723{,}7} = -\dot{n}_{N_2} \frac{-22213{,}7}{5895{,}3} = 5 \cdot 3{,}768$$

$$\dot{n}_{Luft} = 18{,}84 \frac{kmol}{s}$$

$$\boldsymbol{M_{Luft} = 28{,}966 \frac{kg}{kmol}}$$

$$\dot{m}_{Luft} = \dot{n}_{Luft} \cdot M_{Luft} = 18{,}84 \cdot 28{,}966$$

$$\dot{m}_{Luft} = 545{,}72 \frac{kg}{s}$$

2. **Partialdruck der Komponenten p_{N_2Luft1} und p_{O_2Luft1}** (Bild 37.2)

$$p_1 = p_2 = p = 2\,bar$$

$$\boldsymbol{\psi_{N_2Luft1} = 0{,}79 \frac{kmol_{N_2Luft1}}{kmol_{Luft1}}}$$

$$\boldsymbol{\psi_{O_2Luft1} = 0{,}21 \frac{kmol_{O_2Luft1}}{kmol_{Luft1}}}$$

$$p_{N_2Luft1} = p \cdot \psi_{N_2Luft1} = 2\,bar \cdot 0{,}79 = 1{,}58\,bar$$

$$p_{O_2Luft1} == p \cdot \psi_{O_2Luft1} = 2\,bar \cdot 0{,}21 = 0{,}42\,bar$$

3. **Partialdruck der Komponenten $p_{N_2 2}$, $p_{N_2 Luft2}$ und $p_{O_2 Luft2}$** (Bild 37.2)

$$\dot{n}_{N_2} = 5\,\frac{kmol}{s}$$

$$\dot{n}_{N_2 Luft2} = 0{,}79\,bar \cdot \dot{n}_{Luft} = 0{,}79\,bar \cdot 18{,}84\,\frac{kmol}{s} = 14{,}884\,\frac{kmol}{s}$$

$$\dot{n}_{O_2 Luft2} = 0{,}21\,bar \cdot \dot{n}_{Luft} = 0{,}21\,bar \cdot 18{,}84\,\frac{kmol}{s} = 3{,}956\,\frac{kmol}{s}$$

$$p_{N_2 2} = p\,\frac{\dot{n}_{N_2}}{\dot{n}_{N_2} + \dot{n}_{O_2 Luft2} + \dot{n}_{N_2 Luft2}}$$

$$p_{N_2 2} = 2\,bar\,\frac{5\,\frac{kmol}{s}}{5\,\frac{kmol}{s} + 3{,}956\,\frac{kmol}{s} + 14{,}884\,\frac{kmol}{s}}\;p_{N_2 2} = 2\,bar\,\frac{5\,\frac{kmol}{s}}{23{,}84\,\frac{kmol}{s}}$$

$$p_{N_2 2} = 0{,}4195\,bar$$

$$p_{N_2 Luft2} = p\,\frac{\dot{n}_{N_2 Luft2}}{\dot{n}_{N_2} + \dot{n}_{O_2 Luft2} + \dot{n}_{N_2 Luft}} = 2\,bar\,\frac{14{,}884\,\frac{kmol}{s}}{23{,}84\,\frac{kmol}{s}}$$

$$p_{N_2 Luft2} = 1{,}2487\,bar$$

$$p_{O_2 Luft2} = p\,\frac{\dot{n}_{O_2 Luft2}}{\dot{n}_{N_2} + \dot{n}_{O_2 Luft2} + \dot{n}_{N_2 Luft2}} = 2\,bar\,\frac{3{,}956\,\frac{kmol}{s}}{23{,}84\,\frac{kmol}{s}}$$

$$p_{O_2 Luft2} = 0{,}332\,bar$$

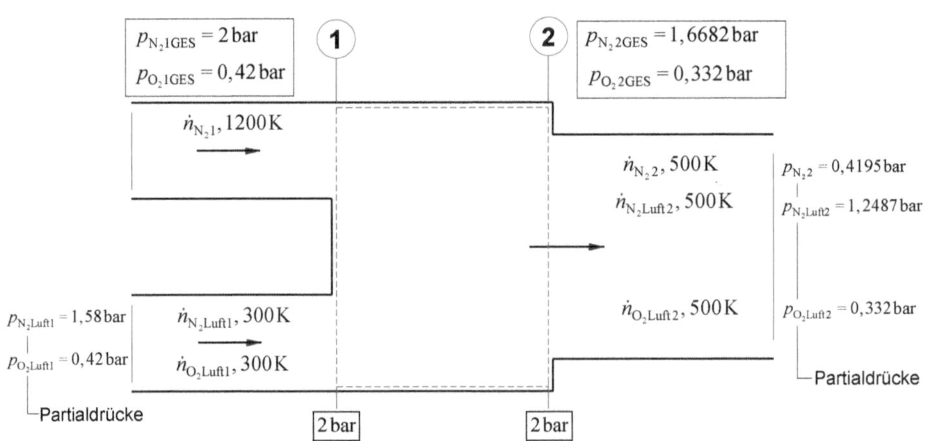

Bild 37.2 Überblick über die Stoffströme und die Drücke

4. **Sekündliche Entropieproduktion des Mischungsprozesses $\dot{S}_{irr}$**

$$\dot{S}_2 - \dot{S}_1 = \dot{S}_Q + \dot{S}_{irr} \qquad \dot{S}_Q = 0$$

$$\dot{S}_2 - \dot{S}_1 = \dot{S}_{irr}$$

$$\dot{S}_2 - \dot{S}_1 = \left(\dot{S}_2 - \dot{S}_1\right)_{N_2} + \left(\dot{S}_2 - \dot{S}_1\right)_{O_2}$$

Sekündliche Entropieproduktion – Stickstoff:

$$\left(\dot{S}_2 - \dot{S}_1\right)_{N_2} = \dot{m}_{N_2 2} \cdot s_{N_2 2}\left(p_{N_2 2}, 500\text{ K}\right) + \dot{m}_{N_2 Luft2} \cdot s_{N_2 Luft2}\left(p_{N_2 Luft2}, 500\text{ K}\right) - \dot{m}_{N_2 1} \cdot s_{N_2 1}\left(p_{N_2 1}, 1200\text{ K}\right) - \dot{m}_{N_2 Luft1} \cdot s_{N_2 Luft1}\left(p_{N_2 Luft1}, 300\text{ K}\right)$$

Hinweis: Z.B. bedeutet $s_{N_2 2}\left(p_{N_2 2}, 500\text{ K}\right)$, dass es sich um die spezifische Entropie von Stickstoff im Zustand 2 bei Beachtung der eingeklammerten Daten handelt.

$$\left(\dot{S}_2 - \dot{S}_1\right)_{N_2} = \dot{m}_{N_2 2} \cdot s_{N_2 2}\left(p_{N_2 2}, 500\text{ K}\right) - \dot{m}_{N_2 1} \cdot s_{N_2 1}\left(p_{N_2 1}, 1200\text{ K}\right) + \dot{m}_{N_2 Luft2} \cdot s_{N_2 Luft2}\left(p_{N_2 Luft2}, 500\text{ K}\right) - \dot{m}_{N_2 Luft1} \cdot s_{N_2 Luft1}\left(p_{N_2 Luft1}, 300\text{ K}\right)$$

$$\dot{m}_{N_2 2} = \dot{m}_{N_2 1} = \dot{m}_{N_2} \qquad \dot{m}_{N_2 Luft2} = \dot{m}_{N_2 Luft1} = \dot{m}_{N_2 Luft}$$

$$\dot{m}_{N_2}\left[s_{N_2 2}\left(p_{N_2 2}, 500\text{ K}\right) - s_{N_2 1}\left(p_{N_2 1}, 1200\text{ K}\right)\right] + \dot{m}_{N_2 Luft}\left[s_{N_2 Luft2}\left(p_{N_2 Luft2}, 500\text{ K}\right) - s_{N_2 Luft1}\left(p_{N_2 Luft1}, 300\text{ K}\right)\right]$$

$$\left(\dot{S}_2 - \dot{S}_1\right)_{N_2} = M_{N_2} \cdot \dot{n}_{N_2}\left[s_{N_2 2}\left(p_{N_2 2}, 500\text{ K}\right) - s_{N_2 1}\left(p_{N_2 1}, 1200\text{ K}\right)\right] + M_{N_2} \cdot \dot{n}_{N_2 Luft}\left[s_{N_2 Luft2}\left(p_{N_2 Luft2}, 500\text{ K}\right) - s_{N_2 Luft1}\left(p_{N_2 Luft1}, 300\text{ K}\right)\right]$$

$$\left(\dot{S}_2 - \dot{S}_1\right)_{N_2} = \dot{n}_{N_2}\left[M_{N_2} \cdot s_{N_2 2}\left(p_{N_2 2}, 500\text{ K}\right) - M_{N_2} \cdot s_{N_2 1}\left(p_{N_2 1}, 1200\text{ K}\right)\right] + \dot{n}_{N_2 Luft}\left[M_{N_2} \cdot s_{N_2 Luft2}\left(p_{N_2 Luft2}, 500\text{ K}\right) - M_{N_2} \cdot s_{N_2 Luft1}\left(p_{N_2 Luft1}, 300\text{ K}\right)\right]$$

$$M \cdot s(p,T) = S_m\left(p^0, T\right) - R_m \cdot \ln\frac{p_{GES}}{p^0}$$

Zustand 1: $p_{N_2 1GES} = 2\text{ bar}$ und $p_{N_2 Luft1GES} = 1{,}58\text{ bar}$

Zustand 2: $p_{N_2 2GES} = 1{,}6682\text{ bar}$ und $p_{N_2 Luft2GES} = 1{,}2487\text{ bar}$

Diese Werte sind zu finden in Bild 37.2.

$$\left(\dot S_2-\dot S_1\right)_{N_2}=\dot n_{N_2}\left[S_m\left(p_0,500\,\mathrm{K}\right)-\left(R_m\cdot\ln\frac{p_{N_2 2GES}}{p_0}\right)-S_m\left(p_0,1200\,\mathrm{K}\right)_{N_2}+\left(R_m\cdot\ln\frac{p_{N_2 1GES}}{p_0}\right)\right]+$$

$$\dot n_{N_2 Luft}\left[S_m\left(p_0,500\,\mathrm{K}\right)-\left(R_m\cdot\ln\frac{p_{N_2 2GES}}{p_0}\right)-S_m\left(p_0\,300\,\mathrm{K}\right)_{N_2}+\left(R_m\cdot\ln\frac{p_{N_2 1GES}}{p_0}\right)\right]$$

$$\left(\dot S_2-\dot S_1\right)_{N_2}=\dot n_{N_2}\left[S_m\left(p_0,500\,\mathrm{K}\right)-S_m\left(p_0,1200\,\mathrm{K}\right)-\left(R_m\cdot\ln\frac{p_{N_2 2GES}}{p_0}-R_m\cdot\ln\frac{p_{N_2 1GES}}{p_0}\right)\right]+$$

$$\dot n_{N_2 Luft}\left[S_m\left(p_0,500\,\mathrm{K}\right)_{N_2}-S_m\left(p_0,300\,\mathrm{K}\right)-\left(R_m\cdot\ln\frac{p_{N_2 2GES}}{p_0}-R_m\cdot\ln\frac{p_{N_2 1GES}}{p_0}\right)\right]$$

$$\left(\dot S_2-\dot S_1\right)_{N_2}=\dot n_{N_2}\left[S_m\left(p_0,500\,\mathrm{K}\right)-S_m\left(p_0,1200\,\mathrm{K}\right)-\left(R_m\cdot\ln\frac{p_{N_2 2GES}}{p_{N_2 1GES}}\right)\right]+$$

$$\dot n_{N_2 Luft}\left[S_m\left(p_0,500\,\mathrm{K}\right)-S_m\left(p_0,300\,\mathrm{K}\right)-\left(R_m\cdot\ln\frac{p_{N_2 2GES}}{p_{N_2 1GES}}\right)\right]$$

Für N_2 gilt:

$$\boldsymbol{S_m\left(p_0,500\,\mathrm{K}\right)=302{,}6\frac{\mathrm{kJ}}{\mathrm{kmol}\cdot\mathrm{K}}}$$

$$\boldsymbol{S_m\left(p_0,1200\,\mathrm{K}\right)=330{,}1\frac{\mathrm{kJ}}{\mathrm{kmol}\cdot\mathrm{K}}}$$

$$\boldsymbol{S_m\left(p_0,300\,\mathrm{K}\right)=287{,}6\frac{\mathrm{kJ}}{\mathrm{kmol}\cdot\mathrm{K}}}$$

$$\left(\dot S_2-\dot S_1\right)_{N_2}=5\frac{\mathrm{kmol}}{\mathrm{s}}\left[302{,}6\frac{\mathrm{kJ}}{\mathrm{kmol}\cdot\mathrm{K}}-330{,}1\frac{\mathrm{kJ}}{\mathrm{kmol}\cdot\mathrm{K}}-8{,}314\frac{\mathrm{kJ}}{\mathrm{kmol}\cdot\mathrm{K}}\ln\frac{1{,}6682\,\mathrm{bar}}{2\,\mathrm{bar}}\right]+$$

$$14{,}884\frac{\mathrm{kmol}}{\mathrm{s}}\left[302{,}6\frac{\mathrm{kJ}}{\mathrm{kmol}\cdot\mathrm{K}}-287{,}6\frac{\mathrm{kJ}}{\mathrm{kmol}\cdot\mathrm{K}}-8{,}314\frac{\mathrm{kJ}}{\mathrm{kmol}\cdot\mathrm{K}}\ln\frac{1{,}6682\,\mathrm{bar}}{1{,}58\,\mathrm{bar}}\right]$$

Zahlenrechnung ohne Einheiten:

$$\left(\dot S_2-\dot S_1\right)_{N_2}=5\left[302{,}6-330{,}1-8{,}314\cdot\ln\frac{1{,}6682}{2}\right]+14{,}884\left[302{,}6-287{,}6-8{,}314\cdot\ln\frac{1{,}6682}{1{,}58}\right]$$

$$\left(\dot S_2-\dot S_1\right)_{N_2}=5\left[302{,}6-330{,}1+1{,}5082\right]+14{,}884\left[302{,}6-287{,}6-0{,}45162\right]$$

$$\left(\dot{S}_2 - \dot{S}_1\right)_{N_2} = 5\left[-25{,}9918\right] + 14{,}884\left[14{,}5484\right]$$

$$\left(\dot{S}_2 - \dot{S}_1\right)_{N_2} = -129{,}9959 + 216{,}538$$

$$\left(\dot{S}_2 - \dot{S}_1\right)_{N_2} = 86{,}54 \frac{\text{kJ}}{\text{K} \cdot \text{s}}$$

Sekündliche Entropieproduktion – Sauerstoff:

$$\left(\dot{S}_2 - \dot{S}_1\right)_{O_2} = \dot{m}_{O_2\text{Luft2}} \cdot s_{O_2 2}\left(p_{O_2 2}, 500\ \text{K}\right) - \dot{m}_{O_2\text{Luft1}} \cdot s_{O_2 1}\left(p_{O_2 1}, 300\ \text{K}\right)$$

$$\left(\dot{S}_2 - \dot{S}_1\right)_{O_2} = M_{O_2} \cdot \dot{n}_{O_2\text{Luft2}}\left[s_{O_2 2}\left(p_{O_2 L2}, 500\ \text{K}\right)\right] - M_{O_2} \cdot \dot{n}_{O_2\text{Luft1}}\left[s_{O_2 1}\left(p_{O_2 1}, 300\ \text{K}\right)\right]$$

$$M \cdot s\left(p, T\right) = S_m\left(p_0, T\right) - R_m \ln \frac{p_{\text{GES}}}{p_0}$$

Zustand 1: $p_{O_2 1\text{GES}} = 0{,}42$ bar

Zustand 2: $p_{O_2 2\text{GES}} = 0{,}332$ bar

Diese Werte sind zu finden in Bild 37.2.

$$\dot{n}_{O_2\text{Luft2}} = \dot{n}_{O_2\text{Luft1}} = \dot{n}_{O_2\text{Luft}}$$

$$\left(\dot{S}_2 - \dot{S}_1\right)_{O_2} = \dot{n}_{O_2\text{Luft}}\left[S_m\left(p_0, 500\ \text{K}\right) - R_m \cdot \ln \frac{p_{O_2 2\text{GES}}}{p_0} - S_m\left(p_0, 300\ \text{K}\right) + R_m \cdot \ln \frac{p_{O_2 1\text{GES}}}{p_0}\right]$$

Für O_2 gilt:

$$\boldsymbol{S_m\left(p_0, 500\,\text{K}\right) = 316{,}6 \frac{\text{kJ}}{\text{kmol} \cdot \text{K}}}$$

$$\boldsymbol{S_m\left(p_0, 300\,\text{K}\right) - 301{,}2 \frac{\text{kJ}}{\text{kmol} \cdot \text{K}}}$$

$$\left(\dot{S}_2 - \dot{S}_1\right)_{O_2} = \dot{n}_{O_2\text{Luft}}\left[S_m\left(p_0, 500\ \text{K}\right) - S_m\left(p_0, 300\ \text{K}\right) - R_m \ln \frac{p_{O_2 2\text{GES}}}{p_{O_2 1\text{GES}}}\right]$$

$$\left(\dot{S}_2 - \dot{S}_1\right)_{O_2} = 3{,}956 \frac{\text{kmol}}{\text{s}}\left(316{,}6 \frac{\text{kJ}}{\text{kmol} \cdot \text{K}} - 301{,}2 \frac{\text{kJ}}{\text{kmol} \cdot \text{K}} - 8{,}314 \frac{\text{kJ}}{\text{kmol} \cdot \text{K}} \ln \frac{0{,}332\,\text{bar}}{0{,}42\,\text{bar}}\right)$$

$$\left(\dot{S}_2 - \dot{S}_1\right)_{O_2} = 68{,}65 \frac{\text{kJ}}{\text{K} \cdot \text{s}}$$

$$\dot{S}_{irr} = \dot{S}_2 - \dot{S}_1 = \left(\dot{S}_2 - \dot{S}_1\right)_{N_2} + \left(\dot{S}_2 - \dot{S}_1\right)_{O_2}$$

$$\dot{S}_{irr} = 86,54 \frac{kJ}{K \cdot s} + 68,65 \frac{kJ}{K \cdot s}$$

$$\dot{S}_{irr} = 155,19 \frac{kJ}{K \cdot s}$$

Aufgabe 38

Instationärer Prozess, Temperatur des Gemisches, Partialdrücke, Gesamtdruck, Exergieverlust

Vorstellung:

In einem Behälter 1 befinden sich $m_{O_2} = 2\,\text{kg}$ molekularer Sauerstoff mit einer Temperatur von 27 °C und einem Druck von 5 bar (Bild 38.1). Über ein adiabates Drosselventil werden $m_{N_2} = 8\,\text{kg}$ molekularer Stichstoff dem Sauerstoff zugemischt. Der Stickstoff wird einem großen Behälter 2 mit konstantem Zustand entnommen. Dieser Zustand ist durch 50 bar und 117 °C beschrieben. Der Mischungsprozess läuft so schnell ab, dass während dieses Prozesses keine Wärme mit der Umgebung ausgetauscht wird. Die Umgebungstemperatur beträgt T_u = 300 K. Die Änderungen äußerer Energien sind zu vernachlässigen.

Die Gase können als ideale Gase mit den konstanten Wärmekapazitäten

$$c_{p,N_2} = 1{,}04\frac{\text{kJ}}{\text{kg}\cdot\text{K}} \qquad \text{und} \qquad c_{p,O_2} = 0{,}91\frac{\text{kJ}}{\text{kg}\cdot\text{K}}$$

behandelt werden.

Gesucht:

1. Temperatur T_2 des Gasgemisches
2. Partialdrücke des Gasgemisches $p_{O_2,1,t_2}$ und $p_{N_2,1,t_2}$
3. Gesamtdruck des Gasgemisches p_{2ges}
4. Entropieerzeugung des Mischungsprozesses ΔS_{irr12}
5. Exergieverlust des Mischungsprozesses E_{V12}

Lösung:

1. Temperatur T_2 des Gasgemisches

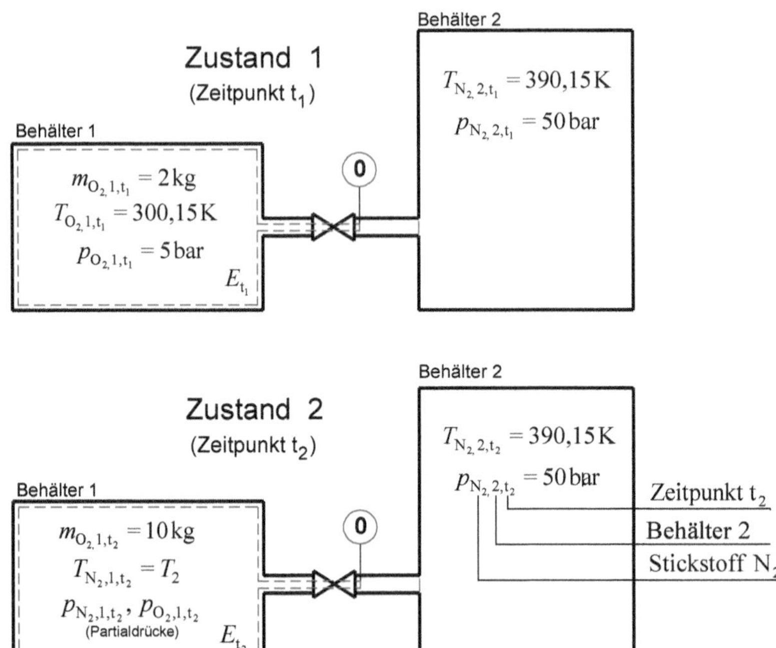

Bild 38.1 Behälter 1 und 2 mit Drosselventil in den Zuständen t_1 und t_2

Instationärer Prozess - offenes System (Bild 38.1):

$$\int_{t_1}^{t_2} h_0 \,\mathrm{d}m = \int_{t_1}^{t_2} \mathrm{d}E \qquad h_0 = \text{konst.}$$

$$h_0 \left(m_{N_2,1,t_2} - m_{N_2,1,t_1} \right) = E_{t_2} - E_{t_1}$$

$m_{N_2,1,t_1} = 0$ Stickstoffmasse im Behälter 1 - Zustand 1, Zeitpunkt t_1
$m_{N_2,1,t_2} = 8\,\text{kg}$ Stickstoffmasse im Behälter 1 - Zustand 2, Zeitpunkt t_2
E_{t_1} = Energieinhalt im Behälter 1 - Zustand 1, Zeitpunkt t_1
E_{t_2} = Energieinhalt im Behälter 1 - Zustand 2, Zeitpunkt t_2

$$h_0 \left(m_{N_2,1,t_2} - 0 \right) = E_{t_2} - E_{t_1}$$

$$h_0 \cdot m_{N_2,1,t_2} = E_{t_2} - E_{t_1}$$

$$h_0 = u_{N_2,2,t_1} + p_{N_2,2,t_1} \cdot v_{N_2,2,t_1} = u_{N_2,2,t_2} + p_{N_2,2,t_2} \cdot v_{N_2,2,t_2}$$

$$E_{t_1} = u_{O_2,1,t_1} \cdot m_{O_2,1,t_1}$$

$$E_{t_2} = u_{N_2,1,t_2} \cdot m_{N_2,1,t_2} + u_{O_2,1,t_2} \cdot m_{O_2,1,t_2}$$

$$m_{N_2,1,t_2}\left(u_{N_2,2,t_2} + p_{N_2,2,t_2} \cdot v_{N_2,2,t_2}\right) = u_{N_2,1,t_2} \cdot m_{N_2,1,t_2} + u_{O_2,1,t_2} \cdot m_{O_2,1,t_2} - u_{O_2,1,t_1} \cdot m_{O_2,1,t_1}$$

$$m_{N_2,1,t_2} \cdot u_{N_2,2,t_2} + m_{N_2,1,t_2} \cdot p_{N_2,2,t_2} \cdot v_{N_2,2,t_2} = u_{N_2,1,t_2} \cdot m_{N_2,1,t_2} + u_{O_2,1,t_2} \cdot m_{O_2,1,t_2} - u_{O_2,1,t_1} \cdot m_{O_2,1,t_1}$$

$$m_{N_2,1,t_2} \cdot u_{N_2,2,t_2} - u_{N_2,1,t_2} \cdot m_{N_2,1,t_2} + m_{N_2,1,t_2} \cdot p_{N_2,2,t_2} \cdot v_{N_2,2,t_2} = u_{O_2,1,t_2} \cdot m_{O_2,1,t_2} - u_{O_2,1,t_1} \cdot m_{O_2,1,t_1}$$

$$m_{N_2,1,t_2}\left(u_{N_2,2,t_2} - u_{N_2,1,t_2}\right) + m_{N_2,1,t_2} \cdot p_{N_2,2,t_2} \cdot v_{N_2,2,t_2} = u_{O_2,1,t_2} \cdot m_{O_2,1,t_2} - u_{O_2,1,t_1} \cdot m_{O_2,1,t_1}$$

$$m_{O_2,1,t_1} = m_{O_2,1,t_2}$$

$$m_{N_2,1,t_2}\left(u_{N_2,2,t_2} - u_{N_2,1,t_2}\right) + m_{N_2,1,t_2} \cdot p_{N_2,2,t_2} \cdot v_{N_2,2,t_2} = m_{O_2,1,t_2}\left(u_{O_2,1,t_2} - u_{O_2,1,t_1}\right)$$

$$m_{N_2,1,t_2}\left[c_{vN_2}\left(T_{N_2,2,t_2} - T_{N_2,1,t_2}\right)\right] + m_{N_2,1,t_2} \cdot p_{N_2,2,t_2} \cdot v_{N_2,2,t_2} = m_{O_2,1,t_2}\left[c_{vO_2}\left(T_{O_2,1,t_2} - T_{O_2,1,t_1}\right)\right]$$

$$m_{N_2,1,t_2}\left[c_{vN_2}\left(T_{N_2,2,t_2} - T_{N_2,1,t_2}\right)\right] + m_{N_2,1,t_2} \cdot R_{N_2} \cdot T_{N_2,2,t_2} = m_{O_2,1,t_2}\left[c_{vO_2}\left(T_{O_2,1,t_2} - T_{O_2,1,t_1}\right)\right]$$

$$c_{vN_2} = c_{pN_2} - R_{N_2} \qquad c_{vO_2} = c_{pO_2} - R_{O_2}$$

$$m_{N_2,1,t_2}\left[\left(c_{pN_2} - R_{N_2}\right)\left(T_{N_2,2,t_2} - T_{N_2,1,t_2}\right)\right] + m_{N_2,1,t_2} \cdot R_{N_2} \cdot T_{N_2,2,t_2} = m_{O_2,1,t_2}\left[\left(c_{pO_2} - R_{O_2}\right)\left(T_{O_2,1,t_2} - T_{O_2,1,t_1}\right)\right]$$

$$m_{N_2,1,t_2}\left[\left(c_{pN_2} - R_{N_2}\right)T_{N_2,2,t_2} - \left(c_{pN_2} - R_{N_2}\right)T_{N_2,1,t_2}\right] + m_{N_2,1,t_2} \cdot R_{N_2} \cdot T_{N_2,2,t_2} = m_{O_2,1,t_2}\left(c_{pO_2} - R_{O_2}\right)T_{O_2,1,t_2} - m_{O_2,1,t_2}\left(c_{pO_2} - R_{O_2}\right)T_{O_2,1,t_1}$$

$$m_{N_2,1,t_2}\left(c_{pN_2} - R_{N_2}\right)T_{N_2,2,t_2} - m_{N_2,1,t_2}\left(c_{pN_2} - R_{N_2}\right)T_{N_2,1,t_2} + m_{N_2,1,t_2} \cdot R_{N_2} \cdot T_{N_2,2,t_2} - m_{O_2,1,t_2}\left(c_{pO_2} - R_{O_2}\right)T_{O_2,1,t_2} = -m_{O_2,1,t_2}\left(c_{pO_2} - R_{O_2}\right)T_{O_2,1,t_1}$$

$$m_{N_2,1,t_2}\left(c_{pN_2} - R_{N_2}\right)T_{N_2,2,t_2} - m_{N_2,1,t_2}\left(c_{pN_2} - R_{N_2}\right)T_{N_2,1,t_2} - m_{O_2,1,t_2}\left(c_{pO_2} - R_{O_2}\right)T_{O_2,1,t_2} + m_{N_2,1,t_2} \cdot R_{N_2} \cdot T_{N_2,2,t_2} = -m_{O_2,1,t_2}\left(c_{pO_2} - R_{O_2}\right)T_{O_2,1,t_1}$$

$$T_{N_2,1,t_2} = T_{O_2,1,t_2}$$

$$m_{N_2,1,t_2}\left(c_{pN_2} - R_{N_2}\right)T_{N_2,2,t_2} - T_{N_2,1,t_2}\left[m_{N_2,1,t_2}\left(c_{pN_2} - R_{N_2}\right) + m_{O_2,1,t_2}\left(c_{pO_2} - R_{O_2}\right)\right] + m_{N_2,1,t_2} \cdot R_{N_2} \cdot T_{N_2,2,t_2} = -m_{O_2,1,t_2}\left(c_{pO_2} - R_{O_2}\right)T_{O_2,1,t_1}$$

$$T_{N_2,2,t_2} = T_{N_2,2,t_1}$$

$$m_{N_2,1,t_2}\left(c_{pN_2} - R_{N_2}\right)T_{N_2,2,t_2} - T_{N_2,1,t_2}\left[m_{N_2,1,t_2}\left(c_{pN_2} - R_{N_2}\right) + m_{O_2,1,t_2}\left(c_{pO_2} - R_{O_2}\right)\right] + m_{N_2,1,t_2} \cdot R_{N_2} \cdot T_{N_2,2,t_1} = -m_{O_2,1,t_2}\left(c_{pO_2} - R_{O_2}\right)T_{O_2,1,t_1}$$

$$-m_{N_2,1,t_2}\left(c_{pN_2} - R_{N_2}\right)T_{N_2,2,t_1} + T_{N_2,1,t_2}\left[m_{N_2,1,t_2}\left(c_{pN_2} - R_{N_2}\right) + m_{O_2,1,t_2}\left(c_{pO_2} - R_{O_2}\right)\right] - m_{N_2,1,t_2} \cdot R_{N_2} \cdot T_{N_2,2,t_1} = m_{O_2,1,t_2}\left(c_{pO_2} - R_{O_2}\right)T_{O_2,1,t_1}$$

$$T_{N_2,1,t_2}\left[m_{N_2,1,t_2}\left(c_{pN_2} - R_{N_2}\right) + m_{O_2,1,t_2}\left(c_{pO_2} - R_{O_2}\right)\right] = m_{O_2,1,t_2}\left(c_{pO_2} - R_{O_2}\right)T_{O_2,1,t_1} + m_{N_2,1,t_2} \cdot R_{N_2} \cdot T_{N_2,2,t_1} + m_{N_2,1,t_2}\left(c_{pN_2} - R_{N_2}\right)T_{N_2,2,t_1}$$

$$T_{N_2,1,t_2} = \frac{m_{O_2,1,t_2}\left(c_{pO_2} - R_{O_2}\right)T_{O_2,1,t_1} + m_{N_2,1,t_2} \cdot R_{N_2} \cdot T_{N_2,2,t_1} + m_{N_2,1,t_2}\left(c_{pN_2} - R_{N_2}\right)T_{N_2,2,t_1}}{m_{N_2,1,t_2}\left(c_{pN_2} - R_{N_2}\right) + m_{O_2,1,t_2}\left(c_{pO_2} - R_{O_2}\right)}$$

$$T_{N_2,1,t_2} = \frac{m_{N_2,1,t_2}\left(c_{pN_2} - R_{N_2}\right)T_{N_2,2,t_1} + m_{N_2,1,t_2} \cdot R_{N_2} \cdot T_{N_2,2,t_1} + m_{O_2,1,t_2}\left(c_{pO_2} - R_{O_2}\right)T_{O_2,1,t_1}}{m_{N_2,1,t_2}\left(c_{pN_2} - R_{N_2}\right) + m_{O_2,1,t_2}\left(c_{pO_2} - R_{O_2}\right)}$$

$$T_{N_2,1,t_2} = \frac{m_{N_2,1,t_2}\left[\left(c_{pN_2} - R_{N_2}\right)T_{N_2,2,t_1} + R_{N_2} \cdot T_{N_2,2,t_1}\right] + m_{O_2,1,t_2}\left(c_{pO_2} - R_{O_2}\right)T_{O_2,1,t_1}}{m_{N_2,1,t_2}\left(c_{pN_2} - R_{N_2}\right) + m_{O_2,1,t_1}\left(c_{pO_2} - R_{O_2}\right)}$$

$m_{N_2,1,t_2} = 8\,\text{kg}$ $\quad T_{N_2,2,t_1} = 390{,}15\,\text{K}$ $\quad m_{O_2,1,t_2} = 2\,\text{kg}$ $\quad T_{O_2,1,t_1} = 300{,}15\,\text{K}$

$$\boldsymbol{R_{N_2} = 0{,}2968 \frac{\text{kJ}}{\text{kg} \cdot \text{K}}}$$

$$\boldsymbol{R_{O_2} = 0{,}2598 \frac{\text{kJ}}{\text{kg} \cdot \text{K}}}$$

$$T_{N_2,1,t_2} = T_2 = \frac{m_{N_2,1,t_2}\left[\left(c_{pN_2} - R_{N_2}\right)T_{N_2,2,t_1} + R_{N_2} \cdot T_{N_2,2,t_1}\right] + m_{O_2,1,t_2}\left(c_{pO_2} - R_{O_2}\right)T_{O_2,1,t_1}}{m_{N_2,1,t_2}\left(c_{pN_2} - R_{N_2}\right) + m_{O_2,1,t_2}\left(c_{pO_2} - R_{O_2}\right)}$$

Zahlenrechnung ohne Einheiten:

$$T_2 = \frac{8\left[\left(1{,}04 - 0{,}2968\right)390{,}15 + 0{,}2968 \cdot 390{,}15\right] + 2\left(0{,}91 - 0{,}2598\right)300{,}15}{8\left(1{,}04 - 0{,}2968\right) + 2\left(0{,}91 - 0{,}2598\right)}$$

$$T_2 = \frac{3246{,}048 + 390{,}315}{5{,}9456 + 1{,}3} = \frac{3636{,}315}{7{,}246}$$

$$T_2 = 501{,}84\ \mathrm{K}$$

2. **Partialdrücke des Gasgemisches $p_{O_2,1,t_2}$ und $p_{N_2,1,t_2}$**

Partialdruck - Sauerstoff:

$$p_{O_2,1,t_2} = \frac{R_{O_2} \cdot T_{O_2,1,t_2}}{v_{O_2,1,t_2}}$$

$$\frac{V_B}{m_{O_2,1,t_1}} = v_{O_2,1,t_1} = \frac{R_{O_2} \cdot T_{O_2,1,t_1}}{p_{O_2,1,t_1}}$$

$$\frac{V_B}{m_{O_2,1,t_2}} = v_{O_2,1,t_2} = \frac{R_{O_2} \cdot T_{O_2,1,t_2}}{p_{O_2,1,t_2}} \qquad m_{O_2,1,t_2} = m_{O_2,1,t_1}$$

$$v_{O_2,1,t_2} = v_{O_2,1,t_1}$$

$$p_{O_2,1,t_2} = \frac{R_{O_2} \cdot T_{O_2,1,t_2}}{v_{O_2,1,t_2}} = \frac{R_{O_2} \cdot T_{O_2,1,t_2}}{v_{O_2,1,t_1}} = \frac{R_{O_2} \cdot T_{O_2,1,t_2}}{\frac{R_{O_2} \cdot T_{O_2,1,t_1}}{p_{O_2,1,t_1}}} = \frac{T_{O_2,1,t_2}}{T_{O_2,1,t_1}} p_{O_2,1,t_1}$$

$$p_{O_2,1,t_2} = \frac{T_{O_2,1,t_2}}{T_{O_2,1,t_1}} p_{O_2,1,t_1} = \frac{501{,}84\ \mathrm{K}}{300{,}15\ \mathrm{K}} 5\ \mathrm{bar} = 8{,}36\ \mathrm{bar}$$

Partialdruck - Stickstoff:

$$p_{N_2,1,t_2} = \frac{R_{N_2} \cdot T_{N_2,1,t_2}}{v_{N_2,1,t_2}} \qquad v_{N_2,1,t_2} = \frac{V_B}{m_{N_2,1,t_2}}$$

$$p_{N_2,1,t_2} = \frac{R_{N_2} \cdot T_{N_2,1,t_2}}{\frac{V_{\text{Behälter 1}}}{m_{N_2,1,t_2}}} = \frac{m_{N_2,1,t_2} \cdot R_{N_2} \cdot T_{N_2,1,t_2}}{V_{\text{Behälter 1}}}$$

$$V_{\text{Behälter 1}} = \frac{m_{O_2,1,t_1} \cdot R_{O_2} \cdot T_{O_2,1,t_1}}{p_{O_2,1,t_1}}$$

$$p_{N_2,1,t_2} = \frac{m_{N_2,1,t_2} \cdot R_{N_2} \cdot T_{N_2,1,t_2}}{\frac{m_{O_2,1,t_1} \cdot R_{O_2} \cdot T_{O_2,1,t_1}}{p_{O_2,1,t_1}}} = \frac{m_{N_2,1,t_2} \cdot R_{N_2} \cdot T_{N_2,1,t_2}}{m_{O_2,1,t_1} \cdot R_{O_2} \cdot T_{O_2,1,t_1}} p_{O_2,1,t_1}$$

$$p_{N_2,1,t_2} = \frac{m_{N_2,1,t_2} \cdot R_{N_2} \cdot T_{N_2,1,t_2}}{m_{O_2,1,t_1} \cdot R_{O_2} \cdot T_{O_2,1,t_1}} p_{O_2,1,t_1} = \frac{8\,\text{kg} \cdot 0{,}2968 \frac{\text{kJ}}{\text{kg} \cdot \text{K}} 501{,}84\,\text{K}}{2\,\text{kg} \cdot 0{,}2598 \frac{\text{kJ}}{\text{kg} \cdot \text{K}} 300{,}15\,\text{K}} p_{O_2,1,t_1}$$

$$p_{N_2,1,t_2} = \frac{8\,\text{kg} \cdot 0{,}2968 \frac{\text{kJ}}{\text{kg} \cdot \text{K}} 501{,}84\,\text{K}}{2\,\text{kg} \cdot 0{,}2598 \frac{\text{kJ}}{\text{kg} \cdot \text{K}} 300{,}15\,\text{K}} 5\,\text{bar}$$

$$p_{N_2,1,t_2} = 38{,}2\,\text{bar}$$

3. **Gesamtdruck des Gasgemisches p_{2ges}**

$$p_{2ges} = p_{O_2,1,t_2} + p_{N_2,1,t_2}$$

$$p_{2ges} = 8{,}36\,\text{bar} + 38{,}2\,\text{bar}$$

$$p_{2ges} = 46{,}56\,\text{bar}$$

4. **Entropieerzeugung des Mischungsprozesses ΔS_{irr12}**

$$\Delta S_{12} = \Delta S_{Q12} + \Delta S_{irr12} \qquad \Delta S_{Q12} = 0$$

$$\Delta S_{irr12} = \Delta S_{12} = \left(S_{O_2,t_2} + S_{N_2,t_2}\right) - \left(S_{O_2,t_1} + S_{N_2,t_1}\right)$$

$$\Delta S_{irr12} = \Delta S_{12} = \left(S_{O_2,t_2} - S_{O_2,t_1}\right) + \left(S_{N_2,t_2} - S_{N_2,t_1}\right)$$

Entropieproduktion – Sauerstoff:

$$\Delta S_{irrO_2} = S_{O_2,t_2} - S_{O_2,t_1}$$

$$S_{O_2,t_2} - S_{O_2,t_1} = m_{O_2} \cdot s_{O_2,1,t_2} - m_{O_2} \cdot s_{O_2,1,t_1}$$

$$S_{O_2,t_2} - S_{O_2,t_1} = m_{O_2}\left(s_{O_2,t_2} - s_{O_2,t_1}\right)$$

$$S_{O_2,t_2} - S_{O_2,t_1} = m_{O_2} \cdot c_{vO_2} \ln \frac{T_{O_2,t_2}}{T_{O_2,t_1}}$$

$$c_{vO_2} = c_{pO_2} - R_{O_2}$$

$$S_{O_2,t_2} - S_{O_2,t_1} = m_{O_2}\left(c_{pO_2} - R_{O_2}\right) \ln \frac{T_{O_2,t_2}}{T_{O_2,t_1}}$$

$$S_{O_2,1,t_2} - S_{O_2,1,t_1} = 2\,\text{kg}\left(0{,}91\frac{\text{kJ}}{\text{kg}\cdot\text{K}} - 0{,}2598\frac{\text{kJ}}{\text{kg}\cdot\text{K}}\right)\ln\frac{501{,}84\,\text{K}}{300{,}15\,\text{K}}$$

$$S_{O_2,1,t_2} - S_{O_2,1,t_1} = 0{,}67\frac{\text{kJ}}{\text{K}}$$

Entropieproduktion – Stickstoff:

$$\Delta S_{\text{irrN}_2} = S_{N_2,t_2} - S_{N_2,t_1}$$

$$S_{N_2,t_2} - S_{N_2,t_1} = m_{N_2}\cdot s_{N_2,t_2} - m_{N_2}\cdot s_{N_2,t_1}$$

$$S_{N_2,t_2} - S_{N_2,t_1} = m_{N_2}\left(c_{vN_2}\cdot\ln\frac{T_{N_2,t_2}}{T_{N_2,t_1}} + R_{N_2}\cdot\ln\frac{v_{N_2,t_2}}{v_{N_2,t_1}}\right)$$

$$c_{vN_2} = c_{pN_2} - R_{N_2}$$

$$S_{N_2,t_2} - S_{N_2,t_1} = m_{N_2}\left[\left(c_{pN_2} - R_{N_2}\right)\ln\frac{T_{N_2,t_2}}{T_{N_2,1,t_1}} + R_{N_2}\cdot\ln\frac{v_{N_2,t_2}}{v_{N_2,t_1}}\right]$$

$$S_{N_2,t_2} - S_{N_2,t_1} = m_{N_2}\left[c_{pN_2}\cdot\ln\frac{T_{N_2,t_2}}{T_{N_2,t_1}} + R_{N_2}\cdot\ln\frac{v_{N_2,t_2}}{v_{N_2,t_1}} - R_{N_2}\cdot\ln\frac{T_{N_2,t_2}}{v_{N_2,t_1}}\right]$$

$$S_{N_2,t_2} - S_{N_2,t_1} = m_{N_2}\left[c_{pN_2}\cdot\ln\frac{T_{N_2,t_2}}{T_{N_2,t_1}} - R_{N_2}\left(\ln\frac{T_{N_2,t_2}}{T_{N_2,t_1}} - \ln\frac{v_{N_2,t_2}}{v_{N_2,t_1}}\right)\right]$$

$$S_{N_2,t_2} - S_{N_2,t_1} = m_{N_2}\left[c_{pN_2}\cdot\ln\frac{T_{N_2,t_2}}{T_{N_2,t_1}} - R_{N_2}\left(\ln\frac{\frac{T_{N_2,t_2}}{T_{N_2,t_1}}}{\frac{v_{N_2,t_2}}{v_{N_2,t_1}}}\right)\right]$$

$$S_{N_2,t_2} - S_{N_2,t_1} = m_{N_2}\left[c_{pN_2}\cdot\ln\frac{T_{N_2,t_2}}{T_{N_2,t_1}} - R_{N_2}\left(\ln\frac{T_{N_2,t_2}}{T_{N_2,t_1}}\frac{v_{N_2,t_1}}{v_{N_2,t_2}}\right)\right]$$

$$S_{N_2,t_2} - S_{N_2,t_1} = m_{N_2}\left[c_{pN_2}\cdot\ln\frac{T_{N_2,t_2}}{T_{N_2,t_1}} - R_{N_2}\left(\ln\frac{T_{N_2,t_2}}{v_{N_2,t_2}}\frac{v_{N_2,t_1}}{T_{N_2,t_1}}\right)\right]$$

$$S_{N_2,t_2} - S_{N_2,t_1} = m_{N_2}\left[c_{pN_2} \cdot \ln\frac{T_{N_2,t_2}}{T_{N_2,t_1}} - R_{N_2}\left(\ln\frac{p_{N_2,t_2}}{p_{N_2,t_1}}\right)\right]$$

$$S_{N_2,t_2} - S_{N_2,t_1} == 8\,\text{kg}\left(1{,}04\frac{\text{kJ}}{\text{kg}\cdot\text{K}}\ln\frac{501{,}84\ \text{K}}{390{,}15\,\text{K}} - 0{,}2968\frac{\text{kJ}}{\text{kg}\cdot\text{K}}\ln\frac{38{,}2\,\text{bar}}{50\,\text{bar}}\right)$$

$$S_{N_2,t_2} - S_{N_2,t_1} == 8\,\text{kg}\left(0{,}26182\frac{\text{kJ}}{\text{kg}\cdot\text{K}} + 0{,}0799\frac{\text{kJ}}{\text{kg}\cdot\text{K}}\right)$$

$$S_{N_2,t_2} - S_{N_2,t_1} = 2{,}7\frac{\text{kJ}}{\text{K}}$$

$$\Delta S_{\text{irr}12} = \left(S_{O_2,t_2} - S_{O_2,t_1}\right) + \left(S_{N_2,t_2} - S_{N_2,t_1}\right)$$

$$\Delta S_{\text{irr}12} = 0{,}67\frac{\text{kJ}}{\text{K}} + 2{,}7\frac{\text{kJ}}{\text{K}}$$

$$\Delta S_{\text{irr}12} = 3{,}4\frac{\text{kJ}}{\text{K}}$$

5. **Exergieverlust des Mischungsprozesses E_{V12}**

$$E_{V12} = T_u \cdot \Delta S_{\text{irr}12}$$

$$E_{V12} = 300\,\text{K} \cdot 3{,}4\frac{\text{kJ}}{\text{K}}$$

$$E_{V12} = 1020\ \text{kJ}$$

Aufgabe 39

Wärmedichter Behälter, Temperatur und Molmasse des Gemisches, Entropieproduktion, Partialdrücke und Gesamtdruck

Vorstellung:

Ein geschlossener wärmedichter Behälter ist durch einen Schieber in zwei Kammern unterteilt (Bild 39.1). In einer Kammer befindet sich 1 kmol N_2, in der anderen Kammer 1 kmol O_2. Die Gase haben folgende Zustandsgrößen

- $N_2: \quad T_{N_2,1} = 600\,\text{K}, \quad p_{N_2,1} = 4{,}93\,\text{bar}$,
- $O_2: \quad T_{O_2,1} = 300\,\text{K}, \quad p_{O_2,1} = 1{,}0\,\text{bar}$.

Nach dem Entfernen des Schiebers mischen sich die beiden Gase und es stellt sich ein neuer Gleichgewichtszustand ein. Die Gase können als ideale Gase mit konstanten Wärmekapazitäten behandelt werden.

Gesucht:

1. Temperatur des Gasgemisches T_2
2. Molmasse des Gasgemisches M_m
3. Entropieproduktion des Mischungsprozesses ΔS_{irr}
4. Partialdrücke der Komponenten $p_{N_2,2}$, $p_{O_2,2}$
5. Gesamtdruck des Gasgemisches p_{ges}

Lösung:

1. **Temperatur des Gasgemisches T_2**

$$c_{v,N_2} = 0{,}743 \frac{\text{kJ}}{\text{kg} \cdot \text{K}}$$

$$c_{v,O_2} = 0{,}654 \frac{\text{kJ}}{\text{kg} \cdot \text{K}}$$

$$M_{N_2} = 28{,}016 \frac{\text{kg}}{\text{kmol}}$$

$$M_{O_2} = 32 \frac{\text{kg}}{\text{kmol}}$$

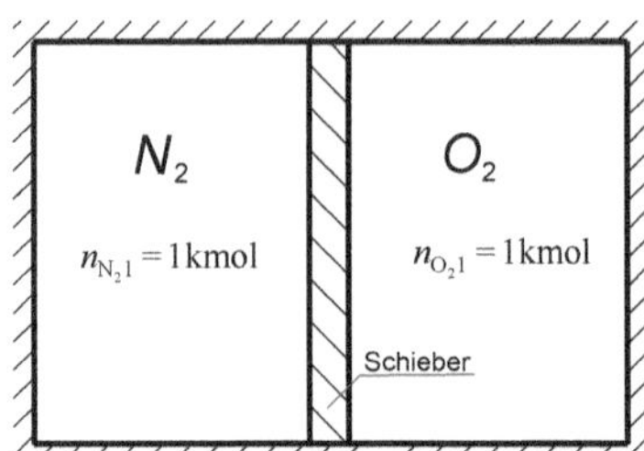

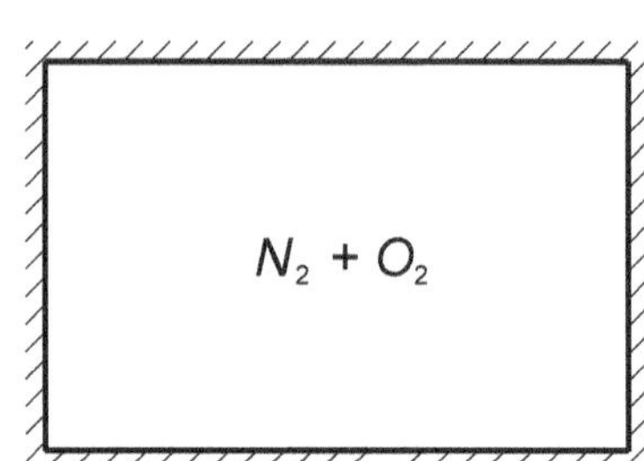

Bild 39.1 Wärmedichter Behälter in den Zuständen 1 und 2

1. Hauptsatz für geschlossenes System

$$U_2 - U_1 = 0$$

$$m_{N_2,2} \cdot u_{N_2,2} + m_{O_2,2} \cdot u_{O_2,2} - m_{N_2,1} \cdot u_{N_2,1} - m_{O_2,1} \cdot u_{O_2,1} = 0$$

$$m_{N_2,2} = m_{N_2,1} = m_{N_2}$$

$$m_{O_2,2} = m_{O_2,1} = m_{O_2}$$

$$T_{N_2,2} = T_{O_2,2} = T_2$$

$$m_{N_2} \cdot c_{v,N_2} \cdot T_2 + m_{O_2} \cdot c_{v,O_2} \cdot T_2 - m_{N_2} \cdot c_{v,N_2} \cdot T_{N_2,1} - m_{O_2} \cdot c_{v,O_2} \cdot T_{O_2,1} = 0$$

$$M_{N_2} \cdot n_{N_2} \cdot c_{v,N_2} \cdot T_2 + M_{O_2} \cdot n_{O_2} \cdot c_{v,O_2} \cdot T_2 - M_{N_2} \cdot n_{N_2} \cdot c_{v,N_2} \cdot T_{N_2,1} - M_{O_2} \cdot n_{O_2} \cdot c_{v,O_2} \cdot T_{O_2,1} = 0$$

$$T_2 \left(M_{N_2} \cdot n_{N_2} \cdot c_{v,N_2} + M_{O_2} \cdot n_{O_2} \cdot c_{v,O_2} \right) - \left(M_{N_2} \cdot n_{N_2} \cdot c_{v,N_2} \cdot T_{N_2,1} + M_{O_2} \cdot n_{O_2} \cdot c_{v,O_2} \cdot T_{O_2,1} \right) = 0$$

$$n_{N_2} = n_{O_2} = n$$

$$T_{N_2,1} = 2 \cdot T_{O_2,1}$$

$$T_2 \left(M_{N_2} \cdot n \cdot c_{v,N_2} + M_{O_2} \cdot n \cdot c_{v,O_2} \right) - \left(M_{N_2} \cdot n \cdot c_{v,N_2} \cdot 2 \cdot T_{O_2,1} + M_{O_2} \cdot n \cdot c_{v,O_2} \cdot T_{O_2,1} \right) = 0$$

$$T_2 = \frac{M_{N_2} \cdot n \cdot c_{v,N_2} \cdot 2 \cdot T_{O_2,1} + M_{O_2} \cdot n \cdot c_{v,O_2} \cdot T_{O_2,1}}{M_{N_2} \cdot n \cdot c_{v,N_2} + M_{O_2} \cdot n \cdot c_{v,O_2}}$$

$$T_2 = \frac{T_{O_2,1} \cdot n \left(2 \cdot M_{N_2} \cdot c_{v,N_2} + M_{O_2} \cdot c_{v,O_2} \right)}{M_{N_2} \cdot n \cdot c_{v,N_2} + M_{O_2} \cdot n \cdot c_{v,O_2}}$$

$$T_2 = \frac{T_{O_2,1}\left(2 \cdot M_{N_2} \cdot c_{v,N_2} + M_{O_2} \cdot c_{v,O_2}\right)}{M_{N_2} \cdot c_{v,N_2} + M_{O_2} \cdot c_{v,O_2}}$$

$$c_{v,N_2} = 0{,}743 \frac{\text{kJ}}{\text{kg} \cdot \text{K}}$$

$$c_{v,O_2} = 0{,}654 \frac{\text{kJ}}{\text{kg} \cdot \text{K}}$$

$$M_{N_2} = 28{,}016 \frac{\text{kg}}{\text{kmol}}$$

$$M_{O_2} = 32 \frac{\text{kg}}{\text{kmol}}$$

$$T_2 = \frac{300\,\text{K}\left(2 \cdot 28{,}016 \frac{\text{kg}}{\text{kmol}} 0{,}743 \frac{\text{kJ}}{\text{kg} \cdot \text{K}} + 32 \frac{\text{kg}}{\text{kmol}} 0{,}654 \frac{\text{kJ}}{\text{kg} \cdot \text{K}}\right)}{28{,}016 \frac{\text{kg}}{\text{kmol}} 0{,}743 \frac{\text{kJ}}{\text{kg} \cdot \text{K}} + 32 \frac{\text{kg}}{\text{kmol}} 0{,}654 \frac{\text{kJ}}{\text{kg} \cdot \text{K}}}$$

$$T_2 = \frac{300\,\text{K}\left(2 \cdot 28{,}016 \cdot 0{,}743 + 32 \cdot 0{,}654\right)}{\left(28{,}016 \cdot 0{,}743 + 32 \cdot 0{,}654\right)} = \frac{300\,\text{K}\left(62{,}5598\right)}{41{,}7439}$$

$$T_2 \approx 450\,\text{K}$$

2. **Molmasse des Gasgemisches M_m**

$$m_{ges} = M_m \cdot n_{ges}$$

$$M_m = \frac{m_{ges}}{n_{ges}}$$

$$M_m = M_{N_2} \cdot \psi_{N_2} + M_{O_2} \cdot \psi_{O_2}$$

$$M_m = M_{N_2} \frac{n_{N_2}}{n_{ges}} + M_{O_2} \frac{n_{O_2}}{n_{ges}}$$

$$\frac{n_{N_2}}{n_{ges}} = \frac{n_{O_2}}{n_{ges}} = \frac{1}{2}$$

$$M_m = M_{N_2} \frac{1}{2} + M_{O_2} \frac{1}{2} = \frac{1}{2}\left(M_{N_2} + M_{O_2}\right)$$

$$M_m = \frac{1}{2}\left(28{,}016\frac{\text{kg}}{\text{kmol}} + 32\frac{\text{kg}}{\text{kmol}}\right)$$

$$M_m = 30\frac{\text{kg}}{\text{kmol}}$$

3. **Entropieproduktion des Mischungsprozesses ΔS_{irr}**

$$S_2 - S_1 = \Delta S_Q + \Delta S_{irr} \qquad \Delta S_Q = 0$$

$$\Delta S_{irr} = (S_2 - S_1)_{N_2} + (S_2 - S_1)_{O_2}$$

$$(S_2 - S_1)_{N_2} = m_{N_2} \cdot s_{N_2,2} - m_{N_2} \cdot s_{N_2,1} = m_{N_2}\left(s_{N_2,2} - s_{N_2,1}\right)$$

$$(S_2 - S_1)_{N_2} = M_{N_2} \cdot n_{N_2}\left(c_{v,N_2} \cdot \ln\frac{T_2}{T_{N_2,1}} + R_{N_2} \cdot \ln\frac{v_{N_2,2}}{v_{N_2,1}}\right)$$

$$(S_2 - S_1)_{N_2} = M_{N_2} \cdot n_{N_2}\left(c_{v,N_2} \cdot \ln\frac{T_2}{T_{N_2,1}} + R_{N_2} \cdot \ln\frac{\frac{V_{N_2,2}}{m_{N_2}}}{\frac{V_{N_2,1}}{m_{N_2}}}\right)$$

$$(S_2 - S_1)_{N_2} = M_{N_2} \cdot n_{N_2}\left(c_{v,N_2} \cdot \ln\frac{T_2}{T_{N_2,1}} + R_{N_2} \cdot \ln\frac{V_{N_2,2}}{V_{N_2,1}}\right)$$

Analog gilt für O_2:

$$(S_2 - S_1)_{O_2} = M_{O_2} \cdot n_{O_2}\left(c_{v,O_2} \cdot \ln\frac{T_2}{T_{O_2,1}} + R_{O_2} \cdot \ln\frac{V_{O_2,2}}{V_{O_2,1}}\right)$$

$$V_{O_2,2} = V_{N_2,2} = V_2 = V_{O_2,1} + V_{N_2,1}$$

$$V_{O_2,1} = \frac{m_{O_2} \cdot R_{O_2} \cdot T_{O_2,1}}{p_{O_2,1}} = \frac{n_{O_2} \cdot R_m \cdot T_{O_2,1}}{p_{O_2,1}}$$

$$V_{O_2,1} = \frac{1\,\text{kmol} \cdot 8{,}314 \cdot 10^3\,\frac{\text{J}}{\text{kmol} \cdot \text{K}}\,300\,\text{K}}{1{,}0 \cdot 10^5\,\frac{\text{N}}{\text{m}^2}}$$

$$V_{O_2,1} = 24{,}94\,\text{m}^3$$

$$V_{N_2,1} = \frac{m_{N_2} \cdot R_{N_2} \cdot T_{N_2,1}}{p_{N_2,1}} \qquad m_{N_2} \cdot R_{N_2} = n_{N_2} \cdot R_m$$

$$V_{N_2,1} = \frac{n_{N_2} \cdot R_m \cdot T_{N_2,1}}{p_{N_2,1}}$$

$$V_{N_2,1} = \frac{1\,\text{kmol} \cdot 8{,}314 \dfrac{\text{kJ}}{\text{kmol} \cdot \text{K}} 600\,\text{K}}{4{,}93 \cdot 10^5 \dfrac{\text{N}}{\text{m}^2}}$$

$$V_{N_2,1} = 10{,}12\,\text{m}^3$$

$$V_2 = V_{O_2,1} + V_{N_2,1} = 24{,}94\,\text{m}^3 + 10{,}12\,\text{m}^3 = 35{,}06\,\text{m}^3$$

Berechnung für N_2:

$$(S_2 - S_1)_{N_2} = M_{N_2} \cdot n_{N_2} \left(c_{v,N_2} \cdot \ln \frac{T_2}{T_{N_2,1}} + R_{N_2} \cdot \ln \frac{V_2}{V_{N_2,1}} \right)$$

$$(S_2 - S_1)_{N_2} = n_{N_2} \left(M_{N_2} \cdot c_{v,N_2} \cdot \ln \frac{T_2}{T_{N_2,1}} + M_{N_2} \cdot R_{N_2} \cdot \ln \frac{V_2}{V_{N_2,1}} \right)$$

$$M_{N_2} \cdot R_{N_2} = R_m$$

Für 2-atomige Gase gilt $M_{N_2} \cdot c_{v,N_2} = \frac{5}{2} R_m$.

$$(S_2 - S_1)_{N_2} = n_{N_2} \left(\frac{5}{2} R_m \cdot \ln \frac{T_2}{T_{N_2,1}} + R_m \cdot \ln \frac{V_2}{V_{N_2,1}} \right)$$

$$(S_2 - S_1)_{N_2} = n_{N_2} \cdot R_m \left(\frac{5}{2} \cdot \ln \frac{T_2}{T_{N_2,1}} + \ln \frac{V_2}{V_{N_2,1}} \right)$$

$$(S_2 - S_1)_{N_2} = 1\,\text{kmol} \cdot 8{,}314 \frac{\text{kJ}}{\text{kmol} \cdot \text{K}} \left(\frac{5}{2} \cdot \ln \frac{450\,\text{K}}{600\,\text{K}} + \ln \frac{35{,}06\,\text{m}^3}{10{,}12\,\text{m}^3} \right)$$

$$(S_2 - S_1)_{N_2} = 4{,}35 \frac{\text{kJ}}{\text{K}}$$

Berechnung für O_2:

$$(S_2 - S_1)_{O_2} = n_{O_2}\left(M_{O_2}\cdot c_{vO_2}\cdot \ln\frac{T_2}{T_{O_2,1}} + M_{O_2}\cdot R_{O_2}\cdot \ln\frac{V_{O_2,2}}{V_{O_2,1}}\right)$$

$$M_{O_2}\cdot R_{O_2} = R_m$$

Für 2-atomige Gase gilt $M_{O_2}\cdot c_{vO_2} = \frac{5}{2}R_m$.

$$(S_2 - S_1)_{O_2} = n_{O_2}\left(\frac{5}{2}R_m\cdot \ln\frac{T_2}{T_{O_2,1}} + R_m\cdot \ln\frac{V_2}{V_{O_2,1}}\right)$$

$$(S_2 - S_1)_{O_2} = n_{O_2}\cdot R_m\left(\frac{5}{2}\cdot \ln\frac{T_2}{T_{O_2,1}} + \ln\frac{V_2}{V_{O_2,1}}\right)$$

$$(S_2 - S_1)_{O_2} = 1\,\text{kmol}\cdot 8{,}314\frac{\text{kJ}}{\text{kmol}\cdot\text{K}}\left(\frac{5}{2}\cdot \ln\frac{450\,\text{K}}{300\,\text{K}} + \ln\frac{35{,}06\,\text{m}^3}{24{,}94\,\text{m}^3}\right)$$

$$(S_2 - S_1)_{O_2} = 11{,}26\frac{\text{kJ}}{\text{K}}$$

$$\Delta S_{irr} = (S_2 - S_1)_{N_2} + (S_2 - S_1)_{O_2}$$

$$\Delta S_{irr} = (S_2 - S_1)_{N_2} + (S_2 - S_1)_{O_2}$$

$$\Delta S_{irr} = 4{,}35\frac{\text{kJ}}{\text{K}} + 11{,}26\frac{\text{kJ}}{\text{K}}$$

$$\Delta S_{irr} = 15{,}61\frac{\text{kJ}}{\text{K}}$$

4. Partialdrücke der Komponenten $p_{N_2,2}$, $p_{O_2,2}$

$$p_{N_2,2} = \frac{n_{N_2}\cdot R_m\cdot T_2}{V_2}$$

$$p_{N_2,2} = \frac{1\,\text{kmol}\cdot 8{,}314\frac{\text{kJ}}{\text{kmol}\cdot\text{K}}\,450\,\text{K}}{35{,}06\,\text{m}^3}$$

$$p_{N_2,2} = 1{,}067\,\text{bar}$$

$$p_{O_2,2} = \frac{n_{O_2}\cdot R_m\cdot T_2}{V_2}$$

$$p_{O_2,2} = \frac{1\,\text{kmol} \cdot 8{,}314 \dfrac{\text{kJ}}{\text{kmol} \cdot \text{K}} 450\,\text{K}}{35{,}06\,\text{m}^3}$$

$$p_{O_2,2} = 1{,}067\,\text{bar} = p_{N_2,2}$$

5. **Gesamtdruck des Gasgemisches p_{ges}**

$$p_{Ges} = p_{N_2,2} + p_{O_2,2} = 1{,}067\,\text{bar} + 1{,}067\,\text{bar}$$

$$p_{Ges} = 2{,}134\,\text{bar}$$

Aufgabe 40

Mollier-Diagramm, Wassergehalte

Vorstellung:

In einer Klimaanlage werden in einem Wärmetauscher $\dot{m}_{FL} = 500\,\text{kg/h}$ feuchte Luft mit einem Partialdruck des Wasserdampfes p_W = 15 Torr und einer Temperatur von t_1 = 32,9 °C abgekühlt. Der Luft werden dabei $\dot{Q}_{12} = -13{,}773\,\text{MJ/h}$ entzogen. Der Prozess verläuft isobar bei einem Druck von p = 760 Torr.

Gesucht:

1. Zustandsänderung im Mollier-h,x-Diagramm
2. Wassergehalt der Luft bei Eintritt in den Wärmetauscher X_1
3. Massenstrom $\dot{m}_{TL}$ und Volumenstrom $\dot{V}_{TL}$ der trockenen Luft
4. Endzustand der Luft h_2, t_2, X_2
5. Entzug an flüssigem Wasser $\dot{m}_{W,\text{Entzug}}$, um gesättigte Luft zu erhalten

Lösung:

1. **Zustandsänderung im Mollier-h,x-Diagramm**

$$p_S(30\,°C) = 0{,}04242\ \text{bar}$$

$$p_S(35\,°C) = 0{,}05622\ \text{bar}$$

Durch Interpolation ergibt sich (Bild 40.1)

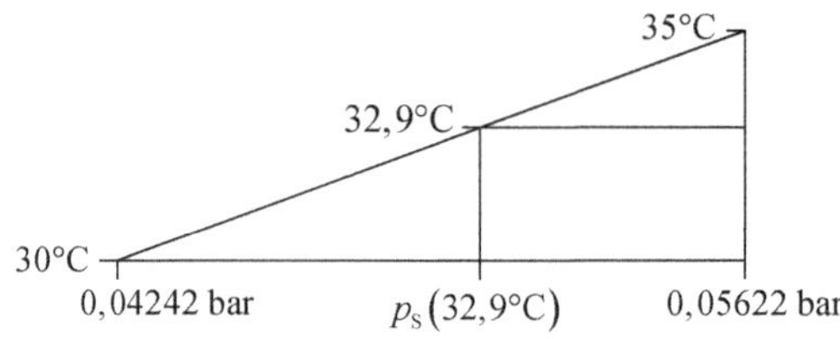

Bild 40.1 Interpolation von $p_S(32{,}9°C)$

$$\frac{32{,}9°C - 30°C}{p_S(32{,}9°C) - 0{,}04242\ \text{bar}} = \frac{35°C - 30°C}{0{,}05622\ \text{bar} - 0{,}04242\ \text{bar}}$$

$$p_S(32{,}9°C) = \frac{0{,}05622\ \text{bar} - 0{,}04242\ \text{bar}}{35°C - 30°C}(32{,}9°C - 30°C) + 0{,}04242\ \text{bar}$$

$$p_S(32{,}9°C) = 0{,}05042\,\text{bar}$$

Relative Luftfeuchtigkeit - Stelle 1

$$\varphi_1 = \frac{p_{W1}}{p_{WS1}} = \frac{15\,\text{Torr}}{0{,}05042\,\text{bar}} = \frac{15 \cdot 0{,}00133332\,\text{bar}}{0{,}05042\,\text{bar}}$$

$$\varphi_1 \approx 0{,}4$$

Stationärer Fließprozess (Bild 40.2)

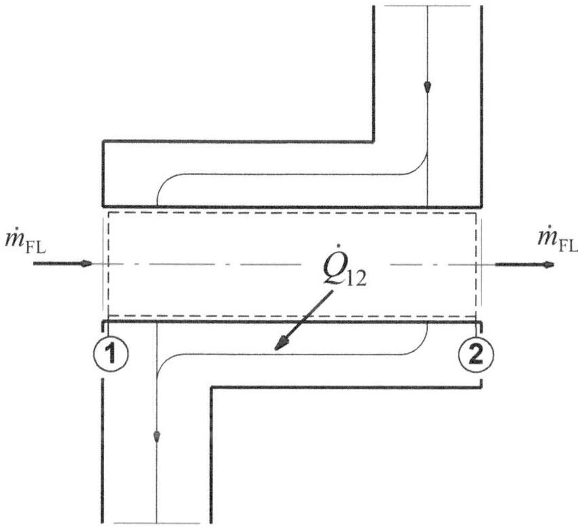

Bild 40.2 Stationärer Fließprozess mit Bilanzhülle

$$\dot{Q}_{12} + P_{12} = \dot{m}_{FL}(h_2 - h_1) \qquad P_{12} = 0$$

$$h_1 - h_2 = -\frac{\dot{Q}_{12}}{\dot{m}_{FL}}$$

$$h_1 - h_2 = \frac{13773\,\frac{\text{kJ}}{\text{h}}}{500\,\frac{\text{kg}}{\text{h}}} = 27{,}55\,\frac{\text{kJ}}{\text{kg}}$$

Hinweis: Diese Enthalpiedifferenz wird in Bild 40.3 veranschaulicht.

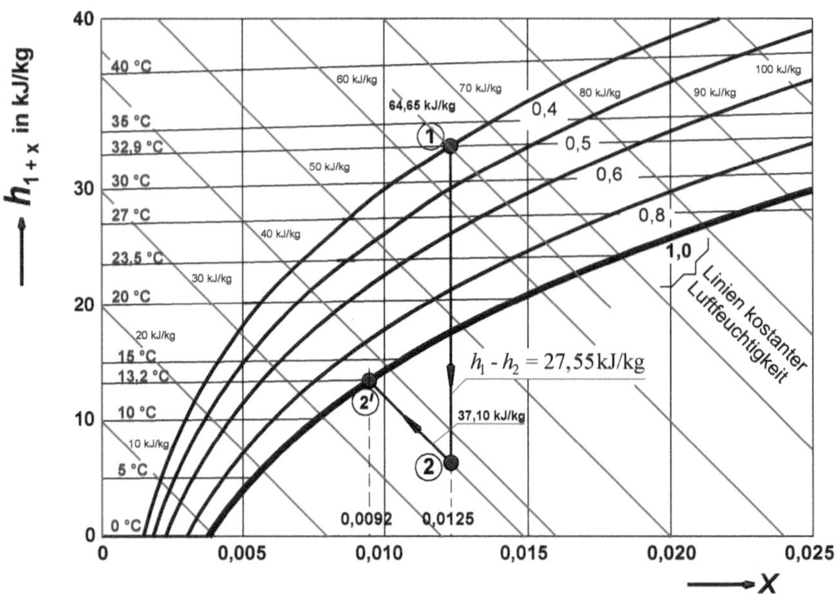

Bild 40.3 Mollier-h,x-Diagramm

2. **Wassergehalt der Luft bei Eintritt in den Wärmetauscher X_1**

$$X_1 = 0{,}622\frac{p_\mathrm{W}}{p - p_\mathrm{W}} = 0{,}622\frac{15\ \mathrm{Torr}}{(760 - 15)\ \mathrm{Torr}}$$

$$X_1 = 0{,}0125$$

3. **Massenstrom $\dot{m}_\mathrm{TL}$ und Volumenstrom $\dot{V}_\mathrm{TL}$ der trockenen Luft**

$$\dot{m}_\mathrm{FL} = \dot{m}_\mathrm{TL} + \dot{m}_\mathrm{W} = \dot{m}_\mathrm{TL}\left(1 + \frac{\dot{m}_\mathrm{W}}{\dot{m}_\mathrm{TL}}\right) = \dot{m}_\mathrm{TL}(1 + X_1)$$

$$\dot{m}_\mathrm{TL} = \frac{\dot{m}_\mathrm{FL}}{1 + X_1} = \frac{500\,\frac{\mathrm{kg}}{\mathrm{h}}}{1 + 0{,}0125}$$

$$\dot{m}_\mathrm{TL} = 493{,}8\,\frac{\mathrm{kg}}{\mathrm{h}}$$

$$\rho_{\mathrm{TL,760\ Torr}} = \mathbf{1{,}293\,kg/m^3}$$

$$\dot{V}_{TL} = \frac{\dot{m}_{TL}}{\rho_{TL,760\,Torr}} = \frac{493{,}8\,\frac{kg}{h}}{1{,}293\,\frac{kg}{m^3}}$$

$$\dot{V}_{TL} = 381{,}9\,\frac{m^3}{h}$$

4. **Endzustand der Luft h_2, t_2, X_2**

$$h_1 - h_2 = 27{,}546\,\frac{kJ}{kg}$$

$$h_2 = h_1 - 27{,}546\,\frac{kJ}{kg}$$

Aus Mollier-*h,x*-Diagramm entnommen (Bild 40.3)

$$h_1 = 64{,}65\,\frac{kJ}{kg}$$

$$h_2 = 37{,}1\,\frac{kJ}{kg}$$

$$t_2 = 13{,}2\,°C$$

$$X_2 = X_1 = 0{,}0125$$

5. **Entzug an flüssigem Wasser $\dot{m}_{W,Entzug}$, um gesättigte Luft zu erhalten**

$$\dot{m}_{W,Entzug} = \Delta X \cdot \dot{m}_{TL}$$

$$\dot{m}_{W,Entzug} = \left(X_2 - X_{2'}\right)\dot{m}_{TL}$$

Aus Mollier-*h,x*-Diagramm entnommen (Bild 40.3)

$$X_{2'} = 0{,}0092$$

$$\dot{m}_{W,Entzug} = (0{,}0125 - 0{,}0092)\,493{,}8\,\frac{kg}{h}$$

$$\dot{m}_{W,Entzug} = 1{,}63\,\frac{kg}{h}$$

Aufgabe 41

Zylinder mit gesättigter Luft, Masse des Wassers und der trockenen Luft, aufzubringende Arbeit

Vorstellung:

In einem Zylinder mit einem Anfangsvolumen von V_1 = 15 m³ befinden sich gesättigte Luft mit einem Druck von p_1 = 0,3 bar bei einer Temperatur von t_1 = 32,9 °C. Durch Verschieben des Kolbens, der den Zylinder abschließt, wird die feuchte Luft isotherm und reibungsfrei auf ein Drittel ihres Volumens verdichtet (Bild 41.1). Das Verhältnis der Volumina beträgt also V_1/V_2 = 3.

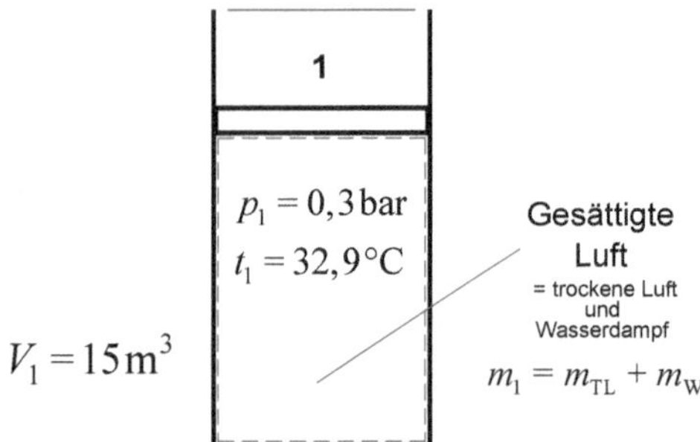

Bild 41.1 Zylinder mit gesättigter Luft im Zustand 1

Die Luft kann als ideales Gas behandelt werden.

Gesucht:

1. Masse der trockenen Luft m_{TL} im Zustand 1
2. Masse des Wassers in der gesättigten Luft m_W
3. Anteil des flüssigen Wassers nach der Verdichtung $m_W^{/}$
4. Partialdruck des Wassers nach der Verdichtung p_{WS2}
5. Die zur Verdichtung aufzubringende Arbeit W_{12}
6. Die beim Verdichtungsprozess ausgetauschte Wärme Q_{12}

Lösung:

1. **Masse der trockenen Luft m_{TL} im Zustand 1**

Den Zustand 1 veranschaulicht Bild 41.1.

$$p_{TL1} \cdot V_1 = m_{TL} \cdot R_{TL} \cdot T_1$$

$$p_1 = p_{TL1} + p_{WS} = 0{,}3 \text{ bar}$$

$$p_{TL1} = p_1 - p_{WS}\left(t_1 = 32{,}9\ °C\right)$$

Hinweis: Die Ermittlung des Partialdruckes des Wasserdampfes bei Sättigung $p_{WS}(t_1 = 32{,}9\ °C)$ erfolgt mittels Interpolation (Bild 41.2); siehe auch Aufgabe 40.

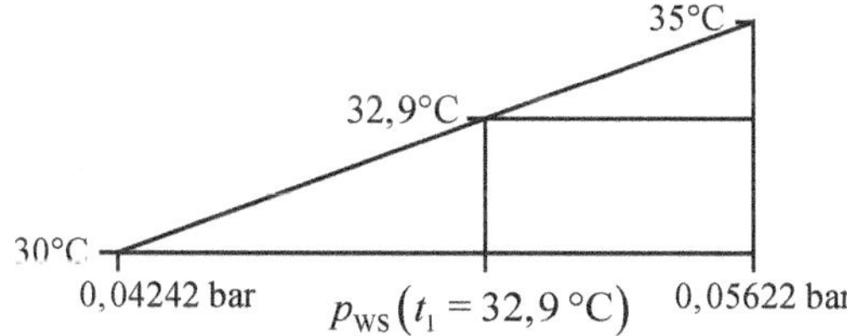

Bild 41.2 Ermittlung von $p_{WS}(32{,}9°C)$

$$p_{WS}\left(t_1 = 32{,}9\ °C\right) = 0{,}05042 \text{ bar}$$

$$p_{TL1} = 0{,}3 \text{ bar} - 0{,}05042 \text{ bar} = 0{,}25 \text{ bar}$$

$$m_{TL} = \frac{p_{L1} \cdot V_1}{R_{TL} \cdot T_1}$$

$$\mathbf{R_{TL} = 0{,}287 \frac{kJ}{kg \cdot K}}$$

$$T_1 = 273{,}15\text{K} + t_1 = 273{,}15\text{K} + 32{,}9°\text{C} = 306{,}05\text{K}$$

$$m_{TL} = \frac{0{,}25 \text{ bar} \cdot 15 \text{ m}^3}{0{,}287 \frac{\text{kJ}}{\text{kg} \cdot \text{K}} 306{,}05 \text{ K}} = \frac{0{,}25 \cdot 10^5 \frac{\text{N}}{\text{m}^2} 15 \text{ m}^3}{0{,}287 \frac{10^3 \cdot \text{Nm}}{\text{kg} \cdot \text{K}} 306{,}05 \text{ K}}$$

$$m_{TL} = 4{,}27 \text{ kg}$$

2. **Masse des Wassers in der gesättigten Luft m_W**

Für feuchte Luft gilt für den Wassergehalt bei Sättigung:

$$X_S = 0{,}622 \frac{p_{WS}}{p_1 - p_{WS}}$$

$$m_W = m_{TL} \cdot X_S = m_{TL} \cdot 0{,}622 \frac{p_{WS}}{p_1 - p_{WS}}$$

$$m_W = 4{,}27\ \text{kg} \cdot 0{,}622 \frac{0{,}05042\ \text{bar}}{0{,}3\ \text{bar} - 0{,}05042\ \text{bar}}$$

$$m_W = 0{,}537\ \text{kg}$$

Hinweis: Mit m_W liegt die Masse an Wasser in Form von Wasserdampf vor.

3. **Anteil des flüssigen Wassers nach der Verdichtung m_W'**

Hinweis: Nach dem Gesetz von DALTON herrscht beim Volumen V_2 der Partialdruck der trockenen Luft p_{L2}, wenn diese das Volumen allein ausfüllt (Bild 41.3, links). Das Kondensat (flüssiges Wasser) und der gesättigte Wasserdampf (Gas) unterliegen beim Volumen V_2 dem Partialdruck des Wasserdampfes p_{WS}, wenn das Volumen allein von diesen ausgefüllt wird (Bild 41.3, rechts).

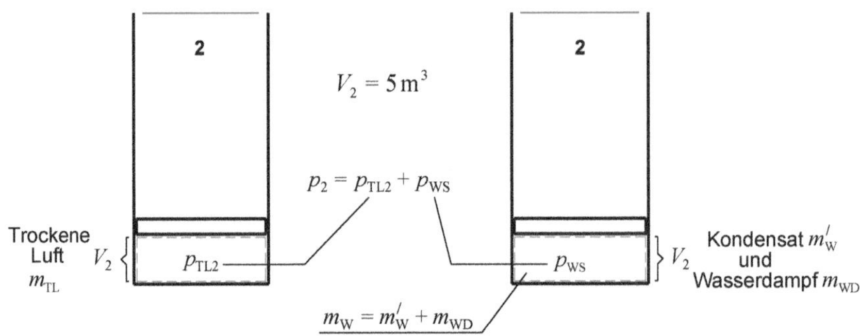

Bild 41.3 Partialdrücke beim Volumen V_2

$$p_2 = p_{TL2} + p_{WS} \qquad p_{WS}(t_1 = 32{,}9\ °\text{C}) = 0{,}05042\ \text{bar}$$

Mit $V_2 = m_W' \cdot v' + m_{WD} \cdot v''$ ergibt sich:

$$V_2 = m_W' \cdot v' + (m_W - m_W') v''$$

$$V_2 = m_W' \cdot v' + m_W \cdot v'' - m_W' \cdot v''$$

$$V_2 = m_W' (v' - v'') + m_W \cdot v''$$

$$\frac{V_2 - m_W \cdot v^{//}}{v^{/} - v^{//}} = m_W^{/}$$

$$m_W^{/} = \frac{m_W \cdot v^{//} - V_2}{v^{//} - v^{/}}$$

Nach *Knoche K. F.*:

$$\mathbf{v^{//} = v^{//}\left(t_2 = 32{,}898°C\right) = 28190 \cdot 10^{-3}\,\frac{m^3}{kg}} \approx \mathbf{v^{//}\left(t_2 = 32{,}9°C\right)}$$

Berücksichtigt man noch $v^{/} << v^{//}$, dann gilt:

$$m_W^{/} = m_W - \frac{V_2}{v^{//}} = 0{,}537\ \text{kg} - \frac{5\,\text{m}^3}{28190 \cdot 10^{-3}\,\frac{\text{m}^3}{\text{kg}}}$$

$$m_W^{/} = 0{,}3596\ \text{kg}$$

4. **Partialdruck des Wassers nach der Verdichtung p_{WS2}**

Hinweis: Wie bereits unter Punkt 3 ausgeführt, unterliegen das Kondensat (flüssiges Wasser) und der gesättigte Wasserdampf (Gas) beim Volumen V_2 dem Partialdruck des Wasserdampfes p_{WS}.

$$p_{WS2} = p_{WS}\left(t_2 = 32{,}9°C\right) = 0{,}05042\,\text{bar}$$

5. **Die zur Verdichtung aufzubringende Arbeit W_{12}**

$$W_{12} = W_{V12} + W_{diss12}$$

Mit $W_{diss12} << W_{V12}$ ergibt sich:

$$W_{12} = W_{V12} = -\int_1^2 p\,dV = -\int_1^2 \left(p_{TL} + p_{WS}\right)dV$$

$$W_{12} = -\int_1^2 p_{TL}\,dV - \int_1^2 p_{WS}\,dV$$

$$W_{12} = -m_{TL} \cdot R_{TL} \cdot T_1 \int_1^2 \frac{dV}{V} - p_{WS}\left(V_2 - V_1\right)$$

$$W_{12} = -m_{TL} \cdot R_{TL} \cdot T_1 \cdot \ln\frac{V_2}{V_1} + p_{WS}\left(V_1 - V_2\right)$$

$$W_{12} = m_{TL} \cdot R_{TL} \cdot T_1 \cdot \ln\frac{V_1}{V_2} + p_{WS}\left(V_1 - V_2\right)$$

$$W_{12} = 4{,}27\,\text{kg}\cdot 0{,}287\frac{\text{kJ}}{\text{kg}\cdot\text{K}}306{,}05\,\text{K}\cdot\ln 3 + 0{,}05042\cdot 10^5\,\frac{\text{N}}{\text{m}^2}10\,\text{m}^3$$

$$W_{12} = 412\,\text{kJ} + 0{,}05042\cdot 10^5\,\text{Nm}\cdot 10\frac{10^{-3}\,\text{kJ}}{\text{Nm}} = 412\,\text{kJ} + 50{,}42\,\text{kJ}$$

$$W_{12} = 462{,}42\,\text{kJ}$$

6. **Die beim Verdichtungsprozess ausgetauschte Wärme Q_{12}**

Erster Hauptsatz für ein geschlossenes System:

$$Q_{12} = U_2 - U_1 - W_{12}$$

$$U_2 - U_1 = \left(U_{2\text{TL}} - U_{1\text{TL}}\right) + \left(U_{2\text{H}_2\text{O}} - U_{1\text{H}_2\text{O}}\right)$$

Hinweis: Es ist $\left(U_{2\text{TL}} - U_{1\text{TL}}\right) = 0$, weil $T_1 = T_2$.

$$U_{2\text{H}_2\text{O}} - U_{1\text{H}_2\text{O}} = m_{\text{WD}}\cdot u_2^{//} + m_{\text{W}}^{/}\cdot u_2^{/} - m_{\text{W}}\cdot u_1^{//}$$

$$U_{2\text{H}_2\text{O}} - U_{1\text{H}_2\text{O}} = \left(m_{\text{W}} - m_{\text{W}}^{/}\right)u_2^{//} + m_{\text{W}}^{/}\cdot u_2^{/} - m_{\text{W}}\cdot u_1^{//}$$

$$U_{2\text{H}_2\text{O}} - U_{1\text{H}_2\text{O}} = m_{\text{W}}\cdot u_2^{//} - m_{\text{W}}^{/}\cdot u_2^{//} + m_{\text{W}}^{/}\cdot u_2^{/} - m_{\text{W}}\cdot u_1^{//}$$

Hinweis: Es ist $u_1^{//} = u_2^{//} = 0$, weil $T_1 = T_2$.

$$U_{2\text{H}_2\text{O}} - U_{1\text{H}_2\text{O}} = m_{\text{W}}^{/}\cdot u_2^{/} - m_{\text{W}}^{/}\cdot u_2^{//} = m_{\text{W}}^{/}\left(u_2^{/} - u_2^{//}\right)$$

$u_2^{/} = h_2^{/} - p_{\text{WS}}\cdot v_2^{/}$ "/" → Flüssiges Wasser (Kondensat)

$u_2^{//} = h_2^{//} - p_{\text{WS}}\cdot v_2^{//}$ "//" → Wasserdampf

Hinweis: Im Zustand 2 ist der Druck $p_{\text{WS}}(32{,}9\,°\text{C}) = 0{,}05042\,\text{bar}$ für das Kondensat und den Wasserdampf maßgebend (Bild 41.3).

$$u_2^{/} - u_2^{//} = h_2^{/} - p_{\text{WS}}\cdot v_2^{/} - h_2^{//} + p_{\text{WS}}\cdot v_2^{//}$$

$$u_2^{/} - u_2^{//} = -\left(h_2^{//} - h_2^{/}\right) + p_{\text{WS}}\left(v_2^{//} - v_2^{/}\right) \qquad -\left(h_2^{//} - h_2^{/}\right) = -r_2$$

$$u_2^{/} - u_2^{//} = -r_2 + p_{\text{WS}}\left(v_2^{//} - v_2^{/}\right)$$

$$U_{2\text{H}_2\text{O}} - U_{1\text{H}_2\text{O}} = m_{\text{W}}^{/}\left[-r_2 + p_{\text{WS}}\left(v_2^{//} - v_2^{/}\right)\right]$$

$$Q_{12} = \left(U_{2\text{H}_2\text{O}} - U_{1\text{H}_2\text{O}}\right) - W_{12} = m_{\text{W}}^{/}\left[-r_2 + p_{\text{WS}}\left(v_2^{//} - v_2^{/}\right)\right] - W_{12}$$

Berücksichtigt man noch $v_2^{/} << v_2^{//}$, dann gilt:

$$Q_{12} = m_W^{/}\left[-r_2 + p_{WS} \cdot v_2^{//}\right] - W_{12}$$

Nach *Knoche K. F.*:

$$\mathbf{r_2 = r_2(32{,}898\,°C) = 2423{,}8\,\frac{kJ}{kg}} \approx r_2(32{,}9\,°C)$$

$$m_W^{/} = 0{,}3596\ \text{kg} \qquad W_{12} = 462{,}42\ \text{kJ}$$

$$Q_{12} = 0{,}3596\ \text{kg}\left[-2423{,}8\frac{\text{kJ}}{\text{kg}} + 0{,}05042 \cdot 10^5\,\frac{\text{N}}{\text{m}^2}\,28{,}19\,\frac{\text{m}^3}{\text{kg}}\right] - 462{,}42\ \text{kJ}$$

$$Q_{12} = 0{,}3596\ \text{kg}\left[-2423{,}8\frac{\text{kJ}}{\text{kg}} + 0{,}05042 \cdot 10^2 \cdot 28{,}19\,\frac{\text{kJ}}{\text{kg}}\right] - 462{,}42\ \text{kJ}$$

$$Q_{12} = 0{,}3596\ \text{kg}\left[-2423{,}8\frac{\text{kJ}}{\text{kg}} + 142{,}134\,\frac{\text{kJ}}{\text{kg}}\right] - 462{,}42\ \text{kJ}$$

$$Q_{12} = -1282{,}9\ \text{kJ}$$

Aufgabe 42

Klimatisierte Halle, Wassergehalte, Mollier-Diagramm, relative Luftfeuchtigkeit

Vorstellung:

Halle (Bild 42.1): Umgebungsluft - Zustand 1: t_1 = 10 °C, φ_1 = 0,8, Umluft am Eintritt des Wärmetauschers - Zustand 2: t_2 = 20 °C, φ_2 = 0,6. Nach Zufuhr eines Wärmestroms $\dot{Q}_{23}$ hat die Umluft nach Austritt aus dem Wärmetauscher die Temperatur t_3. Die feuchte Luft tritt mit der Temperatur t_4 = 25 °C in die Halle ein.

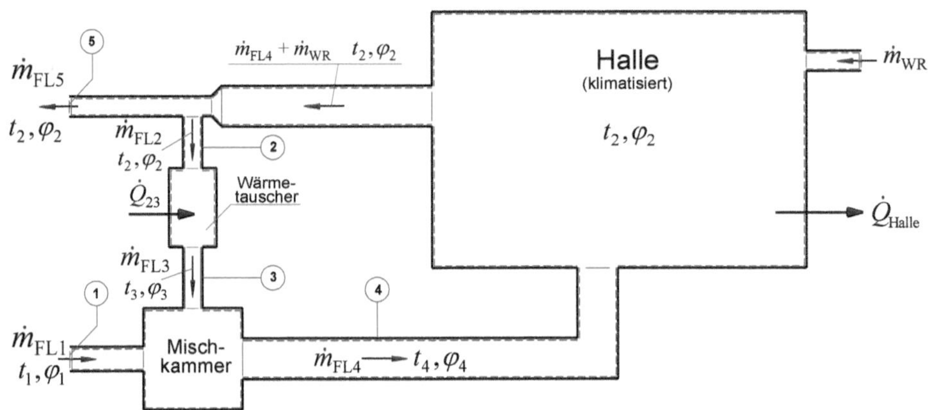

Bild 42.1 Klimatisierte Halle

Es soll die Energieabgabe der Halle an ihre Umgebung ausgeglichen werden; der durch Warmübergang abgeführte Wärmestrom beträgt $|\dot{Q}_{Halle}| = 9000$ kJ / h.

Der Halle wird von außen ein Wassermassenstrom von $\dot{m}_{WR} = 1$ kg/h zugeführt. Es herrscht überall ein Umgebungsdruck von $p = p_u = 1{,}01325$ bar (Luftdruck).

Gesucht:

1. Wassergehalte X_1, X_2, X_3
2. Enthalpien der feuchten Luft h_{FL1}, h_{FL2}
3. Ausschnitt aus einem Mollier-h,x-Diagramm

4. Massenstrom an trockener Umgebungsluft $\dot{m}_{TL1}$
5. Zugeführter Wärmestrom $\dot{Q}_{23}$
6. Massenstrom an trockener Umluft $\dot{m}_{TL3}$
7. Temperatur t_3 der Umluft
8. Relative Luftfeuchtigkeit φ_3
9. Wassergehalt X_4
10. Relative Feuchte φ_4 der Mischluft
11. Kontrolle der Temperatur t_4

Lösung:

1. **Wassergehalte X_1, X_2, X_3**

Die Wassergehalte lassen sich wie folgt berechnen:

an Stelle 1

$$X_1 = \frac{\dot{m}_{W1}}{\dot{m}_{TL1}} = 0,622 \frac{p_{WS,t_1=10°C}}{\frac{p}{\varphi_1} - p_{WS,t_1=10°C}}$$

$$p_{WS,t_1=10°C} = \mathbf{0,01227\,bar}$$

$$X_1 = 0,622 \frac{0,01227\,\text{bar}}{\frac{1,01325\,\text{bar}}{0,8} - 0,01227\,\text{bar}}$$

$$X_1 = 0,0061$$

an Stelle 2

$$X_2 = \frac{\dot{m}_{W2}}{\dot{m}_{TL2}} = 0,622 \frac{p_{WS,t_2=20°C}}{\frac{p}{\varphi_2} - p_{WS,t_2=20°C}}$$

$$p_{WS,t_2=20°C} = \mathbf{0,02337\,bar}$$

$$X_2 = 0,622 \frac{0,02337\,\text{bar}}{\frac{1,01325\,\text{bar}}{0,6} - 0,02337\,\text{bar}}$$

$$X_2 = 0,00873$$

an Stelle 3

$$X_3 = X_2 = 0,00873$$

2. **Enthalpien der feuchten Luft h_{FL1}, h_{FL2}**

$$c_{Luft} = 1{,}004\ \frac{kJ}{kg \cdot K}$$

$$c_{WD} = 1{,}86\ \frac{kJ}{kg \cdot K}$$

$$r_0 = 2500\ \frac{kJ}{kg}$$

Aus dem Mollier-*h,x*-Diagramm (Punkt 3) liest man ab

$$h_{FL1} = 25{,}40 \frac{kJ}{kg}$$

$$h_{FL2} = 42{,}23 \frac{kJ}{kg}$$

h_{FL1}, h_{FL2} können auch mittels der Gleichungen

$$h_{FL1} = c_{Luft} \cdot t_1 + X_1 \left(r_0 + c_{WD} \cdot t_1\right), \qquad h_{FL2} = c_{Luft} \cdot t_2 + X_2 \left(r_0 + c_{WD} \cdot t_2\right)$$

wie folgt berechnet werden:

$$h_{FL1} = 1{,}004\ \frac{kJ}{kg \cdot K} 10\,°C + 0{,}0061 \left(2500\ \frac{kJ}{kg} + 1{,}86\ \frac{kJ}{kg \cdot K} 10\,°C\right)$$

$$h_{FL1} = 25{,}40 \frac{kJ}{kg}$$

$$h_{FL2} = 1{,}004\ \frac{kJ}{kg \cdot K} 20\,°C + 0{,}00873 \left(2500\ \frac{kJ}{kg} + 1{,}86 \frac{kJ}{kg \cdot K} 20\,°C\right)$$

$$h_{FL2} = 42{,}23 \frac{kJ}{kg}$$

3. **Ausschnitt aus einem Mollier-*h,x*-Diagramm**

Bild 42.2 zeigt einen Ausschnitt des Mollier-*h,x*-Diagramms.

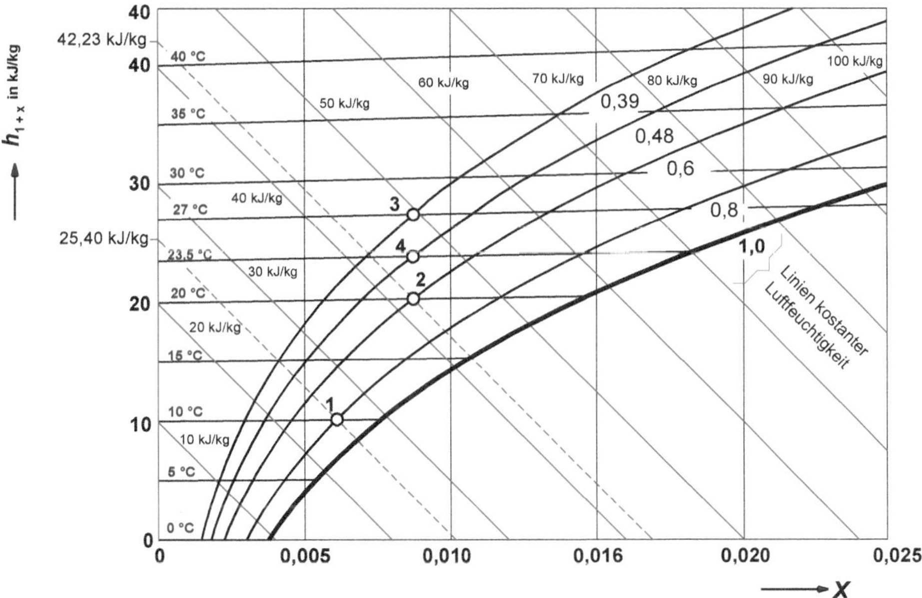

Bild 42.2 Mollier-*h*,*x*-Diagramm – Ausschnitt

4. Massenstrom an trockener Umgebungsluft $\dot{m}_{TL1}$

$$\dot{m}_{WR} + \dot{m}_{TL1} \cdot X_1 + \dot{m}_{TL1} = \dot{m}_{TL5} + \dot{m}_{TL5} \cdot X_5$$

$$\dot{m}_{TL1} = \dot{m}_{TL5} \qquad X_5 = X_2$$

$$\dot{m}_{WR} + \dot{m}_{TL1} \cdot X_1 + \dot{m}_{TL1} = \dot{m}_{TL1} + \dot{m}_{TL1} \cdot X_2$$

$$\dot{m}_{WR} + \dot{m}_{TL1} \cdot X_1 = \dot{m}_{TL1} \cdot X_2$$

$$\dot{m}_{WR} = \dot{m}_{TL1} \cdot X_2 - \dot{m}_{TL1} \cdot X_1$$

$$\dot{m}_{WR} = \dot{m}_{TL1}\left(X_2 - X_1\right)$$

$$\dot{m}_{TL1} = \frac{\dot{m}_{WR}}{X_2 - X_1}$$

$$\dot{m}_{TL1} = \frac{1\,\frac{\text{kg}}{\text{h}}}{0{,}00873 \quad 0{,}0061}$$

$$\dot{m}_{TL1} = 380{,}23\,\frac{\text{kg}}{\text{h}}$$

5. **Zugeführter Wärmestrom $\dot{Q}_{23}$**

Die Anlage ist ein offenes System, für das der 1. Hauptsatz der Thermodynamik lautet:

$$\dot{Q}_{23} + \dot{m}_{FL1} \cdot h_{FL1} + \dot{m}_{WR} \cdot h_{WR} - \dot{m}_{FL5} \cdot h_{FL5} - \dot{Q}_{Halle} = 0$$

$$\dot{m}_{FL5} = \dot{m}_{FL1}$$

$$\dot{Q}_{23} + \dot{m}_{FL1} \cdot h_{FL1} + \dot{m}_{WR} \cdot h_{WR} - \dot{m}_{FL1} \cdot h_{FL5} - \dot{Q}_{Halle} = 0$$

$$-\dot{Q}_{Halle} + \dot{Q}_{23} + \dot{m}_{WR} \cdot h_{WR} = \dot{m}_{FL1} \cdot h_{FL5} - \dot{m}_{FL1} \cdot h_{FL1}$$

$$-\dot{Q}_{Halle} + \dot{Q}_{23} + \dot{m}_{WR} \cdot h_{WR} = \dot{m}_{FL1} \left(h_{FL5} - h_{FL1} \right)$$

$$\dot{Q}_{23} = \dot{m}_{FL1} \left(h_{FL5} - h_{FL1} \right) + \dot{Q}_{Halle} - \dot{m}_{WR} \cdot h_{WR}$$

$$c_{\mathbf{Wasser}} = \mathbf{4{,}183 \frac{kJ}{kg \cdot K}}$$

$$h_{WR} = c_{Wasser} \cdot t_2 = 4{,}183 \frac{kJ}{kg \cdot K} 20\,°C = 83{,}66 \frac{kJ}{kg}$$

$$h_{FL1} = 25{,}40 \frac{kJ}{kg}, \qquad h_{FL5} = h_{FL2} = 42{,}23 \frac{kJ}{kg}$$

$$\dot{m}_{FL1} = \dot{m}_{TL1} + \dot{m}_{W1} = \dot{m}_{TL1} + \dot{m}_{TL1} \cdot X_1 = \dot{m}_{TL1} \left(1 + X_1 \right)$$

$$\dot{m}_{FL1} = 380{,}23 \frac{kg}{h} \left(1 + 0{,}0061 \right) = 382{,}55 \frac{kg}{h}$$

$$\left| \dot{Q}_{Halle} \right| = 9000 \frac{kJ}{h} \qquad \dot{m}_{WR} = 1 \frac{kg}{h}$$

$$\dot{Q}_{23} = \dot{m}_{FL1} \left(h_{FL2} - h_{FL1} \right) + \dot{Q}_{Halle} - \dot{m}_{WR} \cdot h_{WR}$$

$$\dot{Q}_{23} = 382{,}55 \frac{kg}{h} \left(42{,}23 \frac{kJ}{kg} - 25{,}40 \frac{kJ}{kg} \right) + 9000 \frac{kJ}{h} - 1 \frac{kg}{h} 83{,}66 \frac{kJ}{kg}$$

$$\dot{Q}_{23} = 15355 \frac{kJ}{h}$$

6. **Massenstrom an trockener Umluft $\dot{m}_{TL3}$**

Das hier zu betrachtende System zeigt Bild 42.3.

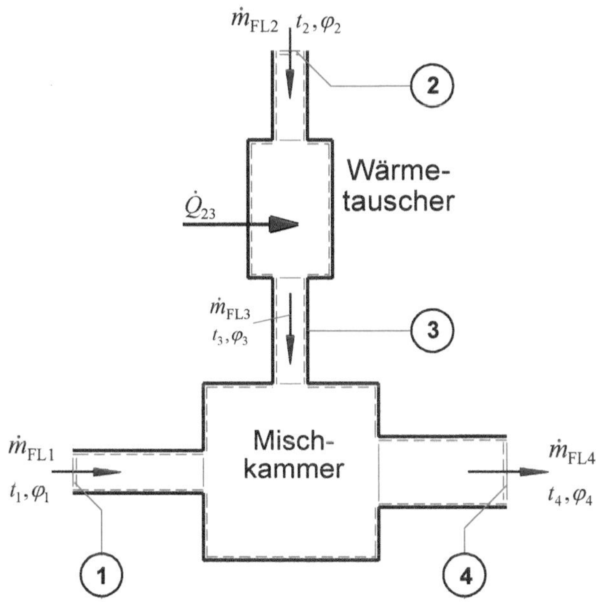

Bild 42.3 Bilanzhülle zur Berechnung des Massenstroms

Erster Hauptsatz der Thermodynamik:

$$\dot{Q}_{23} + \dot{m}_{FL2} \cdot h_{FL2} + \dot{m}_{FL1} \cdot h_{FL1} - \dot{m}_{FL4} \cdot h_{FL4} = 0 \qquad (42.1)$$

Für ungesättigte feuchte Luft gilt:

$$h_{FL4} = c_{Luft} \cdot t_4 + X_4 \left(r_0 + c_{WD} \cdot t_4 \right) \qquad (42.2)$$

$$\dot{m}_{FL2} = \dot{m}_{FL3}$$

$$\dot{m}_{FL4} = \dot{m}_{FL1} + \dot{m}_{FL2}$$

$$\dot{m}_{TL4} + \dot{m}_{W4} = \dot{m}_{TL1} + \dot{m}_{W1} + \dot{m}_{TL2} + \dot{m}_{W2}$$

$$\dot{m}_{TL4} + \dot{m}_{TL4} \cdot X_4 = \dot{m}_{TL1} + \dot{m}_{TL1} \cdot X_1 + \dot{m}_{TL2} + \dot{m}_{TL2} \cdot X_2$$

$$\dot{m}_{TL4} + \dot{m}_{TL4} \cdot X_4 = \dot{m}_{TL1} + \dot{m}_{TL2} + \dot{m}_{TL1} \cdot X_1 + \dot{m}_{TL2} \cdot X_2$$

$$\dot{m}_{TL4} = \dot{m}_{TL1} + \dot{m}_{TL2}$$

$$\dot{m}_{\text{TL4}} + \dot{m}_{\text{TL4}} \cdot X_4 = \dot{m}_{\text{TL4}} + \dot{m}_{\text{TL1}} \cdot X_1 + \dot{m}_{\text{TL2}} \cdot X_2$$

$$\dot{m}_{\text{TL4}} \cdot X_4 = \dot{m}_{\text{TL1}} \cdot X_1 + \dot{m}_{\text{TL2}} \cdot X_2$$

$$X_3 = X_2 = 0{,}00873$$

$$X_4 = \frac{\dot{m}_{\text{TL1}} \cdot X_1 + \dot{m}_{\text{TL2}} \cdot X_2}{\dot{m}_{\text{TL4}}} = \frac{\dot{m}_{\text{TL1}} \cdot X_1 + \dot{m}_{\text{TL3}} \cdot X_3}{\dot{m}_{\text{TL4}}} \tag{42.3}$$

Aus (42.1)

$$\dot{Q}_{23} = \dot{m}_{\text{FL4}} \cdot h_{\text{FL4}} - \dot{m}_{\text{FL2}} \cdot h_{\text{FL2}} - \dot{m}_{\text{FL1}} \cdot h_{\text{FL1}} \tag{42.4}$$

Aus (42.2) und (42.3)

$$h_{\text{FL4}} = c_{\text{Luft}} \cdot t_4 + \frac{\dot{m}_{\text{TL1}} \cdot X_1 + \dot{m}_{\text{TL2}} \cdot X_3}{\dot{m}_{\text{TL4}}} \left(r_0 + c_{\text{WD}} \cdot t_4\right) \tag{42.5}$$

$$h_{\text{FL4}} \cdot \dot{m}_{\text{TL4}} = c_{\text{Luft}} \cdot t_4 \cdot \dot{m}_{\text{TL4}} + \left(\dot{m}_{\text{TL1}} \cdot X_1 + \dot{m}_{\text{TL2}} \cdot X_3\right)\left(r_0 + c_{\text{WD}} \cdot t_4\right)$$

Aus (42.4) und (42.5)

$$\dot{Q}_{23} = c_{\text{Luft}} \cdot t_4 \cdot \dot{m}_{\text{TL4}} + \left(\dot{m}_{\text{TL1}} \cdot X_1 + \dot{m}_{\text{TL2}} \cdot X_3\right)\left(r_0 + c_{\text{WD}} \cdot t_4\right) - \dot{m}_{\text{FL2}} \cdot h_{\text{FL2}} - \dot{m}_{\text{FL1}} \cdot h_{\text{FL1}}$$

$$\dot{Q}_{23} = c_{\text{Luft}} \cdot t_4 \cdot \dot{m}_{\text{TL4}} + \dot{m}_{\text{TL1}} \cdot X_1\left(r_0 + c_{\text{Wasser}} \cdot t_4\right) + \dot{m}_{\text{TL2}} \cdot X_3\left(r_0 + c_{\text{WD}} \cdot t_4\right) - \dot{m}_{\text{FL2}} \cdot h_{\text{FL2}} - \dot{m}_{\text{FL1}} \cdot h_{\text{FL1}}$$

$$\dot{m}_{\text{TL4}} = \dot{m}_{\text{TL1}} + \dot{m}_{\text{TL2}}$$

$$\dot{Q}_{23} = c_{\text{Luft}} \cdot t_4 \cdot \dot{m}_{\text{TL1}} + c_{\text{Luft}} \cdot t_4 \cdot \dot{m}_{\text{TL2}} + \dot{m}_{\text{TL1}} \cdot X_1\left(r_0 + c_{\text{WD}} \cdot t_4\right) + \dot{m}_{\text{TL2}} \cdot X_3\left(r_0 + c_{\text{WD}} \cdot t_4\right) - \dot{m}_{\text{FL2}} \cdot h_{\text{FL2}} - \dot{m}_{\text{FL1}} \cdot h_{\text{FL1}}$$

$$\dot{Q}_{23} = c_{\text{Luft}} \cdot t_4 \cdot \dot{m}_{\text{TL1}} + c_{\text{Luft}} \cdot t_4 \cdot \dot{m}_{\text{TL2}} + \dot{m}_{\text{TL1}} \cdot X_1\left(r_0 + c_{\text{WD}} \cdot t_4\right) + \dot{m}_{\text{TL2}} \cdot X_3\left(r_0 + c_{\text{WD}} \cdot t_4\right) - \dot{m}_{\text{TL2}}\left(1 + X_2\right)h_{\text{FL2}} - \dot{m}_{\text{TL1}}\left(1 + X_1\right)h_{\text{FL1}}$$

$$\dot{Q}_{23} = \dot{m}_{\text{TL2}}\left[c_{\text{Luft}} \cdot t_4 + X_3\left(r_0 + c_{\text{WD}} \cdot t_4\right) - \left(1 + X_3\right)h_{\text{FL2}}\right] + \dot{m}_{\text{TL1}}\left[c_{\text{Luft}} \cdot t_4 + X_1\left(r_0 + c_{\text{WD}} \cdot t_4\right) - \left(1 + X_1\right)h_{\text{FL1}}\right]$$

$$\dot{Q}_{23} - \dot{m}_{\text{TL1}}\left[c_{\text{Luft}} \cdot t_4 + X_1\left(r_0 + c_{\text{WD}} \cdot t_4\right) - \left(1 + X_1\right)h_{\text{FL1}}\right] = \dot{m}_{\text{TL2}}\left[c_{\text{Luft}} \cdot t_4 + X_3\left(r_0 + c_{\text{WD}} \cdot t_4\right) - \left(1 + X_3\right)h_{\text{FL2}}\right]$$

$$\dot{m}_{\text{TL2}} = \dot{m}_{\text{TL3}}$$

$$\dot{m}_{\text{TL3}} = \dot{m}_{\text{TL2}} = \frac{\dot{Q}_{23} - \dot{m}_{\text{TL1}}\left[c_{\text{Luft}} \cdot t_4 + X_1\left(r_0 + c_{\text{WD}} \cdot t_4\right) - \left(1 + X_1\right)h_{\text{FL1}}\right]}{c_{\text{Luft}} \cdot t_4 + X_3\left(r_0 + c_{\text{WD}} \cdot t_4\right) - \left(1 + X_3\right)h_{\text{FL2}}}$$

$X_1 = 0{,}0061 \qquad X_3 = X_2 = 0{,}00873 \qquad t_4 = 25\,°\mathrm{C}$

$$\dot{m}_{TL3} = \frac{15355\,\frac{\mathrm{kJ}}{\mathrm{h}} - 380{,}23\,\frac{\mathrm{kg}}{\mathrm{h}}\left[1{,}004\,\frac{\mathrm{kJ}}{\mathrm{kg\cdot K}}\,25\,°\mathrm{C} + 0{,}0061\left(2500\,\frac{\mathrm{kJ}}{\mathrm{kg}} + 1{,}86\,\frac{\mathrm{kJ}}{\mathrm{kg\cdot K}}\,25\,°\mathrm{C}\right) - (1+0{,}0061)\,25{,}40\,\frac{\mathrm{kJ}}{\mathrm{kg}}\right]}{1{,}004\,\frac{\mathrm{kJ}}{\mathrm{kg\cdot K}}\,25\,°\mathrm{C} + 0{,}00873\left(2500\,\frac{\mathrm{kJ}}{\mathrm{kg}} + 1{,}86\,\frac{\mathrm{kJ}}{\mathrm{kg\cdot K}}\,25\,°\mathrm{C}\right) - (1+0{,}00873)\,42{,}23\,\frac{\mathrm{kJ}}{\mathrm{kg}}}$$

$$\dot{m}_{TL3} = \frac{15355\,\frac{\mathrm{kJ}}{\mathrm{h}} - 380{,}23\,\frac{\mathrm{kg}}{\mathrm{h}}\left[25{,}1\,\frac{\mathrm{kJ}}{\mathrm{kg}} + 15{,}5337\,\frac{\mathrm{kJ}}{\mathrm{kg\cdot K}} - 25{,}5549\,\frac{\mathrm{kJ}}{\mathrm{kg}}\right]}{25{,}1\,\frac{\mathrm{kJ}}{\mathrm{kg}} + 22{,}2309\,\frac{\mathrm{kJ}}{\mathrm{kg}} - 42{,}5987\,\frac{\mathrm{kJ}}{\mathrm{kg}}}$$

$$\dot{m}_{TL3} = \frac{15355\,\frac{\mathrm{kJ}}{\mathrm{h}} - 380{,}23\,\frac{\mathrm{kg}}{\mathrm{h}}\left[15{,}0788\,\frac{\mathrm{kJ}}{\mathrm{kg}}\right]}{4{,}7322\,\frac{\mathrm{kJ}}{\mathrm{kg}}}$$

$$\dot{m}_{TL3} = \frac{15355\,\frac{\mathrm{kJ}}{\mathrm{h}} - 5733{,}4\,\frac{\mathrm{kJ}}{\mathrm{h}}}{4{,}7322\,\frac{\mathrm{kJ}}{\mathrm{kg}}}$$

$$\dot{m}_{TL3} = 2033{,}2\,\frac{\mathrm{kg}}{\mathrm{h}}$$

7. **Temperatur t_3 der Umluft**

Wird der Kontrollraum um den Wärmetauscher gelegt (Bild 42.4), gilt:

$$\dot{m}_{FL2} \cdot h_{FL2} + \dot{Q}_{23} = \dot{m}_{FL3} \cdot h_{FL3}$$

$$\dot{Q}_{23} = \dot{m}_{FL3} \cdot h_{FL3} - \dot{m}_{FL2} \cdot h_{FL2}$$

$$\dot{m}_{FL3} = \dot{m}_{FL2}$$

$$\dot{Q}_{23} = \dot{m}_{FL3}\left(h_{FL3} - h_{FL2}\right)$$

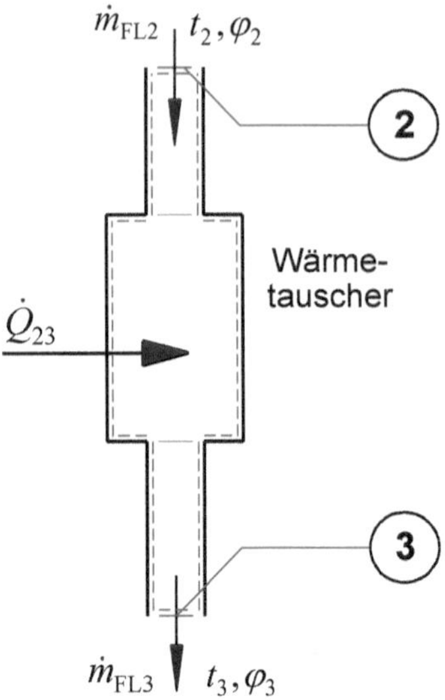

Bild 42.4 Kontrollraum – Wärmetauscher

Für ungesättigte feuchte Luft gilt

$$h_{FL3} = c_{Luft} \cdot t_3 + X_3 \left(r_0 + c_{WD} \cdot t_3 \right)$$

$$\dot{Q}_{23} = c_{Luft} \cdot t_3 \cdot \dot{m}_{FL3} + \dot{m}_{FL3} \cdot X_3 \left(r_0 + c_{WD} \cdot t_3 \right) - \dot{m}_{FL3} \cdot h_{FL2}$$

$$\dot{Q}_{23} = c_{Luft} \cdot t_3 \cdot \dot{m}_{FL3} + \dot{m}_{FL3} \cdot X_3 \cdot c_{WD} \cdot t_3 + \dot{m}_{FL3} \cdot X_3 \cdot r_0 - \dot{m}_{FL3} \cdot h_{FL2}$$

$$\dot{Q}_{23} = t_3 \left(c_{Luft} \cdot \dot{m}_{FL3} + \dot{m}_{FL3} \cdot X_3 \cdot c_{WD} \right) + \dot{m}_{FL3} \cdot X_3 \cdot r_0 - \dot{m}_{FL3} \cdot h_{FL2}$$

$$X_3 = X_2$$

$$\dot{Q}_{23} - \dot{m}_{FL3} \cdot X_3 \cdot r_0 + \dot{m}_{FL3} \cdot h_{FL2} = t_3 \left(c_{Luft} \cdot \dot{m}_{FL3} + \dot{m}_{FL3} \cdot X_3 \cdot c_{WD} \right)$$

$$t_3 = \frac{\dot{Q}_{23} - \dot{m}_{FL3} \cdot X_3 \cdot r_0 + \dot{m}_{FL3} \cdot h_{FL2}}{c_{Luft} \cdot \dot{m}_{FL3} + \dot{m}_{FL3} \cdot X_3 \cdot c_{WD}}$$

$$t_3 = \frac{\dot{Q}_{23} - \dot{m}_{FL3} \left(X_3 \cdot r_0 - h_{FL2} \right)}{\dot{m}_{FL3} \left(c_{Luft} + X_3 \cdot c_{WD} \right)}$$

$$t_3 = \frac{\dot{Q}_{23} - \dot{m}_{TL3} \left(1 + X_3 \right) \left(X_2 \cdot r_0 - h_{FL2} \right)}{\dot{m}_{TL3} \left(1 + X_3 \right) \left(c_{Luft} + X_3 \cdot c_{WD} \right)}$$

$$t_3 = \frac{15355\,\frac{\text{kJ}}{\text{h}} - 2033{,}2\,\frac{\text{kg}}{\text{h}}(1+0{,}00873)\left(0{,}00873\cdot 2500\,\frac{\text{kJ}}{\text{kg}} - 42{,}23\,\frac{\text{kJ}}{\text{kg}}\right)}{2033{,}2\,\frac{\text{kg}}{\text{h}}(1+0{,}00873)\left(1{,}004\,\frac{\text{kJ}}{\text{kg}\cdot\text{K}} + 0{,}00873\cdot 1{,}86\,\frac{\text{kJ}}{\text{kg}\cdot\text{K}}\right)}$$

$$t_3 = \frac{15355\,\frac{\text{kJ}}{\text{h}} - 2033{,}2\,\frac{\text{kg}}{\text{h}}\,1{,}00873\left(-20{,}405\,\frac{\text{kJ}}{\text{kg}}\right)}{2092{,}46\,\frac{\text{kJ}}{\text{h}\cdot{}^\circ\text{C}}}$$

$$t_3 = \frac{15355\,\frac{\text{kJ}}{\text{h}} - \left(-41834{,}696\,\frac{\text{kJ}}{\text{kg}}\right)}{2092{,}46\,\frac{\text{kJ}}{\text{h}\cdot{}^\circ\text{C}}}$$

$$t_3 \approx 27{,}3\,{}^\circ\text{C}$$

Bei dieser Temperatur wird der gewünschte Mischzustand erreicht.

8. **Relative Luftfeuchtigkeit φ_3**

$$p_{\text{WS},t_3=27{,}3\,{}^\circ\text{C}} = \mathbf{0{,}03727\ bar}$$

$$\varphi_3 = \frac{X_3}{(0{,}622+X_3)}\,\frac{p}{p_{\text{WS},t_3=27{,}3\,{}^\circ\text{C}}}$$

$$\varphi_3 = \frac{0{,}00873}{(0{,}622+0{,}00873)}\,\frac{1{,}01325\,\text{bar}}{0{,}03727\,\text{bar}}$$

$$\varphi_3 \approx 0{,}38$$

9. **Wassergehalt X_4**

Siehe Gleichung (42.3), Punkt 6:

$$X_4 = \frac{\dot m_{\text{TL1}}\cdot X_1 + \dot m_{\text{TL3}}\cdot X_3}{\dot m_{\text{TL4}}} = \frac{\dot m_{\text{TL1}}\cdot X_1 + \dot m_{\text{TL3}}\cdot X_2}{\dot m_{\text{TL1}} + \dot m_{\text{TL3}}}$$

$$X_1 = 0{,}0061 \quad X_2 = X_3 = 0{,}00873 \quad \dot m_{\text{TL1}} = 380{,}23\,\frac{\text{kg}}{\text{h}} \quad \dot m_{\text{TL3}} = 2033{,}2\,\frac{\text{kg}}{\text{h}}$$

$$X_4 = \frac{\dot m_{\text{TL1}}\cdot X_1 + \dot m_{\text{TL3}}\cdot X_2}{\dot m_{\text{TL1}} + \dot m_{\text{TL3}}} = \frac{380{,}23\,\frac{\text{kg}}{\text{h}}\,0{,}0061 + 2033{,}2\,\frac{\text{kg}}{\text{h}}\,0{,}00873}{380{,}23\,\frac{\text{kg}}{\text{h}} + 2033{,}2\,\frac{\text{kg}}{\text{h}}}$$

$$X_4 = \frac{2{,}32\,\frac{\text{kg}}{\text{h}} + 17{,}7498\,\frac{\text{kg}}{\text{h}}}{2413{,}43\,\frac{\text{kg}}{\text{h}}}$$

$$X_4 = 0{,}00832$$

10. **Relative Feuchte φ_4 der Mischluft**

$$\boldsymbol{p_{\text{WS},t_4=25\,°\text{C}} = 0{,}03289\,\text{bar}}$$

$$\varphi_4 = \frac{X_4}{(0{,}622 + X_4)}\,\frac{p}{p_{\text{WS},t_4=25\,°\text{C}}}$$

$$\varphi_4 = \frac{0{,}00832}{(0{,}622 + 0{,}00832)}\,\frac{1{,}01325\ \text{bar}}{0{,}03289\,\text{bar}}$$

$$\varphi_4 \approx 0{,}4$$

11. **Kontrolle der Temperatur t_4**

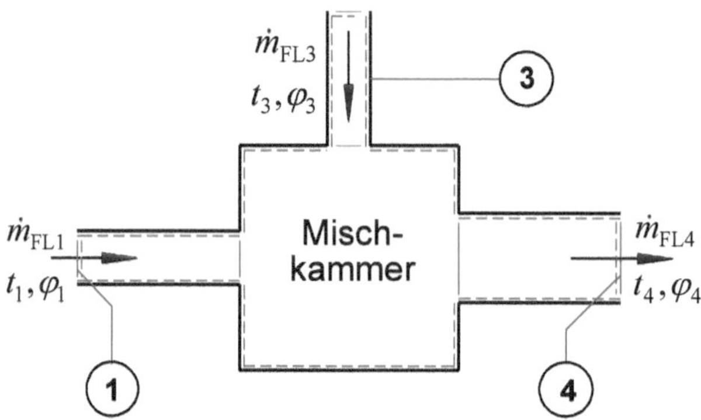

Bild 42.5 Bilanzhülle zur Kontrolle von t_4

Mithilfe des 1. Hauptsatzes gilt entsprechend Bild 42.5:

$$\dot{m}_{\text{FL1}} \cdot h_{\text{FL1}} + \dot{m}_{\text{FL3}} \cdot h_{\text{FL3}} - \dot{m}_{\text{FL4}} \cdot h_{\text{FL4}} = 0$$

$$\dot{m}_{\text{FL1}} \cdot h_{\text{FL1}} + \dot{m}_{\text{FL3}} \cdot h_{\text{FL3}} = \dot{m}_{\text{FL4}} \left[c_{\text{Luft}} \cdot t_4 + X_4 \left(r_0 + c_{\text{WD}} \cdot t_4\right)\right]$$

$$\dot{m}_{\text{FL1}} \cdot h_{\text{FL1}} + \dot{m}_{\text{FL3}} \cdot h_{\text{FL3}} = \dot{m}_{\text{FL4}} \cdot c_{\text{Luft}} \cdot t_4 + \dot{m}_{\text{FL4}} \cdot X_4 \left(r_0 + c_{\text{WD}} \cdot t_4\right)$$

$$\dot{m}_{\text{FL1}} \cdot h_{\text{FL1}} + \dot{m}_{\text{FL3}} \cdot h_{\text{FL3}} = \dot{m}_{\text{FL4}} \cdot c_{\text{Luft}} \cdot t_4 + \dot{m}_{\text{FL4}} \cdot X_4 \cdot r_0 + \dot{m}_{\text{FL4}} \cdot X_4 \cdot c_{\text{WD}} \cdot t_4$$

$$\dot{m}_{FL1} \cdot h_{FL1} + \dot{m}_{FL3} \cdot h_{FL3} = t_4 \left(\dot{m}_{FL4} \cdot c_{Luft} + \dot{m}_{FL4} \cdot X_4 \cdot c_{WD} \right) + \dot{m}_{FL4} \cdot X_4 \cdot r_0$$

$$\dot{m}_{FL1} \cdot h_{FL1} + \dot{m}_{FL3} \cdot h_{FL3} - \dot{m}_{FL4} \cdot X_4 \cdot r_0 = t_4 \left(\dot{m}_{FL4} \cdot c_{Luft} + \dot{m}_{FL4} \cdot X_4 \cdot c_{WD} \right)$$

$$t_4 = \frac{\dot{m}_{FL1} \cdot h_{FL1} + \dot{m}_{FL3} \cdot h_{FL3} - \dot{m}_{FL4} \cdot X_4 \cdot r_0}{\dot{m}_{FL4} \cdot c_{Luft} + \dot{m}_{FL4} \cdot X_4 \cdot c_{WD}} \qquad \dot{m}_{FL2} = \dot{m}_{FL3}$$

$$t_4 = \frac{\dot{m}_{FL1} \cdot h_{FL1} + \dot{m}_{FL3} \cdot h_{FL3} - \dot{m}_{FL4} \cdot X_4 \cdot r_0}{\dot{m}_{FL4} \left(c_{Luft} + X_4 \cdot c_{WD} \right)}$$

$$t_4 = \frac{\dot{m}_{FL1} \cdot h_{FL1} + \dot{m}_{FL3} \cdot h_{FL3} - \left(\dot{m}_{FL1} + \dot{m}_{FL2} \right) X_4 \cdot r_0}{\left(\dot{m}_{FL1} + \dot{m}_{FL2} \right) \left(c_{Luft} + X_4 \cdot c_{WD} \right)}$$

$$h_{FL1} = 25{,}40 \frac{\text{kJ}}{\text{kg}}$$

$$h_{FL3} = c_{Luft} \cdot t_3 + X_3 \left(r_0 + c_{WD} \cdot t_3 \right)$$

$$h_{FL3} = 1{,}004 \frac{\text{kJ}}{\text{kg} \cdot \text{K}} 27{,}3\,°\text{C} + 0{,}00873 \left(2500 \frac{\text{kJ}}{\text{kg}} + 1{,}86 \frac{\text{kJ}}{\text{kg} \cdot \text{K}} 27{,}3\,°\text{C} \right) = 49{,}6775 \frac{\text{kJ}}{\text{kg}}$$

$$\dot{m}_{FL1} = \dot{m}_{TL1} \left(1 + X_1 \right) = 380{,}33 \frac{\text{kg}}{\text{h}} \left(1 + 0{,}0061 \right) = 382{,}65 \frac{\text{kg}}{\text{h}}$$

$$\dot{m}_{FL2} = \dot{m}_{TL2} \left(1 + X_2 \right) = 2033{,}2 \frac{\text{kg}}{\text{h}} \left(1 + 0{,}00873 \right) = 2050{,}94 \frac{\text{kg}}{\text{h}} = \dot{m}_{FL3}$$

$$\dot{m}_{FL1} + \dot{m}_{FL2} = 382{,}85 \frac{\text{kg}}{\text{h}} + 2050{,}94 \frac{\text{kg}}{\text{h}} = 2433{,}79 \frac{\text{kg}}{\text{h}}$$

$$c_{Luft} = 1{,}004 \frac{\text{kJ}}{\text{kg} \cdot \text{K}} \qquad r_0 = 2500 \frac{\text{kJ}}{\text{kg}}$$

$$X_4 = 0{,}00832$$

$$t_4 = \frac{\dot{m}_{FL1} \cdot h_{FL1} + \dot{m}_{FL3} \cdot h_{FL3} - \left(\dot{m}_{FL1} + \dot{m}_{FL2} \right) X_4 \cdot r_0}{\left(\dot{m}_{FL1} + \dot{m}_{FL2} \right) \left(c_{Luft} + X_4 \cdot c_{WD} \right)}$$

$$t_4 = \frac{382{,}65 \frac{\text{kg}}{\text{h}} \cdot 25{,}40 \frac{\text{kJ}}{\text{kg}} + 2050{,}94 \frac{\text{kg}}{\text{h}} 49{,}6775 \frac{\text{kJ}}{\text{kg}} - \left(2433{,}79 \frac{\text{kg}}{\text{h}} \right) 0{,}00832 \cdot 2500 \frac{\text{kJ}}{\text{kg}}}{2433{,}32 \frac{\text{kg}}{\text{h}} \left(1{,}004 \frac{\text{kJ}}{\text{kg} \cdot \text{K}} + 0{,}00832 \cdot 1{,}86 \frac{\text{kJ}}{\text{kg} \cdot \text{K}} \right)}$$

$$t_4 = \frac{9719{,}31\frac{\text{kJ}}{\text{h}} + 101865{,}7\frac{\text{kJ}}{\text{h}} - 50622{,}822\frac{\text{kJ}}{\text{h}}}{2480{,}71\frac{\text{kJ}}{\text{h} \cdot \text{K}}}$$

$$t_4 = 24{,}6\ °\text{C} \approx 25\ °\text{C}$$

Aufgabe 43

Adiabater Strömungskanal, relative Luftfeuchtigkeit, Enthalpien der feuchten Luft

Vorstellung:

In einem adiabaten Strömungskanal expandiert feuchte Luft von einem Anfangsdruck $p_1 = 870$ Torr auf einen Enddruck von $p_2 = 760$ Torr. Die feuchte Luft hat beim Eintritt in den Kanal eine Temperatur von $t_1 = 26\,°C$ und einen Wassergehalt von $X_1 = 0{,}013$. Die Eintrittsgeschwindigkeit ist zu vernachlässigen. Am Ende des Strömungskanals beträgt die Geschwindigkeit $c_2 = 184$ m/s (Bild 43.1).

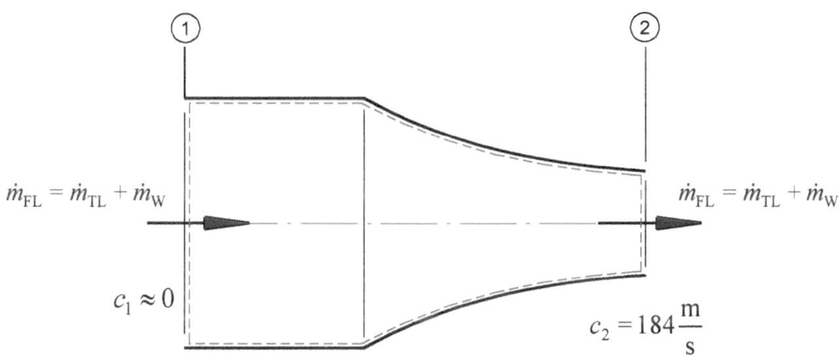

Bild 43.1 Adiabater Strömungskanal

Gesucht:

1. Relative Feuchte am Düseneintritt $\varphi_{1(870\,\text{Torr})}$
2. Enthalpie der feuchten Luft h_{FL1} am Düseneintritt
3. Enthalpie der feuchten Luft h_{FL2} am Düsenaustritt
4. Temperatur t_{2S} der feuchten Luft und den als Nebel vorhandenen Wassergehalt $|\Delta X|_{\text{Nebel}}$

Lösung:

1. **Relative Feuchte am Düseneintritt** $\varphi_{1(870\,\text{Torr})}$

$p_{WS}(26\,°C) = 0{,}0348\,bar$

Bei t_1 = 26 °C und X_1 = 0,013 beträgt beim Druck von 760 Torr die relative Luftfeuchtigkeit:

$$\varphi_{1(760\,\text{Torr})} = \frac{X_1}{0{,}622 + X_1}\frac{p}{p_{WS}(26°C)} = \frac{0{,}013}{0{,}622 + 0{,}013}\frac{1{,}01325\,\text{bar}}{0{,}0348\,\text{bar}} \approx 0{,}6$$

Wird diese auf den Eintrittsdruck von p_1 = 870 Torr umgerechnet, ergibt sich

$$\varphi_{1(870\,\text{Torr})} = \varphi_{1(760\,\text{Torr})}\frac{p_{1(870\,\text{Torr})}}{p_{1(760\,\text{Torr})}} = 0{,}6\frac{870\,\text{Torr}}{760\,\text{Torr}}$$

$$\varphi_{1(870\,\text{Torr})} = \varphi_1 \approx 0{,}7$$

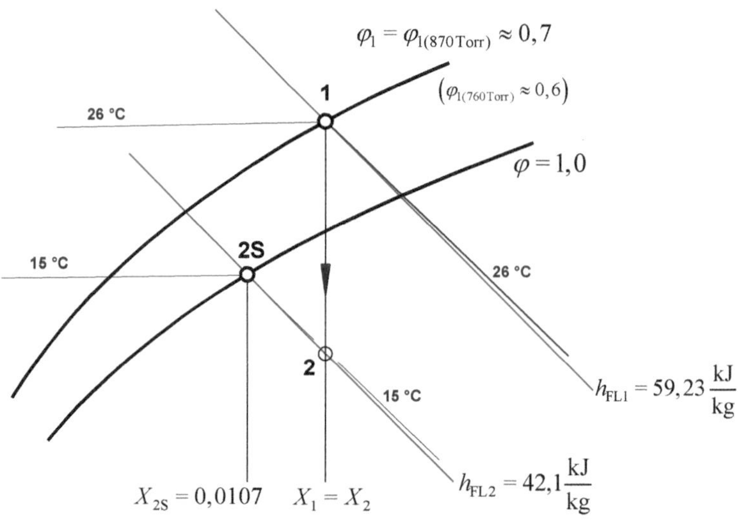

Bild 43.2 Ausschnitt aus dem *h,x*-Diagramm

Hinweis: Bild 43.2 zeigt einen Ausschnitt aus dem *h,x*-Diagramm; die meisten der dort verwendeten Größen werden erst bei Behandlung der nachfolgenden Punkte verständlich.

2. **Enthalpie der feuchten Luft h_{FL1} am Düseneintritt**

$$c_{Luft} = 1{,}004 \frac{kJ}{kg \cdot K}$$

$$c_{WD} = 1{,}86 \frac{kJ}{kg \cdot K}$$

$$r_0 = 2500 \frac{kJ}{kg}$$

$$h_{FL1} = c_{Luft} \cdot t_1 + X_1 \left(r_0 + c_{WD} \cdot t_1\right)$$

$$h_{FL1} = 1{,}004 \frac{kJ}{kg \cdot K} 26\,°C + 0{,}013 \left(2500 \frac{kJ}{kg} + 1{,}86 \frac{kJ}{kg \cdot K} 26\,°C\right)$$

$$h_{FL1} = 26{,}104 \frac{kJ}{kg} + 33{,}12868 \frac{kJ}{kg}$$

$$h_{FL1} = 59{,}23 \frac{kJ}{kg}$$

3. **Enthalpie der feuchten Luft h_{FL2} am Düsenaustritt**

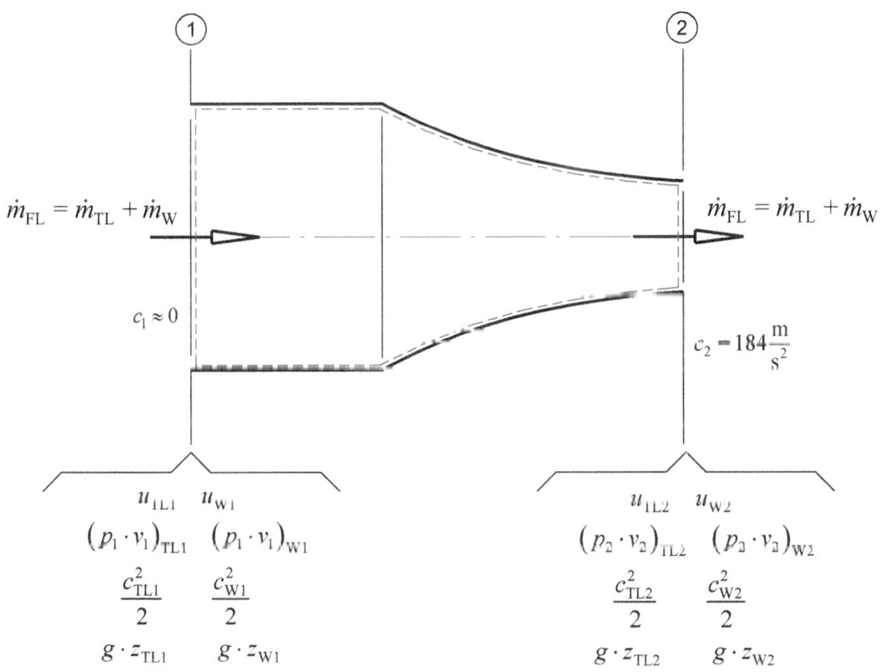

Bild 43.3 Kontrollraum – stationärer Fließprozess

Stationärer Fließprozess (Bild 43.3):

In den Kontrollraum einströmende Energien (+)

Aus dem Kontrollraum ausströmende Energien (-)

$$\dot{m}_{\mathrm{TL}}\left[u_{\mathrm{TL1}}+(p_1\cdot v_1)_{\mathrm{TL1}}+\frac{c_{\mathrm{TL1}}^2}{2}+g\cdot z_{\mathrm{TL1}}-u_{\mathrm{TL2}}-(p_2\cdot v_2)_{\mathrm{TL2}}-\frac{c_{\mathrm{TL2}}^2}{2}-g\cdot z_{\mathrm{TL2}}\right]+$$

$$\dot{m}_{\mathrm{W}}\left[u_{\mathrm{W1}}+(p_1\cdot v_1)_{\mathrm{W1}}+\frac{c_{\mathrm{W1}}^2}{2}+g\cdot z_{\mathrm{W1}}-u_{\mathrm{W2}}-(p_2\cdot v_2)_{\mathrm{W2}}-\frac{c_{\mathrm{W2}}^2}{2}-g\cdot z_{\mathrm{W2}}\right]=0$$

$$c_{\mathrm{TL1}}\approx 0 \qquad c_{\mathrm{W1}}\approx 0 \qquad z_{\mathrm{TL1}}=z_{\mathrm{TL2}} \qquad z_{\mathrm{W1}}=z_{\mathrm{W2}}$$

$$\dot{m}_{\mathrm{TL}}\left[u_{\mathrm{TL1}}+(p_1\cdot v_1)_{\mathrm{TL1}}-u_{\mathrm{TL2}}-(p_2\cdot v_2)_{\mathrm{TL2}}-\frac{c_{\mathrm{TL2}}^2}{2}\right]+$$

$$\dot{m}_{\mathrm{W}}\left[u_{\mathrm{W1}}+(p_1\cdot v_1)_{\mathrm{W1}}-u_{\mathrm{W2}}-(p_2\cdot v_2)_{\mathrm{W2}}-\frac{c_{\mathrm{W2}}^2}{2}\right]=0$$

$$\dot{m}_{\mathrm{TL}}\left(h_{\mathrm{TL1}}-h_{\mathrm{TL2}}-\frac{c_{\mathrm{TL2}}^2}{2}\right)+\dot{m}_{\mathrm{W}}\left(h_{\mathrm{W1}}-h_{\mathrm{W2}}-\frac{c_{\mathrm{W2}}^2}{2}\right)=0$$

$$\dot{m}_{\mathrm{TL}}\cdot h_{\mathrm{TL1}}+\dot{m}_{\mathrm{W}}\cdot h_{\mathrm{W1}}-\dot{m}_{\mathrm{TL}}\cdot h_{\mathrm{TL2}}-\dot{m}_{\mathrm{W}}\cdot h_{\mathrm{W2}}-\dot{m}_{\mathrm{TL}}\frac{c_{\mathrm{TL2}}^2}{2}-\dot{m}_{\mathrm{W}}\frac{c_{\mathrm{W2}}^2}{2}=0$$

$$h_{\mathrm{TL1}}+\frac{\dot{m}_{\mathrm{W}}}{\dot{m}_{\mathrm{TL}}}h_{\mathrm{W1}}-h_{\mathrm{TL2}}-\frac{\dot{m}_{\mathrm{W}}}{\dot{m}_{\mathrm{TL}}}h_{\mathrm{W2}}-\frac{c_{\mathrm{TL2}}^2}{2}-\frac{\dot{m}_{\mathrm{W}}}{\dot{m}_{\mathrm{TL}}}\frac{c_{\mathrm{W2}}^2}{2}=0$$

$$\frac{\dot{m}_{\mathrm{W}}}{\dot{m}_{\mathrm{TL}}}=X_1=X_2 \qquad \frac{c_{\mathrm{TL2}}^2}{2}=\frac{c_{\mathrm{W2}}^2}{2}=\frac{c_2^2}{2}$$

$$h_{\mathrm{TL1}}+X_1\cdot h_{\mathrm{W1}}-(h_{\mathrm{TL2}}+X_1\cdot h_{\mathrm{W2}})-\left(\frac{c_{\mathrm{TL2}}^2}{2}+X_1\frac{c_{\mathrm{W2}}^2}{2}\right)=0$$

$$h_{\mathrm{TL1}}+X_1\cdot h_{\mathrm{W1}}-(h_{\mathrm{TL2}}+X_1\cdot h_{\mathrm{W2}})-\left(\frac{c_2^2}{2}+X_1\frac{c_2^2}{2}\right)=0$$

$$h_{\mathrm{TL1}}+X_1\cdot h_{\mathrm{W1}}-(h_{\mathrm{TL2}}+X_1\cdot h_{\mathrm{W2}})-\frac{c_2^2}{2}(1+X_1)=0$$

$$h_{\mathrm{TL1}}+X_1\cdot h_{\mathrm{W1}}-h_{\mathrm{TL2}}-X_1\cdot h_{\mathrm{W2}}-\frac{c_2^2}{2}(1+X_1)=0$$

$$h_{\mathrm{FL1}}=h_{\mathrm{TL1}}+X_1\cdot h_{\mathrm{W1}} \qquad h_{\mathrm{FL2}}=h_{\mathrm{TL2}}+X_2\cdot h_{\mathrm{W2}}=h_{\mathrm{TL2}}+X_2\cdot h_{\mathrm{W2}}$$

$$h_{FL1} - h_{FL2} = \frac{c_2^2}{2}(1 + X_1)$$

$$-h_{FL1} + h_{FL2} = -\frac{c_2^2}{2}(1 + X_1)$$

$$h_{FL2} = h_{FL1} - \frac{c_2^2}{2}(1 + X_1)$$

$$h_{FL1} = 59{,}23\,\frac{\text{kJ}}{\text{kg}}$$

$$h_{FL2} = 59{,}23\,\frac{\text{kJ}}{\text{kg}} - \frac{184^2\,\frac{\text{m}^2}{\text{s}^2}}{2}(1 + 0{,}013) \qquad \left[\frac{\text{J}}{\text{kg}}\right] = \left[\frac{\text{m}^2}{\text{s}^2}\right]$$

$$h_{FL2} = 59\,230\frac{\text{J}}{\text{kg}} - 17\,148\frac{\text{J}}{\text{kg}}$$

$$h_{FL2} = 42\,081\frac{\text{J}}{\text{kg}} \approx 42{,}1\frac{\text{kJ}}{\text{kg}}$$

4. **Temperatur t_{2S} der feuchten Luft und den als Nebel vorhandenen Wassergehalt $|\Delta X|_{\text{Nebel}}$**

Aus Bild 43.2 entnimmt man t_{2S} = 15 °C und den Wassergehalt bei Sättigung $X_{2S} = 0{,}0107$

$$|\Delta X|_{\text{Nebel}} = |X_{2S} - X_1|_{\text{Nebel}} = 0{,}0107 - 0{,}013$$

$$|\Delta X|_{\text{Nebel}} = 0{,}0023$$

Es ist $X_{2S} < X_2 = X_1 = 0{,}013$. Daher liegt im Endzustand Wasser in Form von Nebel vor.

Aufgabe 44

Beheizung eines Winderhitzers eines Hüttenwerks mit Gichtgas, Molenströme, Abgaszusammensetzung

Vorstellung:

Zur Beheizung der Winderhitzer eines Hüttenwerkes steht Gichtgas mit folgender Zusammensetzung in Molanteilen zur Verfügung:

$$\psi_{CO} = 0,27 \qquad \psi_{H_2} = 0,04 \qquad \psi_{CO_2} = 0,09 \qquad \psi_{N_2} = 0,6$$

Für die Luft kann näherungsweise folgende Zusammensetzung in Molanteilen angenommen werden:

$$\psi_{O_2,Luft} = 0,21 \qquad \psi_{N_2,Luft} = 0,79$$

Gesucht:

1. Mindestens erforderlicher Molenstrom an Sauerstoff $\dot{n}_{I,O_2,Luft,stöch}$
2. Mindestens erforderlicher Molenstrom an Luft $\dot{n}_{I,Luft,stöch}$
3. Molenstrom des feuchten Abgases nach der Verbrennung des Gichtgases $\dot{n}_{II,Abgas,feucht}$
4. Verbrennungsgasverhältnis χ
5. Zusammensetzung des trockenen Abgases $\psi_{II,CO_2,trocken}$, $\psi_{II,N_2,trocken}$

Die Berechnung aller Größen soll für den Molenstrom von $\dot{n}_{ges} = 1\ \text{kmol/s}$ Gichtgas erfolgen.

Lösung:

1. **Mindestens erforderlicher Molenstrom an Sauerstoff $\dot{n}_{I,O_2,Luft,stöch}$**

Hinweis: Es wird von vollständiger Verbrennung des Gichtgases ausgegangen: $\lambda = 1$.

Die dem Brennraum (Bild 44.1) zugeführten Stoffe (Gichtgas und Luft) enthalten die folgenden chemischen Komponenten:

$$CO, \quad H_2, \quad CO_2, \quad N_2, \quad N_{2,Luft}, \quad O_{2,Luft}$$

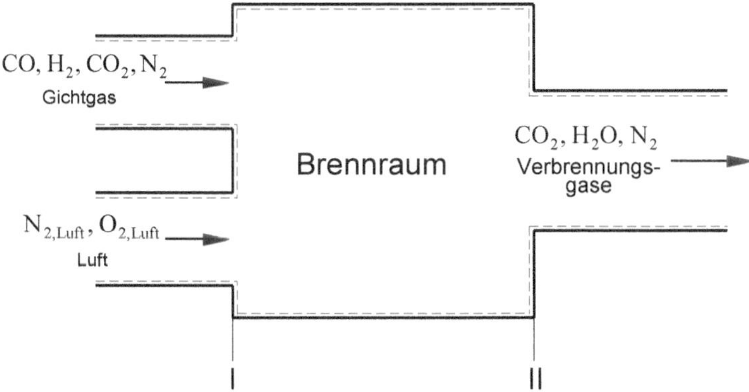

Bild 44.1 Brennraum mit zu- und abgeführten Stoffen $(\lambda = 1)$

Hinweis*:* Die Verbrennung heißt vollständig, wenn alle brennbaren Bestandteile des Brennstoffes völlig zu CO_2, H_2O, … usw. oxidieren.

Die einzigen im Brennraum stattfindenden Reaktionen sind:

$$CO + \frac{1}{2} O_2 \rightarrow CO_2 \qquad \text{und} \qquad H_2 + \frac{1}{2} O_2 \rightarrow H_2O$$

Die aus dem Brennraum abgeführten Stoffe sind: CO_2, H_2O, N_2

Hinweis*:* Stöchiometrisch heißt, dass gerade so viel O_2 zugeführt wird, wie für eine vollständige Verbrennung nach der Reaktionsgleichung erforderlich ist.

Bei stöchiometrischer Verbrennung gilt die Elementarbilanz für den Brennraum*ein*tritt:

$$\dot{n}_{I,C} = 1 \cdot \dot{n}_{I,CO} + 1 \cdot \dot{n}_{I,CO_2}$$

$$\dot{n}_{I,H} = 2 \cdot \dot{n}_{I,H_2}$$

$$\dot{n}_{I,O} = 1 \cdot \dot{n}_{I,CO} + 2 \cdot \dot{n}_{I,CO_2} + 2 \cdot \dot{n}_{I,O_2,Luft} \qquad \lambda = \frac{\dot{n}_{I,O_2,Luft}}{\dot{n}_{I,O_2,Luft,stöch}}$$

$$\dot{n}_{I,O} = 1 \cdot \dot{n}_{I,CO} + 2 \cdot \dot{n}_{I,CO_2} + 2 \cdot \lambda \cdot \dot{n}_{I,O_2,Luft,stöch}$$

$$\lambda = 1$$

$$\dot{n}_{I,O} = 1 \cdot \dot{n}_{I,CO} + 2 \cdot \dot{n}_{I,CO_2} + 2 \cdot \dot{n}_{I,O_2,Luft,stöch}$$

$$\dot{n}_{I,N} = 2 \cdot \dot{n}_{I,N_2} + 2 \cdot \dot{n}_{I,N_2,Luft} \qquad \dot{n}_{I,N_2,Luft} = \psi_{N_2,Luft} \cdot \dot{n}_{I,Luft}$$

$$\dot{n}_{I,N} = 2 \cdot \dot{n}_{I,N_2} + 2 \cdot \psi_{N_2,Luft} \cdot \dot{n}_{I,Luft}$$

$$\dot{n}_{I,N} = 2 \cdot \dot{n}_{I,N_2} + 2 \cdot \psi_{N_2,Luft} \cdot \lambda \cdot \dot{n}_{I,Luft,stöch} \qquad \lambda = \frac{\dot{n}_{I,Luft}}{\dot{n}_{I,Luft,stöch}}$$

$$\lambda = 1$$

$$\dot{n}_{I,N} = 2 \cdot \dot{n}_{I,N_2} + 2 \cdot \psi_{N_2,Luft} \cdot \dot{n}_{I,Luft,stöch}$$

Bei stöchiometrischer Verbrennung mit $\lambda = 1$ gilt die Elementarbilanz für den Brennraum*aus*tritt:

$$\dot{n}_{II,C} = 1 \cdot \dot{n}_{II,CO_2} \qquad \dot{n}_{II,H} = 2 \cdot \dot{n}_{II,H_2O} \qquad \dot{n}_{II,O} = 2 \cdot \dot{n}_{II,CO_2} + 1 \cdot \dot{n}_{II,H_2O}$$

$$\dot{n}_{II,N} = 2 \cdot \dot{n}_{II,N_2}$$

Bei einem stationären Verbrennungsprozess gilt: $\dot{n}_{I,K} = \dot{n}_{II,K}$; der Index „K“ steht für das jeweilige Element.

Somit: $\dot{n}_{I,O} = \dot{n}_{II,O}$, $\dot{n}_{I,C} = \dot{n}_{II,C}$, $\dot{n}_{I,N} = \dot{n}_{II,N}$, $\dot{n}_{I,H} = \dot{n}_{II,H}$

Zusammengefasst lassen sich folgende Gleichungen finden:

$$\dot{n}_{I,C} = \dot{n}_{I,CO} + \dot{n}_{I,CO_2} \qquad \dot{n}_{II,C} = \dot{n}_{II,CO_2}$$

$$\dot{n}_{I,CO} + \dot{n}_{I,CO_2} = \dot{n}_{I,C} = \dot{n}_{II,C} = \dot{n}_{II,CO_2}$$

$$\dot{n}_{I,H} = 2 \cdot \dot{n}_{I,H_2} \qquad \dot{n}_{I,H} = \dot{n}_{II,H} = 2 \cdot \dot{n}_{II,H_2O}$$

$$2 \cdot \dot{n}_{I,H_2} = 2 \cdot \dot{n}_{II,H_2O}$$

$$\dot{n}_{I,O} = \dot{n}_{II,O} \qquad \dot{n}_{I,O} = \dot{n}_{I,CO} + 2 \cdot \dot{n}_{I,CO_2} + 2 \cdot \dot{n}_{I,O_2,Luft,stöch} \qquad \dot{n}_{II,O} = 2 \cdot \dot{n}_{II,CO_2} + \dot{n}_{II,H_2O}$$

$$\dot{n}_{I,O} = \dot{n}_{II,O} = \dot{n}_{I,CO} + 2 \cdot \dot{n}_{I,CO_2} + 2 \cdot \dot{n}_{I,O_2,Luft,stöch} = 2 \cdot \dot{n}_{II,CO_2} + \dot{n}_{II,H_2O} \qquad (44.1)$$

$$\dot{n}_{I,N} = \dot{n}_{II,N} = 2 \cdot \dot{n}_{I,N_2} + 2 \cdot \dot{n}_{I,N_2,Luft} = 2 \cdot \dot{n}_{I,N_2} + 2 \cdot \psi_{N_2,Luft} \cdot \dot{n}_{I,Luft}$$

$$\dot{n}_{II,N} = 2 \cdot \dot{n}_{II,N_2}$$

$$\dot{n}_{I,N} = 2 \cdot \dot{n}_{I,N_2} + 2 \cdot \dot{n}_{I,N_2,Luft} = 2 \cdot \dot{n}_{I,N_2} + 2 \cdot \psi_{N_2,Luft} \cdot \dot{n}_{I,Luft}$$

$$\frac{\dot{n}_{II,N}}{2} = \frac{\dot{n}_{I,N}}{2} = \dot{n}_{II,N_2} = \dot{n}_{I,N_2} + \psi_{N_2,Luft} \cdot \dot{n}_{I,Luft}$$

Aus Gleichung (44.1) folgt:

$$\dot{n}_{I,O_2,Luft,stöch} = \dot{n}_{II,CO_2} + \frac{1}{2}\dot{n}_{II,H_2O} - \frac{1}{2}\dot{n}_{I,CO} - \dot{n}_{I,CO_2}$$

$$\dot{n}_{II,CO_2} = \dot{n}_{I,CO_2} + \dot{n}_{I,CO} \qquad \dot{n}_{II,H_2O} = \dot{n}_{I,H_2}$$

$$\dot{n}_{I,O_2,Luft,stöch} = \dot{n}_{I,CO_2} + \dot{n}_{I,CO} + \frac{1}{2}\dot{n}_{I,H_2} - \frac{1}{2}\dot{n}_{I,CO} - \dot{n}_{I,CO_2}$$

Es gilt: $\psi_i = \frac{\dot{n}_i}{\dot{n}_{ges}} = \frac{\dot{n}_i}{1\frac{kmol}{s}}$ $\qquad \dot{n}_i = \psi_i \cdot \dot{n}_{ges} = \psi_i \cdot 1\frac{kmol}{s}$.

$$\dot{n}_{I,CO_2} = \psi_{CO_2} \cdot 1\frac{kmol}{s} = 0{,}09 \cdot 1\frac{kmol}{s} = 0{,}09\frac{kmol}{s}$$

$$\dot{n}_{I,CO} = \psi_{CO} \cdot 1\frac{kmol}{s} = 0{,}27 \cdot 1\frac{kmol}{s} = 0{,}27\frac{kmol}{s}$$

$$\dot{n}_{I,H_2} = \psi_{H_2} \cdot 1\frac{kmol}{s} = 0{,}04 \cdot 1\frac{kmol}{s} = 0{,}04\frac{kmol}{s}$$

$$\dot{n}_{I,N_2} = \psi_{N_2} \cdot 1\frac{kmol}{s} = 0{,}6 \cdot 1\frac{kmol}{s} = 0{,}6\frac{kmol}{s}$$

$$\dot{n}_{I,O_2,Luft,stöch} = 0{,}09\frac{kmol}{s} + 0{,}27\frac{kmol}{s} + \frac{1}{2}0{,}04\frac{kmol}{s} - \frac{1}{2}0{,}27\frac{kmol}{s} - 0{,}09\frac{kmol}{s}$$

$$\dot{n}_{I,O_2,Luft,stöch} = 0{,}09\frac{kmol}{s} + 0{,}27\frac{kmol}{s} + 0{,}02\frac{kmol}{s} - 0{,}135\frac{kmol}{s} - 0{,}09\frac{kmol}{s}$$

$$\dot{n}_{I,O_2,Luft,stöch} = 0{,}155\frac{kmol}{s}$$

2. **Mindestens erforderlicher Molenstrom an Luft $\dot{n}_{I,Luft,stöch}$**

$$\dot{n}_{I,O_2,Luft,stöch} = 0{,}21 \cdot \dot{n}_{I,Luft,stöch}$$

$$\dot{n}_{I,Luft,stöch} = \frac{\dot{n}_{I,O_2,Luft,stöch}}{0{,}21} = \frac{0{,}155\frac{kmol}{s}}{0{,}21}$$

$$\dot{n}_{I,Luft,stöch} = 0{,}738\frac{kmol}{s}$$

3. **Molenstrom des feuchten Abgases nach der Verbrennung des Gichtgases $\dot{n}_{II,Abgas,feucht}$**

Die aus dem Brennraum abzuführenden Stoffe (Verbrennungsgase) sind: CO_2, H_2O, N_2 und O_2, da jetzt $\lambda = 1{,}5$ (Bild 44.2).

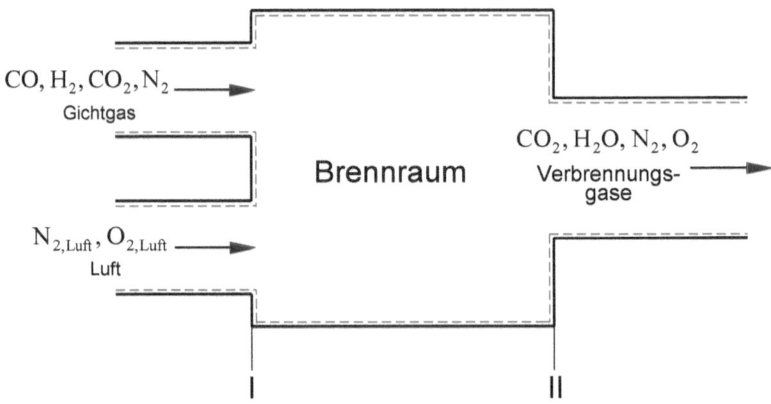

Bild 44.2 Brennraum mit zu- und abgeführten Stoffen $(\lambda = 1{,}5)$

Bei der Verbrennung mit $\lambda = 1{,}5$ gilt die Elementarbilanz für den Brennraum*aus*tritt:

$$\dot{n}_{II,C} = 1 \cdot \dot{n}_{II,CO_2} \qquad \dot{n}_{II,H} = 2 \cdot \dot{n}_{II,H_2O} \qquad \dot{n}_{II,O} = 2 \cdot \dot{n}_{II,CO_2} + 1 \cdot \dot{n}_{II,H_2O} + 2 \cdot \dot{n}_{II,O_2}$$

$$\dot{n}_{II,N} = 2 \cdot \dot{n}_{II,N_2}$$

Es gilt: $\dot{n}_{II,Abgas,feucht} = \sum_j \dot{n}_{II,j}$

$$\dot{n}_{II,Abgas,feucht} = \dot{n}_{II,CO_2} + \dot{n}_{II,H_2O} + \dot{n}_{II,N_2} + \dot{n}_{II,O_2}$$

$$\dot{n}_{II,CO_2} = \dot{n}_{I,CO} + \dot{n}_{I,CO_2} \qquad \dot{n}_{I,H_2} = \dot{n}_{II,H_2O}$$

$$\dot{n}_{II,N_2} = \dot{n}_{I,N_2} + \psi_{N_2,Luft} \cdot \dot{n}_{I,Luft}$$

$$\lambda = \frac{\dot{n}_{I,Luft}}{\dot{n}_{I,Luft,stöch}} \qquad \dot{n}_{I,Luft} = \lambda \cdot \dot{n}_{I,Luft,stöch}$$

$$\dot{n}_{II,N_2} = \dot{n}_{I,N_2} + \psi_{N_2,Luft} \cdot \lambda \cdot \dot{n}_{I,Luft,stöch} \qquad \dot{n}_{I,N} = \dot{n}_{II,N} = 2 \cdot \dot{n}_{II,N_2}$$

$$\dot{n}_{II,O_2} = (\lambda - 1)\dot{n}_{I,O_2,Luft,stöch}$$

Hinweis: $\dot{n}_{I,N_2}$ = Stickstoffmenge im Brenngas am Brennraum*ein*tritt, $\psi_{N_2,Luft} \cdot \lambda \cdot \dot{n}_{I,Luft,stöch}$ = Anteil des Stickstoffes der tatsächlich zugeführten Luftmenge, $\dot{n}_{II,O_2}$ = Überschuss der Sauerstoffmenge am Brennraum*aus*tritt.

$$\dot{n}_{II,Abgas,feucht} = \dot{n}_{I,CO_2} + \dot{n}_{I,CO} + \dot{n}_{I,H_2} + \dot{n}_{I,N_2} + \psi_{N_2,Luft} \cdot \lambda \cdot \dot{n}_{I,Luft,stöch} + (\lambda - 1)\dot{n}_{I,O_2,Luft,stöch}$$

$$\dot{n}_{II,Abgas,feucht} = (0{,}09 + 0{,}27 + 0{,}04 + 0{,}6 + 0{,}79 \cdot 1{,}5 \cdot 0{,}738 + 0{,}5 \cdot 0{,}155)\frac{kmol}{s}$$

$$\dot{n}_{II,Abgas,feucht} = 1{,}952\frac{kmol}{s}$$

4. Verbrennungsgasverhältnis χ

Verbrennungsgasverhältnis $\chi = \frac{\dot{n}_{II,Abgas,feucht,stöch}}{\dot{n}_{II,Abgas,feucht}}$

$$\dot{n}_{II,Abgas,feucht,stöch} = (0{,}09 + 0{,}27 + 0{,}04 + 0{,}6 + 0{,}79 \cdot 1 \cdot 0{,}738)\frac{kmol}{s} = 1{,}583\frac{kmol}{s}$$

$$\chi = \frac{1{,}583\frac{kmol}{s}}{1{,}952\frac{kmol}{s}} = 0{,}81$$

5. Zusammensetzung des trockenen Abgases $\psi_{II,CO_2,trocken}$, $\psi_{II,N_2,trocken}$

$$\dot{n}_{II,trocken} = \dot{n}_{II,CO_2} + \dot{n}_{II,N_2} + \dot{n}_{II,O_2} = \dot{n}_{II,Abgas,feucht} - \dot{n}_{II,H_2O} = \dot{n}_{II,Abgas,feucht} - \dot{n}_{I,H_2}$$

$$\dot{n}_{II,trocken} = (1{,}952 - 0{,}04)\frac{kmol}{s} = 1{,}912\frac{kmol}{s}$$

$$\psi_{II,CO_2,trocken} = \frac{\dot{n}_{II,CO_2}}{\dot{n}_{II,trocken}} = \frac{\dot{n}_{I,CO_2} + \dot{n}_{I,CO}}{\dot{n}_{II,trocken}}$$

$$\psi_{II,CO_2,trocken} = \frac{0{,}09\frac{kmol}{s} + 0{,}27\frac{kmol}{s}}{\dot{n}_{II,trocken}} = \frac{0{,}36\frac{kmol}{s}}{1{,}912\frac{kmol}{s}} = 0{,}188$$

$$\psi_{II,N_2,trocken} = \frac{\dot{n}_{II,N_2}}{\dot{n}_{II,trocken}} = \frac{\dot{n}_{I,N_2} + \psi_{N_2,Luft} \cdot \dot{n}_{I,Luft}}{\dot{n}_{II,trocken}}$$

$$\psi_{II,N_2,trocken} = \frac{\dot{n}_{II,N_2}}{\dot{n}_{II,trocken}} = \frac{\dot{n}_{I,N_2} + \psi_{N_2,Luft} \cdot \dot{n}_{I,Luft}}{\dot{n}_{II,trocken}} = \frac{\dot{n}_{I,N_2} + \psi_{N_2,Luft} \cdot \lambda \cdot \dot{n}_{I,Luft,stöch}}{\dot{n}_{II,trocken}}$$

$$\psi_{II,N_2,trocken} = \frac{0{,}6\frac{kmol}{s} + 0{,}79 \cdot 1{,}5 \cdot 0{,}738\frac{kmol}{s}}{1{,}912\frac{kmol}{s}} = \frac{1{,}4745\frac{kmol}{s}}{1{,}912\frac{kmol}{s}} = 0{,}771$$

Aufgabe 45

Vollkommene Verbrennung von Kohlenmonoxid, Verbrennungstemperatur

Vorstellung:

Kohlenmonoxid wird mit Luft in einem stationären Fließprozess vollkommen verbrannt $(\lambda = 1)$. Die Temperatur des Kohlenmonoxids und der Luft beträgt vor der Verbrennung 25 °C. Alle auftretenden chemischen Komponenten können als ideale Gase mit temperatur*ab*hängigen Wärmekapazitäten behandelt werden (Bild 45.1).

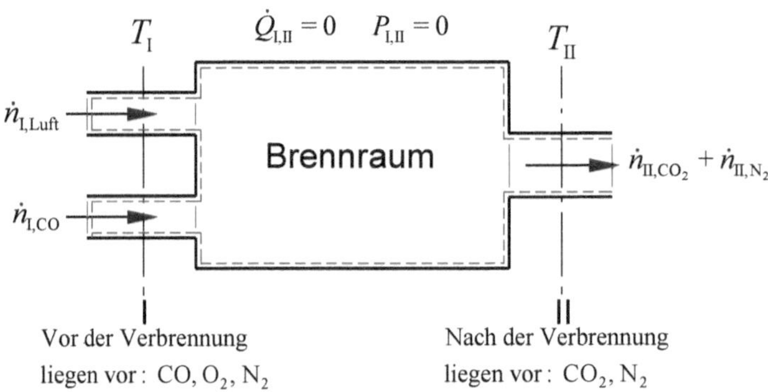

Bild 45.1 Brennraum mit ein- und austretenden Molenströmen

Gesucht:

Adiabate Verbrennungs*end*temperatur T_{II}

Lösung:

1. Hauptsatz für stationären Fließprozess:

$$\dot{Q}_{I,II} + P_{I,II} = \dot{H}_{II} - \dot{H}_I \qquad \dot{Q}_{I,II} = 0 \qquad P_{I,II} = 0$$

$$\dot{H}_{II} - \dot{H}_I = \dot{m}_{II,CO_2} \cdot h_{II,CO_2} + \dot{m}_{II,N_2} \cdot h_{II,N_2} - \dot{m}_{I,CO} \cdot h_{I,CO} - \dot{m}_{I,Luft} \cdot h_{I,Luft} = 0$$

$$\dot{m} \cdot h = \dot{n} \cdot H_m$$

Einheiten:

$$[\dot{m}\cdot h]=\frac{\text{kg}}{\text{s}}\frac{\text{kJ}}{\text{kg}}=\frac{\text{kJ}}{\text{s}} \qquad [\dot{n}\cdot H_{\text{m}}]=\frac{\text{kmol}}{\text{s}}\frac{\text{kJ}}{\text{kmol}}=\frac{\text{kJ}}{\text{s}}$$

$$0=\dot{n}_{\text{II,CO}_2}\cdot H_{\text{m,II,CO}_2}+\dot{n}_{\text{II,N}_2}\cdot H_{\text{m,II,N}_2}-\dot{n}_{\text{I,CO}}\cdot H_{\text{m,I,CO}}-\dot{n}_{\text{I,Luft}}\cdot H_{\text{m,I,Luft}}$$

$$\begin{aligned}0=\dot{n}_{\text{II,CO}_2}\cdot H_{\text{m,II,CO}_2}&+\dot{n}_{\text{II,CO}_2}\cdot H_{\text{m,0,CO}_2}-\dot{n}_{\text{II,CO}_2}\cdot H_{\text{m,0,CO}_2}\\&+\dot{n}_{\text{II,N}_2}\cdot H_{\text{m,II,N}_2}+\dot{n}_{\text{II,N}_2}\cdot H_{\text{m,0,N}_2}-\dot{n}_{\text{II,N}_2}\cdot H_{\text{m,0,N}_2}\\&-\dot{n}_{\text{I,CO}}\cdot H_{\text{m,I,CO}}+\dot{n}_{\text{I,CO}}\cdot H_{\text{m,0,CO}}-\dot{n}_{\text{I,CO}}\cdot H_{\text{m,0,CO}}\\&-\dot{n}_{\text{I,Luft}}\cdot H_{\text{m,I,Luft}}+\dot{n}_{\text{I,Luft}}\cdot H_{\text{m,0,Luft}}-\dot{n}_{\text{I,Luft}}\cdot H_{\text{m,0,Luft}}\end{aligned}$$

$$\begin{aligned}0=\dot{n}_{\text{II,CO}_2}\left(H_{\text{m,II,CO}_2}-H_{\text{m,0,CO}_2}\right)&+\dot{n}_{\text{II,CO}_2}\cdot H_{\text{m,0,CO}_2}\\+\dot{n}_{\text{II,N}_2}\left(H_{\text{m,II,N}_2}-H_{\text{m,0,N}_2}\right)&+\dot{n}_{\text{II,N}_2}\cdot H_{\text{m,0,N}_2}\\-\dot{n}_{\text{I,CO}}\left(H_{\text{m,I,CO}}-H_{\text{m,0,CO}}\right)&-\dot{n}_{\text{I,CO}}\cdot H_{\text{m,0,CO}}\\-\dot{n}_{\text{I,Luft}}\left(H_{\text{m,I,Luft}}-H_{\text{m,0,Luft}}\right)&-\dot{n}_{\text{I,Luft}}\cdot H_{\text{m,0,Luft}}\end{aligned}$$

$$\begin{aligned}0=\dot{n}_{\text{II,CO}_2}&\left(H_{\text{m,II,CO}_2}-H_{\text{m,0,CO}_2}\right)\\&+\dot{n}_{\text{II,N}_2}\left(H_{\text{m,II,N}_2}-H_{\text{m,0,N}_2}\right)\\&-\dot{n}_{\text{I,CO}}\left(H_{\text{m,I,CO}}-H_{\text{m,0,CO}}\right)\\&-\dot{n}_{\text{I,Luft}}\left(H_{\text{m,I,Luft}}-H_{\text{m,0,Luft}}\right)\\&+\dot{n}_{\text{II,CO}_2}\cdot H_{\text{m,0,CO}_2}+\dot{n}_{\text{II,N}_2}\cdot H_{\text{m,0,N}_2}-\dot{n}_{\text{I,CO}}\cdot H_{\text{m,0,CO}}-\dot{n}_{\text{I,Luft}}\cdot H_{\text{m,0,Luft}}\end{aligned}$$

$$\begin{aligned}0=\dot{n}_{\text{II,CO}_2}&\left(H_{\text{m,II,CO}_2}-H_{\text{m,0,CO}_2}\right)\\&+\dot{n}_{\text{II,N}_2}\left(H_{\text{m,II,N}_2}-H_{\text{m,0,N}_2}\right)\\&-\dot{n}_{\text{I,CO}}\left(H_{\text{m,I,CO}}-H_{\text{m,0,CO}}\right)\\&-\dot{n}_{\text{I,Luft}}\left(H_{\text{m,I,Luft}}-H_{\text{m,0,Luft}}\right)\\&-\left\{\dot{n}_{\text{I,CO}}\cdot H_{\text{m,0,CO}}+\dot{n}_{\text{I,Luft}}\cdot H_{\text{m,0,Luft}}-\dot{n}_{\text{II,CO}_2}\cdot H_{\text{m,0,CO}_2}-\dot{n}_{\text{II,N}_2}\cdot H_{\text{m,0,N}_2}\right\}\end{aligned}$$

Nach *Knoche K. F.* gilt:

$$\Delta H_{\text{CO}}=\dot{n}_{\text{I,CO}}\cdot H_{\text{m,0,CO}}+\dot{n}_{\text{I,Luft}}\cdot H_{\text{m,0,Luft}}-\dot{n}_{\text{II,CO}_2}\cdot H_{\text{m,0,CO}_2}-\dot{n}_{\text{II,N}_2}\cdot H_{\text{m,0,N}_2}$$

$$\begin{aligned}0=\dot{n}_{\text{II,CO}_2}&\left(H_{\text{m,II,CO}_2}-H_{\text{m,0,CO}_2}\right)\\&+\dot{n}_{\text{II,N}_2}\left(H_{\text{m,II,N}_2}-H_{\text{m,0,N}_2}\right)\\&-\dot{n}_{\text{I,CO}}\left(H_{\text{m,I,CO}}-H_{\text{m,0,CO}}\right)\\&-\dot{n}_{\text{I,Luft}}\left(H_{\text{m,I,Luft}}-H_{\text{m,0,Luft}}\right)-\left\{\Delta H_{\text{CO}}\right\}\end{aligned}$$

Hinweis: Wird ΔH_{CO} auf den eintretenden Molenstrom $\dot{n}_{I,CO}$ des Brennstoffs (Kohlenmonoxid) bezogen, ergibt sich dessen Heizwert.

$$\Delta H_{m,0,CO} = \frac{\Delta H_{CO}}{\dot{n}_{I,CO}}$$

$$\begin{aligned} 0 = \dot{n}_{II,CO_2} & \left(H_{m,II,CO_2} - H_{m,0,CO_2}\right) \\ & + \dot{n}_{II,N_2}\left(H_{m,II,N_2} - H_{m,0,N_2}\right) \\ & - \dot{n}_{I,CO}\left(H_{m,I,CO} - H_{m,0,CO}\right) \\ & - \dot{n}_{I,Luft}\left(H_{m,I,Luft} - H_{m,0,Luft}\right) - \left\{\Delta H_{m,0,CO} \cdot \dot{n}_{I;CO}\right\} \end{aligned}$$

$$\begin{aligned} \Delta H_{m,0,CO} \cdot \dot{n}_{I,CO} = \dot{n}_{II,CO_2} & \left(H_{m,II,CO_2} - H_{m,0,CO_2}\right) + \dot{n}_{II,N_2}\left(H_{m,II,N_2} - H_{m,0,N_2}\right) - \\ & \dot{n}_{I,Luft}\left(H_{m,I,Luft} - H_{m,0,Luft}\right) - \dot{n}_{I,CO}\left(H_{m,I,CO} - H_{m,0,CO}\right) \end{aligned}$$

$$\begin{aligned} \Delta H_{m,0,CO} = \frac{\dot{n}_{II,CO_2}}{\dot{n}_{I,CO}} & \left(H_{m,II,CO_2} - H_{m,0,CO_2}\right) + \frac{\dot{n}_{II,N_2}}{\dot{n}_{I,CO}}\left(H_{m,II,N_2} - H_{m,0,N_2}\right) - \\ & \frac{\dot{n}_{I,Luft}}{\dot{n}_{I,CO}}\left(H_{m,I,Luft} - H_{m,0,Luft}\right) - \left(H_{m,I,CO} - H_{m,0,CO}\right) \end{aligned}$$

$$T_I = T_0 = 298\,\mathrm{K} \quad \Rightarrow$$

$$\frac{\dot{n}_{I,Luft}}{\dot{n}_{I,CO}}\left(H_{m,I,Luft} - H_{m,0,Luft}\right) - \left(H_{m,I,CO} - H_{m,0,CO}\right) = 0$$

$$\Delta H_{m,0,CO} = \frac{\dot{n}_{II,CO_2}}{\dot{n}_{I,CO}}\left(H_{m,II,CO_2} - H_{m,0,CO_2}\right) + \frac{\dot{n}_{II,N_2}}{\dot{n}_{I,CO}}\left(H_{m,II,N_2} - H_{m,0,N_2}\right)$$

$$\begin{aligned} \Delta H_{m,0,CO} = \frac{\dot{n}_{II,CO_2}}{\dot{n}_{I,CO}} & \left(C_{pm,CO_2}\Big|_0^{T_{II}} \cdot T_{II} - C_{pm,CO_2}\Big|_0^{T_0} \cdot T_0\right) + \\ & \frac{\dot{n}_{II,N_2}}{\dot{n}_{I,CO}}\left(C_{pm,N_2}\Big|_0^{T_{II}} \cdot T_{II} - C_{pm,N_2}\Big|_0^{T_0} \cdot T_0\right) \end{aligned}$$

Elementarbilanz für Brennraum*ein*tritt:

$$\dot{n}_{I,C} = 1 \cdot \dot{n}_{I,CO} \qquad \dot{n}_{I,O} = 1 \cdot \dot{n}_{I,CO} + 2 \cdot \dot{n}_{I,O_2} \qquad \dot{n}_{I,N} = 2 \cdot \dot{n}_{I,N_2}$$

Elementarbilanz für Brennraum*aus*tritt:

$$\dot{n}_{II,C} = 1 \cdot \dot{n}_{II,CO_2} \qquad \dot{n}_{II,O} = 2 \cdot \dot{n}_{II,CO_2} \qquad \dot{n}_{II,N} = 2 \cdot \dot{n}_{II,N_2}$$

$$\dot{n}_{I,K} = \dot{n}_{II,K} \qquad \Rightarrow$$

$$\dot{n}_{I,C} = \dot{n}_{II,C} \qquad \dot{n}_{I,CO} = \dot{n}_{II,CO_2} \qquad \frac{\dot{n}_{II,CO_2}}{\dot{n}_{I,CO}} = 1$$

$$\dot{n}_{I,N} = \dot{n}_{II,N} \qquad 2 \cdot \dot{n}_{I,N_2} = 2 \cdot \dot{n}_{II,N_2}$$

$$2 \cdot \psi_{N_2,Luft} \cdot \dot{n}_{I,Luft} = 2 \cdot \dot{n}_{II,N_2} \qquad \dot{n}_{II,N_2} = \psi_{N_2,Luft} \cdot \dot{n}_{I,Luft}$$

$$\dot{n}_{I,O} = \dot{n}_{II,O} \qquad \dot{n}_{I,CO} + 2 \cdot \dot{n}_{I,O_2} = 2 \cdot \dot{n}_{II,CO_2} \qquad \dot{n}_{I,CO} + 2 \cdot \psi_{O_2,Luft} \cdot \dot{n}_{I,Luft} = 2 \cdot \dot{n}_{II,CO_2}$$

$$\dot{n}_{I,Luft} = \frac{2 \cdot \dot{n}_{II,CO_2} - \dot{n}_{I,CO}}{2 \cdot \psi_{O_2,Luft}} \qquad \dot{n}_{I,Luft} = \frac{2 \cdot \dot{n}_{I,CO} - \dot{n}_{I,CO}}{2 \cdot \psi_{O_2,Luft}} = \frac{1}{2} \frac{\dot{n}_{I,CO}}{\psi_{O_2,Luft}}$$

$$\dot{n}_{I,CO} = 2 \cdot \dot{n}_{I,Luft} \cdot \psi_{O_2,Luft}$$

$$\frac{\dot{n}_{II,N_2}}{\dot{n}_{I,CO}} = \frac{\psi_{N_2,Luft} \cdot \dot{n}_{I,Luft}}{2 \cdot \dot{n}_{I,Luft} \cdot \psi_{O_2,Luft}} = \frac{1}{2} \frac{\psi_{N_2,Luft}}{\psi_{O_2,Luft}}$$

$$\Delta H_{m,0,CO} = \frac{\dot{n}_{II,CO_2}}{\dot{n}_{I,CO}} \left(C_{pm,CO_2}\Big|_0^{T_{II}} \cdot T_{II} - C_{pm,CO_2}\Big|_0^{T_0} \cdot T_0 \right) +$$
$$\frac{1}{2} \frac{\psi_{N_2,Luft}}{\psi_{O_2,Luft}} \left(C_{pm,N_2}\Big|_0^{T_{II}} \cdot T_{II} - C_{pm,N_2}\Big|_0^{T_0} \cdot T_0 \right)$$

$$\frac{\dot{n}_{II,CO_2}}{\dot{n}_{I,CO}} = 1$$

$$\Delta H_{m,0,CO} = C_{pm,CO_2}\Big|_0^{T_{II}} \cdot T_{II} - C_{pm,CO_2}\Big|_0^{T_0} \cdot T_0 +$$
$$\frac{1}{2} \frac{\psi_{N_2,Luft}}{\psi_{O_2,Luft}} C_{pm,N_2}\Big|_0^{T_{II}} \cdot T_{II} - \frac{1}{2} \frac{\psi_{N_2,Luft}}{\psi_{O_2,Luft}} C_{pm,N_2}\Big|_0^{T_0} \cdot T_0$$

$$\Delta H_{m,0,CO} = C_{pm,CO_2}\Big|_0^{T_{II}} \cdot T_{II} + \frac{1}{2} \frac{\psi_{N_2,Luft}}{\psi_{O_2,Luft}} C_{pm,N_2}\Big|_0^{T_{II}} \cdot T_{II}$$
$$C_{pm,CO_2}\Big|_0^{T_0} \cdot T_0 - \frac{1}{2} \frac{\psi_{N_2,Luft}}{\psi_{O_2,Luft}} C_{pm,N_2}\Big|_0^{T_0} \cdot T_0$$

$$\Delta H_{m,0,CO} = T_{II} \left(C_{pm,CO_2}\Big|_0^{T_{II}} + \frac{1}{2} \frac{\psi_{N_2,Luft}}{\psi_{O_2,Luft}} C_{pm,N_2}\Big|_0^{T_{II}} \right)$$
$$T_0 \left(C_{pm,CO_2}\Big|_0^{T_0} - \frac{1}{2} \frac{\psi_{N_2,Luft}}{\psi_{O_2,Luft}} C_{pm,N_2}\Big|_{0\ 0}^{T_0} \right)$$

$$T_{II}\left(C_{pm,CO_2}\Big|_0^{T_{II}}+\frac{1}{2}\frac{\psi_{N_2,Luft}}{\psi_{O_2,Luft}}C_{pm,N_2}\Big|_0^{T_{II}}\right)=\Delta H_{m,0,CO}+T_0\left(C_{pm,CO_2}\Big|_0^{T_0}-\frac{1}{2}\frac{\psi_{N_2,Luft}}{\psi_{O_2,Luft}}C_{pm,N_2}\Big|_{0\ 0}^{T_0}\right)$$

$$T_{II}=\frac{\Delta H_{m,0,CO}+T_0\left(C_{pm,CO_2}\Big|_0^{T_0}-\frac{1}{2}\frac{\psi_{N_2,Luft}}{\psi_{O_2,Luft}}C_{pm,N_2}\Big|_{0\ 0}^{T_0}\right)}{C_{pm,CO_2}\Big|_0^{T_{II}}+\frac{1}{2}\frac{\psi_{N_2,Luft}}{\psi_{O_2,Luft}}C_{pm,N_2}\Big|_0^{T_{II}}}$$

$$\Delta H_{m,0,CO}=\mathbf{283{,}2\frac{MJ}{kmol}}$$

$$\psi_{Luft,O_2}=\mathbf{0{,}21}$$

$$\psi_{Luft,N_2}=\mathbf{0{,}79}$$

$$C_{pm,CO_2}\Big|_0^{T_0=298\,K}=\mathbf{31{,}444\frac{kJ}{kmol\cdot K}}$$

$$C_{pm,N_2}\Big|_0^{T_0=298\,K}=\mathbf{29{,}084\frac{kJ}{kmol\cdot K}}$$

1. Schätzung: $T_{II,1}$ = 2700 K

$$C_{pm,CO_2}\Big|_0^{T_{II,1}=2700\,K}=\mathbf{53{,}386\frac{kJ}{kmol\cdot K}}$$

$$C_{pm,N_2}\Big|_0^{T_{II,1}=2700\,K}=\mathbf{33{,}474\frac{kJ}{kmol\cdot K}}$$

Zahlenrechnung ohne Einheiten:

$$T_{II,1}=\frac{283{,}2\cdot 10^3+298\left(31{,}444+\frac{1}{2}\frac{0{,}79}{0{,}21}29{,}084\right)}{53{,}386+\frac{1}{2}\frac{0{,}79}{0{,}21}33{,}474}$$

$$T_{II,1}=\frac{283{,}2\cdot 10^3+9370{,}312+16302{,}2745}{53{,}386+62{,}963}=\frac{308872{,}5865}{116{,}349}$$

$$T_{II,1}=2655\,K$$

2. Schätzung: $T_{II,2}$ = 2600 K

$$C_{pm,CO_2}\Big|_0^{T_{II,2}=2600\,K} = 53{,}051\frac{kJ}{kmol\cdot K}$$

$$C_{pm,N_2}\Big|_0^{T_{II,2}=2600\,K} = 33{,}345\frac{kJ}{kmol\cdot K}$$

Zahlenrechnung ohne Einheiten:

$$T_{II,2} = \frac{308872{,}5394}{53{,}051+\frac{1}{2}\frac{0{,}79}{0{,}21}33{,}345} = \frac{308872{,}5865}{115{,}77136}$$

$$T_{II,2} = 2668\,K$$

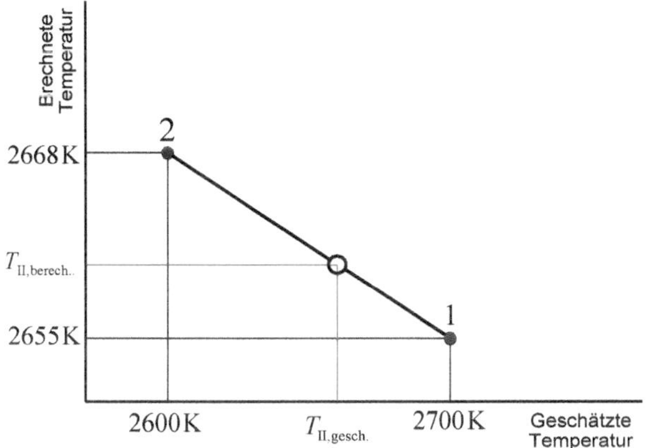

Bild 45.2 Diagramm zur Ermittlung der Temperatur T_{II}

Aus Bild 45.2 ist ablesbar:

$$\frac{2668\,K - T_{II,berech.}}{T_{II,gesch.} - 2600\,K} = \frac{2668\,K - 2655\,K}{2700\,K - 2600\,K} = 0{,}13$$

$$T_{II,berech.} = T_{II,gesch.} = T_{II}$$

Durch Umstellung ergibt sich die gesuchte Temperatur:

$$T_{II} = \frac{2668\,K + 0{,}13\cdot 2600\,K}{1{,}13}$$

$$T_{II} = 2660{,}177\,K \approx 2660\,K$$

Aufgabe 46

Verbrennung von Kohlenmonoxid mit Luftüberschuss, Oxidationsverhältnis, Abgaszusammensetzung, Exergieverlust

Vorstellung:

In einer Brennkammer (Bild 46.1) soll Kohlenmonoxid mit Luftüberschuss $(\lambda > 1)$ vollständig verbrannt werden. Die Verbrennung soll isobar ablaufen. Die Reaktionsteilnehmer CO und Luft werden bei dem Zustand p_1 = 3 bar und T_1 = 300 K der Brennkammer getrennt zugeführt. Aus werkstofftechnischen Gründen darf die Temperatur am Austritt aus der Brennkammer 1500 K nicht überschreiten.

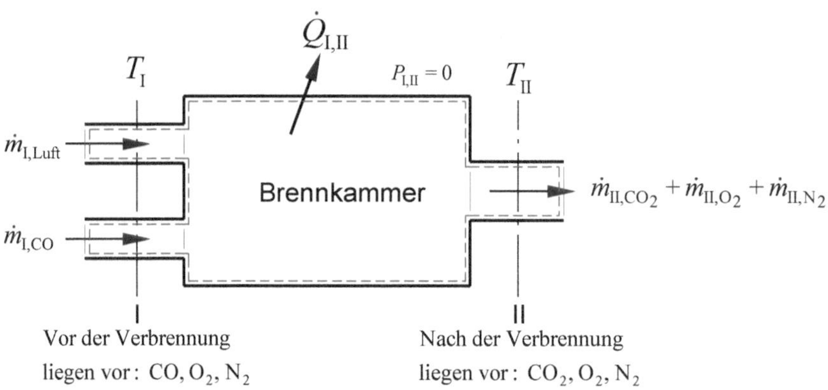

Bild 46.1 Brennkammer mit ein- und austretenden Massenströmen

Durch Strahlung und Konvektion wird von der Brennkammer ein Wärmestrom an die Umgebung abgeführt, der 5% des Betrages von $\dot{n}_{I,CO} \cdot \Delta H_{m,CO}$ beträgt ($\dot{n}_{I,CO}$ = der Brennkammer zugeführter Molenstrom, $\Delta H_{m,CO}$ = Heizwert des Kohlenmonoxids).

Brennstoff, Luft und Abgase sollen als ideale Gase bzw. Gasgemische mit konstanten spezifischen Wärmekapazitäten behandelt werden.

Gesucht:

1. Brennstoffmassenstrom $\dot{m}_{I,CO}$
2. Oxidationsverhältnis λ
3. Abgaszusammensetzung $\psi_{II,CO_2}, \psi_{II,O_2}, \psi_{II,N_2}$
4. Exergieverlust $\dot{E}_V$ bei $t_u = 25\,°C$

Lösung:

1. **Brennstoffmassenstrom $\dot{m}_{I,CO}$**

Reaktionsgleichung für $\lambda > 1$:

$$CO + \frac{\lambda}{2} O_2 + \frac{\lambda}{2} \frac{\psi_{N_2,Luft}}{\psi_{O_2,Luft}} N_2 \quad \rightarrow \quad CO_2 + \frac{1}{2}(\lambda - 1) O_2 + \frac{\lambda}{2} \frac{\psi_{N_2,Luft}}{\psi_{O_2,Luft}} N_2$$

Es lässt sich auch schreiben:

$$1 \frac{kmol}{s} CO + \frac{\lambda}{2} \frac{kmol}{s} O_2 + \frac{\lambda}{2} \frac{\psi_{N_2,Luft}}{\psi_{O_2,Luft}} \frac{kmol}{s} N_2 \rightarrow 1 \frac{kmol}{s} CO_2 + \frac{1}{2}(\lambda - 1) \frac{kmol}{s} O_2 + \frac{\lambda}{2} \frac{\psi_{N_2,Luft}}{\psi_{O_2,Luft}} \frac{kmol}{s} N_2 \tag{46.1}$$

oder:

$$\dot{n}_{I,CO} CO + \dot{n}_{I,CO_2} O_2 + \dot{n}_{I,CO_2} N_2 \quad \rightarrow \quad \dot{n}_{II,CO_2} CO_2 + \dot{n}_{II,O_2} O_2 + \dot{n}_{II,N_2} N_2 \tag{46.2}$$

Man findet die Gleichungen (46.3) … (46.7):

$$\dot{n}_{I,CO} = \dot{n}_{II,CO_2} \tag{46.3}$$

$$\dot{n}_{II,CO_2} = \frac{1}{2}(\lambda - 1) \dot{n}_{I,CO} \tag{46.4}$$

$$\dot{n}_{II,N_2} = \frac{\lambda}{2} \frac{\psi_{N_2,Luft}}{\psi_{O_2,Luft}} \dot{n}_{I,CO} \tag{46.5}$$

$$\dot{n}_{I,O_2} = \frac{\lambda}{2} \dot{n}_{I,CO} \tag{46.6}$$

$$\dot{n}_{I,N_2} = \frac{\lambda}{2} \frac{\psi_{N_2,Luft}}{\psi_{O_2,Luft}} \dot{n}_{I,CO} \tag{46.7}$$

Aus (46.6) und (46.7) folgt:

$$\dot{n}_{I,O_2} + \dot{n}_{I,N_2} = \dot{n}_{I,Luft} = \frac{\lambda}{2} \dot{n}_{I,CO} + \frac{\lambda}{2} \frac{\psi_{N_2,Luft}}{\psi_{O_2,Luft}} \dot{n}_{I,CO} = \frac{\lambda}{2} \dot{n}_{I,CO} \left(1 + \frac{\psi_{N_2,Luft}}{\psi_{O_2,Luft}} \right)$$

$$\dot{n}_{\mathrm{I,Luft}} = \frac{\lambda}{2}\dot{n}_{\mathrm{I,CO}}\left(\frac{\psi_{\mathrm{O_2,Luft}}+\psi_{\mathrm{N_2,Luft}}}{\psi_{\mathrm{O_2,Luft}}}\right) = \frac{\lambda}{2}\dot{n}_{\mathrm{I,CO}}\left(\frac{1}{\psi_{\mathrm{O_2,Luft}}}\right)$$

$$\psi_{\mathrm{O_2,Luft}}+\psi_{\mathrm{N_2,Luft}} = 1$$

$$\lambda = 2\frac{\dot{n}_{\mathrm{I,Luft}}}{\dot{n}_{\mathrm{I,co}}}\psi_{\mathrm{O_2,Luft}} \text{ oder } \dot{n}_{\mathrm{I,CO}} = 2\cdot\psi_{\mathrm{O_2,Luft}}\frac{\dot{n}_{\mathrm{I,Luft}}}{\lambda}$$

1. Hauptsatz für offenes System

$$\dot{Q}_{\mathrm{I,II}} + P_{\mathrm{I,II}} = \dot{H}_{\mathrm{II}} - \dot{H}_{\mathrm{I}} \qquad P_{\mathrm{I,II}} = 0$$

$$\dot{Q}_{\mathrm{I,II}} = \dot{n}_{\mathrm{II,CO_2}}\cdot H_{\mathrm{m,II,CO_2}} + \dot{n}_{\mathrm{II,N_2}}\cdot H_{\mathrm{m,II,N_2}} + \dot{n}_{\mathrm{II,O_2}}\cdot H_{\mathrm{m,II,O_2}} - \dot{n}_{\mathrm{I,CO}}\cdot H_{\mathrm{m,I,CO}} + \dot{n}_{\mathrm{I,N_2}}\cdot H_{\mathrm{m,I,N_2}} + \dot{n}_{\mathrm{I,O_2}}\cdot H_{\mathrm{m,I,O_2}}$$

$$\dot{Q}_{\mathrm{I,II}} = \dot{n}_{\mathrm{II,CO_2}}\left(H_{\mathrm{m,II,CO_2}} - H_{\mathrm{m,0,CO_2}}\right) + \dot{n}_{\mathrm{II,N_2}}\left(H_{\mathrm{m,II,N_2}} - H_{\mathrm{m,0,ON_2}}\right) + \dot{n}_{\mathrm{II,O_2}}\left(H_{\mathrm{m,II,O_2}} - H_{\mathrm{m,0,O_2}}\right) - \dot{n}_{\mathrm{I,CO}}\left(H_{\mathrm{m,I,CO}} - H_{\mathrm{m,0,CO}}\right) - \dot{n}_{\mathrm{I,N_2}}\left(H_{\mathrm{m,I,N_2}} - H_{\mathrm{m,0,N_2}}\right) - \dot{n}_{\mathrm{I,O_2}}\left(H_{\mathrm{m,I,O_2}} - H_{\mathrm{m,0,O_2}}\right) - \Delta H_{\mathrm{m,CO}}\cdot\dot{n}_{\mathrm{I,CO}}$$

Hinweis: Näheres zum Heizwert $\Delta H_{\mathrm{m,CO}}$ siehe Aufgabe 45.

$$\dot{Q}_{\mathrm{I,II}} = \dot{n}_{\mathrm{I,CO}}\left(H_{\mathrm{m,II,CO_2}} - H_{\mathrm{m,0,CO_2}}\right) + \frac{\lambda}{2}\frac{\psi_{\mathrm{Luft,N_2}}}{\psi_{\mathrm{Luft,O_2}}}\dot{n}_{\mathrm{I,CO}}\left(H_{\mathrm{m,II,N_2}} - H_{\mathrm{m,0,ON_2}}\right) + \frac{1}{2}(\lambda-1)\dot{n}_{\mathrm{I,CO}}\left(H_{\mathrm{m,II,O_2}} - H_{\mathrm{m,0,O_2}}\right) - \dot{n}_{\mathrm{I,CO}}\left(H_{\mathrm{m,I,CO}} - H_{\mathrm{m,0,CO}}\right) - \frac{\lambda}{2}\frac{\psi_{\mathrm{N_2,Luft}}}{\psi_{\mathrm{O_2,Luft}}}\dot{n}_{\mathrm{I,CO}}\left(H_{\mathrm{m,I,N_2}} - H_{\mathrm{m,0,N_2}}\right) - \frac{\lambda}{2}\dot{n}_{\mathrm{I,CO}}\left(H_{\mathrm{m,I,O_2}} - H_{\mathrm{m,0,O_2}}\right) - \Delta H_{\mathrm{m,CO}}\cdot\dot{n}_{\mathrm{I,CO}}$$

$$\frac{\dot{Q}_{\mathrm{I,II}}}{\dot{n}_{\mathrm{I,CO}}} = \left(H_{\mathrm{m,II,CO_2}} - H_{\mathrm{m,0,CO_2}}\right) + \frac{\lambda}{2}\frac{\psi_{\mathrm{N_2,Luft}}}{\psi_{\mathrm{O_2,Luft}}}\left(H_{\mathrm{m,II,N_2}} - H_{\mathrm{m,0,ON_2}}\right) + \frac{1}{2}(\lambda-1)\left(H_{\mathrm{m,II,O_2}} - H_{\mathrm{m,0,O_2}}\right) - \left(H_{\mathrm{m,I,CO}} - H_{\mathrm{m,0,CO}}\right) - \frac{\lambda}{2}\frac{\psi_{\mathrm{N_2,Luft}}}{\psi_{\mathrm{O_2,Luft}}}\left(H_{\mathrm{m,I,N_2}} - H_{\mathrm{m,0,N_2}}\right) - \frac{\lambda}{2}\left(H_{\mathrm{m,I,O_2}} - H_{\mathrm{m,0,O_2}}\right) - \Delta H_{\mathrm{m,CO}}$$

$$\frac{\dot{Q}_{\mathrm{I,II}}}{\dot{n}_{\mathrm{I,CO}}} = \left(H_{\mathrm{m,II,CO_2}} - H_{\mathrm{m,0,CO_2}}\right) + \frac{\lambda}{2}\frac{\psi_{\mathrm{N_2,Luft}}}{\psi_{\mathrm{O_2,Luft}}}\left(H_{\mathrm{m,II,N_2}} - H_{\mathrm{m,I,N_2}}\right) \frac{\lambda}{2}\left(H_{\mathrm{m,II,O_2}} - H_{\mathrm{m,0,O_2}}\right) - \frac{1}{2}\left(H_{\mathrm{m,II,O_2}} - H_{\mathrm{m,0,O_2}}\right) - \left(H_{\mathrm{m,I,CO}} - H_{\mathrm{m,0,CO}}\right) - \frac{\lambda}{2}\left(H_{\mathrm{m,I,O_2}} - H_{\mathrm{m,0,O_2}}\right) - \Delta H_{\mathrm{m,CO}}$$

$$\frac{\lambda}{2}\left(H_{m,II,O_2} - H_{m,0,O_2}\right) - \frac{\lambda}{2}\left(H_{m,I,O_2} - H_{m,0,O_2}\right) = \frac{\lambda}{2}\left(H_{m,II,O_2} - H_{m,I,O_2}\right)$$

$$\frac{\dot{Q}_{I,II}}{\dot{n}_{I,CO_2}} = \left(H_{m,II,CO_2} - H_{m,0,CO_2}\right) + \frac{\lambda}{2}\frac{\psi_{N_2,Luft}}{\psi_{O_2,Luft}}\left(H_{m,II,N_2} - H_{m,I,N_2}\right) +$$
$$\frac{\lambda}{2}\left(H_{m,II,O_2} + H_{m,I,O_2}\right) - \frac{1}{2}\left(H_{m,II,O_2} - H_{m,0,O_2}\right) - \left(H_{m,I,CO} - H_{m,0,CO}\right) - \Delta H_{m,CO}$$

$$\frac{\dot{Q}_{I,II}}{\dot{n}_{I,CO_2}} = (T_{II} - T_0)C_{mp,CO_2} + \frac{\lambda}{2}\frac{\psi_{N_2,Luft}}{\psi_{O_2,Luft}}\left[(T_{II} - T_1)C_{mp,N_2}\right] + \frac{\lambda}{2}\left[(T_{II} - T_1)C_{mp,O_2}\right] -$$
$$-\frac{1}{2}\left[(T_{II} - T_0)C_{mp,O_2}\right] - \left[(T_{II} - T_0)C_{mp,O_2}\right] - \Delta H_{m,CO}$$

$$\frac{\dot{Q}_{I,II}}{\dot{n}_{I,CO_2}} = (T_{II} - T_0)\left[C_{mp,CO_2} - \frac{1}{2}C_{mp,O_2}\right] - (T_I - T_0)C_{mp,CO} +$$
$$+\frac{\lambda}{2}(T_{II} - T_1)\left[\frac{\psi_{N_2,Luft}}{\psi_{O_2,Luft}}C_{mp,N_2} + C_{mp,O_2}\right] - \Delta H_{m,CO}$$

$$\frac{0{,}05 \cdot \dot{n}_{I,CO} \cdot \Delta H_{m,CO}}{\dot{n}_{I,CO}} = (T_{II} - T_0)\left(C_{mp,CO_2} - \frac{1}{2}C_{mp,O_2}\right) - (T_I - T_0)C_{mp,CO} +$$
$$\frac{\lambda}{2}(T_{II} - T_1)\left(\frac{\psi_{N_2,Luft}}{\psi_{O_2,Luft}}C_{mpN_2} + C_{mp,O_2}\right) - \Delta H_{m,0,CO}$$

$$0{,}05 \cdot \Delta H_{m,CO} = (T_{II} - T_0)\left(C_{mp,CO_2} - \frac{1}{2}C_{mp,O_2}\right) - (T_I - T_0)C_{mp,CO} - \Delta H_{m,0,CO} +$$
$$\frac{\lambda}{2}(T_{II} - T_1)\left(\frac{\psi_{N_2,Luft}}{\psi_{O_2,Luft}}C_{mp,N_2} + C_{mp,O_2}\right)$$

$$0{,}05 \cdot \dot{n}_{I,CO} \cdot \Delta H_{m,CO} = \dot{n}_{I,CO}\,(T_{II} - T_0)\left[\left(C_{mp,CO_2} - \frac{1}{2}C_{mp,O_2}\right) - (T_I - T_0)C_{mp,CO} - \Delta H_{m,CO}\right] +$$
$$\dot{n}_{I,CO}\,\frac{\lambda}{2}(T_{II} - T_1)\left(\frac{\psi_{N_2,Luft}}{\psi_{O_2,Luft}}C_{mp,N_2} + C_{mp,O_2}\right)$$

$$0{,}05 \cdot \dot{n}_{I,CO} \cdot \Delta H_{m,CO} = \dot{n}_{I,CO}\,(T_{II} - T_0)\left(C_{mp,CO_2} - \frac{1}{2}C_{mp,O_2}\right) - (T_I - T_0)C_{mp,CO} - \Delta H_{m,CO}\{\ \} +$$
$$2 \cdot \psi_{O_2,Luft}\,\frac{\dot{n}_{I,Luft}}{\lambda}\,\frac{\lambda}{2}(T_{II} - T_1)\left(\frac{\psi_{N_2,Luft}}{\psi_{O_2,Luft}}C_{mpN_2} + C_{mp,O_2}\right)$$

$$0{,}05\cdot\dot{n}_{\mathrm{I,CO}}\cdot\Delta H_{\mathrm{m,CO}}=\dot{n}_{\mathrm{I,CO}}\left(T_{\mathrm{II}}-T_0\right)\left[\left(C_{\mathrm{mp,CO_2}}-\frac{1}{2}C_{\mathrm{mp,O_2}}\right)-\left(T_{\mathrm{I}}-T_0\right)C_{\mathrm{mp,CO}}-\Delta H_{\mathrm{m,CO}}\right]+$$

$$\psi_{\mathrm{O_2,Luft}}\cdot\dot{n}_{\mathrm{I,Luft}}\left(T_{\mathrm{II}}-T_{\mathrm{I}}\right)\left(\frac{\psi_{\mathrm{N_2,Luft}}}{\psi_{\mathrm{O_2,Luft}}}C_{\mathrm{mpN_2}}+C_{\mathrm{mp,O_2}}\right)$$

$$0=\dot{n}_{\mathrm{I,CO}}\left(T_{\mathrm{II}}-T_0\right)\left[\left(C_{\mathrm{mp,CO_2}}-\frac{1}{2}C_{\mathrm{mp,O_2}}\right)-\left(T_{\mathrm{I}}-T_0\right)C_{\mathrm{mp,CO}}-\Delta H_{\mathrm{m,0,CO}}\right]-$$

$$-0{,}05\cdot\dot{n}_{\mathrm{I,CO}}\cdot\Delta H_{\mathrm{m,CO}}+\psi_{\mathrm{Luft,O_2}}\cdot\dot{n}_{\mathrm{I,Luft}}\left(T_{\mathrm{II}}-T_{\mathrm{I}}\right)\left(\frac{\psi_{\mathrm{N_2,Luft}}}{\psi_{\mathrm{O_2,Luft}}}C_{\mathrm{mp,N_2}}+C_{\mathrm{mp,O_2}}\right)$$

$$0=\dot{n}_{\mathrm{I,CO}}\left\{\left(T_{\mathrm{II}}-T_0\right)\left[C_{\mathrm{mp,CO_2}}-\frac{1}{2}C_{\mathrm{mp,O_2}}\right]-\left(T_{\mathrm{I}}-T_0\right)C_{\mathrm{mp,CO}}-\Delta H_{\mathrm{m,CO}}-0{,}05\cdot\Delta H_{\mathrm{m,0,CO}}\right\}+$$

$$\psi_{\mathrm{O_2,Luft}}\cdot\dot{n}_{\mathrm{I,Luft}}\left(T_{\mathrm{II}}-T_{\mathrm{I}}\right)\left(\frac{\psi_{\mathrm{N_2,Luft}}}{\psi_{\mathrm{O_2,Luft}}}C_{\mathrm{mpN_2}}+C_{\mathrm{mpN_2}}\right)$$

$$-\Delta H_{\mathrm{m,CO}}-0{,}05\cdot\Delta H_{\mathrm{m,CO}}=-0{,}95\cdot\Delta H_{\mathrm{m,CO}}$$

$$0=\dot{n}_{\mathrm{I,CO}}\left[\left(T_{\mathrm{II}}-T_0\right)\left(C_{\mathrm{mp,CO_2}}-\frac{1}{2}C_{\mathrm{mp,O_2}}\right)-\left(T_{\mathrm{I}}-T_0\right)C_{\mathrm{mp,CO}}-\Delta H_{\mathrm{m,CO}}-0{,}05\cdot\Delta H_{\mathrm{m,CO}}\right]+$$

$$+\psi_{\mathrm{Luft,CO}}\cdot\dot{n}_{\mathrm{I,Luft}}\left(T_{\mathrm{II}}-T_{\mathrm{I}}\right)\left(\frac{\psi_{\mathrm{N_2,Luft}}}{\psi_{\mathrm{O_2,Luft}}}C_{\mathrm{mpN_2}}+C_{\mathrm{mpN_2}}\right)$$

$$0=\dot{n}_{\mathrm{I,CO}}\left[\left(T_{\mathrm{II}}-T_0\right)\left(C_{\mathrm{mp,CO_2}}-\frac{1}{2}C_{\mathrm{mp,O_2}}\right)-\left(T_{\mathrm{I}}-T_0\right)C_{\mathrm{mp,CO}}-0{,}95\cdot\Delta H_{\mathrm{m,CO}}\right]+$$

$$\dot{n}_{\mathrm{I,Luft}}\left(T_{\mathrm{II}}-T_{\mathrm{I}}\right)\left(\psi_{\mathrm{N_2,Luft}}C_{\mathrm{mp,N_2}}+\psi_{\mathrm{O_2,Luft}}\cdot C_{\mathrm{mp,O_2}}\right)$$

$$-\dot{n}_{\mathrm{I,Luft}}\left(T_{\mathrm{II}}-T_{\mathrm{I}}\right)\left(\psi_{\mathrm{N_2,Luft}}C_{\mathrm{mp,N_2}}+\psi_{\mathrm{O_2,Luft}}\cdot C_{\mathrm{mp,O_2}}\right)=$$

$$\dot{n}_{\mathrm{I,CO}}\left[\left(T_{\mathrm{II}}-T_0\right)\left(C_{\mathrm{mp,CO_2}}-\frac{1}{2}C_{\mathrm{mp,O_2}}\right)-\left(T_{\mathrm{I}}-T_0\right)C_{\mathrm{mpCO}}-0{,}95\cdot\Delta H_{\mathrm{m,CO}}\right]$$

$$\dot{n}_{\mathrm{I,CO}}=\frac{-\dot{n}_{\mathrm{I,Luft}}\left(T_{\mathrm{II}}-T_{\mathrm{I}}\right)\left(\psi_{\mathrm{N_2,Luft}}C_{\mathrm{mp,N_2}}+\psi_{\mathrm{O_2,Luft}}\cdot C_{\mathrm{mp,O_2}}\right)}{\left(T_{\mathrm{II}}-T_0\right)\left(C_{\mathrm{mp,CO_2}}-\frac{1}{2}C_{\mathrm{mp,O_2}}\right)-\left(T_{\mathrm{I}}-T_0\right)C_{\mathrm{mp,CO}}-0{,}95\cdot\Delta H_{\mathrm{m,CO}}}$$

$$\dot{n}_{\mathrm{I,CO}}=\frac{\dot{n}_{\mathrm{I,Luft}}\left(T_{\mathrm{II}}-T_{\mathrm{I}}\right)\left(\psi_{\mathrm{N_2,Luft}}C_{\mathrm{mp,N_2}}+\psi_{\mathrm{O_2,Luft}}\cdot C_{\mathrm{mp,O_2}}\right)}{0{,}95\cdot\Delta H_{\mathrm{m,CO}}-\left(T_{\mathrm{II}}-T_0\right)\left(C_{\mathrm{mp,CO_2}}-\frac{1}{2}C_{\mathrm{mp,O_2}}\right)+\left(T_{\mathrm{I}}-T_0\right)C_{\mathrm{mp,CO}}}$$

$$\dot{n}_{\mathrm{I,Luft}} = \frac{\dot{m}_{\mathrm{I,Luft}}}{M_{\mathrm{Luft}}} = \frac{\dot{m}_{\mathrm{I,Luft}}}{M_{\mathrm{Luft}}} = \frac{\frac{p_{\mathrm{I}} \cdot \dot{V}_{\mathrm{I,Luft}}}{R_{\mathrm{Luft}} \cdot T_{\mathrm{I}}}}{M_{\mathrm{Luft}}} = \frac{\frac{3 \cdot 10^5 \frac{\mathrm{N}}{\mathrm{m}^2} 0{,}287 \frac{\mathrm{m}^2}{\mathrm{s}}}{287 \frac{\mathrm{J}}{\mathrm{kg} \cdot \mathrm{K}} 300\,\mathrm{K}}}{28{,}964 \frac{\mathrm{kg}}{\mathrm{kmol}}} = 0{,}034526 \frac{\mathrm{kmol}}{\mathrm{s}}$$

$$\dot{n}_{\mathrm{I,CO}} = \frac{\dot{n}_{\mathrm{I,Luft}} \left(T_{\mathrm{II}} - T_{\mathrm{I}}\right)\left[\psi_{\mathrm{N_2,Luft}} \cdot C_{\mathrm{mp,N_2}} + \psi_{\mathrm{O_2,Luft}} \cdot C_{\mathrm{mp,O_2}}\right]}{0{,}95 \cdot \Delta H_{\mathrm{m,0,CO}} - \left(T_{\mathrm{II}} - T_0\right)\left(C_{\mathrm{mp,CO_2}} - \frac{1}{2} C_{\mathrm{mp,O_2}}\right) + \left(T_{\mathrm{I}} - T_0\right) C_{\mathrm{mp,CO}}}$$

$$\psi_{\mathrm{N_2,Luft}} = \mathbf{0{,}79}$$

$$\psi_{\mathrm{O_2,Luft}} = \mathbf{0{,}21}$$

$$C_{\mathrm{mp,N_2}} = \mathbf{29{,}32 \frac{kJ}{kmol \cdot K}}$$

$$C_{\mathrm{mp,O_2}} = \mathbf{29{,}21 \frac{kJ}{kmol \cdot K}}$$

$$C_{\mathrm{mp,CO_2}} = \mathbf{36{,}83 \frac{kJ}{kmol \cdot K}}$$

$$C_{\mathrm{mp,CO}} = \mathbf{29{,}32 \frac{kJ}{kmol \cdot K}}$$

$$\Delta H_{\mathrm{m,CO}} = \mathbf{283{,}2 \frac{MJ}{kmol \cdot K}}$$

Zahlenrechnung ohne Einheiten:

$$\dot{n}_{\mathrm{I,CO}} = \frac{0{,}034526(1500 - 300)[0{,}79 \cdot 29{,}32 + 0{,}21 \cdot 29{,}21]}{0{,}95 \cdot 283{,}2 \cdot 10^3 - (1500 - 298)\left[36{,}83 - \frac{1}{2} 29{,}21\right] + (300 - 298) 29{,}32}$$

$$\dot{n}_{\mathrm{I,CO}} = 0{,}00606042 \frac{\mathrm{kmol}}{\mathrm{s}}$$

$$M_{\mathrm{CO}} = \mathbf{23 \frac{kg}{kmol}}$$

$$\dot{m}_{\mathrm{I,CO}} = M_{\mathrm{CO}} \cdot \dot{n}_{\mathrm{I,CO}} = 23 \frac{\mathrm{kg}}{\mathrm{kmol}} 0{,}00606042 \frac{\mathrm{kmol}}{\mathrm{s}} = 501{,}8 \frac{\mathrm{kg}}{\mathrm{h}}$$

2. **Oxidationsverhältnis λ**

$$\lambda = 2\frac{\dot{n}_{I,Luft}}{\dot{n}_{I,CO}}\psi_{Luft,O_2} = 2\frac{0{,}0342526\frac{kmol}{s}}{0{,}00606042\frac{kmol}{s}}0{,}21$$

$$\lambda = 2{,}374$$

3. **Abgaszusammensetzung ψ_{II,CO_2}, ψ_{II,O_2}, ψ_{II,N_2}**

Das Abgas setzt sich zusammen aus: CO_2, N_2 und O_2

$$\dot{n}_{II,O_2} = \frac{1}{2}(\lambda-1)\dot{n}_{I,CO} = \frac{1}{2}(2{,}374-1)\dot{n}_{I,CO} = 0{,}687\cdot\dot{n}_{I,CO}$$

$$\dot{n}_{II} = \dot{n}_{II,CO_2} + \dot{n}_{II,O_2} + \dot{n}_{II,N_2} = \dot{n}_{I,CO} + \dot{n}_{II,O_2} + \dot{n}_{II,N_2}$$

$$\dot{n}_{II} = \dot{n}_{I,CO} + \frac{1}{2}(\lambda-1)\dot{n}_{I,CO} + \frac{\lambda}{2}\frac{\psi_{N_2,Luft}}{\psi_{O_2,Luft}}\dot{n}_{I,CO} = \dot{n}_{I,CO}\left(1+\frac{1}{2}(\lambda-1)+\frac{\lambda}{2}\frac{\psi_{N_2,Luft}}{\psi_{O_2,Luft}}\right)$$

$$\dot{n}_{II} = \dot{n}_{I,CO}\left(1+\frac{1}{2}(2{,}374-1)+\frac{2{,}374}{2}\frac{0{,}79}{0{,}21}\right)$$

$$\dot{n}_{II} = \dot{n}_{I,CO}(1+0{,}687+4{,}4654) = 6{,}1524\cdot\dot{n}_{I,CO}$$

$$\dot{n}_{II,CO_2} = \dot{n}_{I,CO}$$

$$\psi_{II,CO_2} = \frac{\dot{n}_{II,CO_2}}{\dot{n}_{II}} = \frac{\dot{n}_{I,CO}}{6{,}1524\cdot\dot{n}_{I,CO}} = \frac{1}{6{,}1524} = 0{,}16254$$

$$\dot{n}_{II,O_2} = \frac{1}{2}(\lambda-1)\dot{n}_{I,CO} = 0{,}687\cdot\dot{n}_{I,CO}$$

$$\psi_{II,O_2} = \frac{\dot{n}_{II,O_2}}{\dot{n}_{II}} = \frac{0{,}687\cdot\dot{n}_{I,CO}}{6{,}1524\cdot\dot{n}_{I,CO}} = \frac{0{,}687}{6{,}1524} = 0{,}11166$$

$$\dot{n}_{II,N_2} = \frac{\lambda}{2}\frac{\psi_{N_2,Luft}}{\psi_{O_2,Luft}}\dot{n}_{I,CO} = \frac{2{,}374}{2}\frac{0{,}79}{0{,}21}\dot{n}_{I,CO} = 4{,}4654\cdot\dot{n}_{I,CO}$$

$$\psi_{II,N_2} = \frac{\dot{n}_{II,N_2}}{\dot{n}_{II}} = \frac{4{,}4654\cdot\dot{n}_{I,CO}}{6{,}1524\cdot\dot{n}_{I,CO}} = \frac{4{,}4654}{6{,}1524} = 0{,}7258$$

4. **Exergieverlust $\dot{E}_V$ bei $t_u = 25\,°C$**

$$\dot{E}_V = T_u \cdot \dot{S}_{irrl,II}$$

$$\dot{S}_{II} - \dot{S}_I = \dot{S}_{QI,II} + \dot{S}_{irrl,II} \qquad \dot{S}_{QI,II} = \frac{\dot{Q}_{I,II}}{T_u}$$

$$\dot{S}_{irrl,II} = \left(\dot{S}_{II} - \dot{S}_I\right) - \dot{S}_{QI,II} = \left(\dot{S}_{II} - \dot{S}_I\right) - \frac{\dot{Q}_{I,II}}{T_u}$$

$$\dot{S}_{II} - \dot{S}_I = \dot{m}_{II,CO_2} \cdot s_{II,CO_2} + \dot{m}_{II,O_2} \cdot s_{II,O_2} + \dot{m}_{II,N_2} \cdot s_{II,N_2} - \dot{m}_{I,CO} \cdot s_{I,CO} - \dot{m}_{I,O_2} \cdot s_{I,O_2} - \dot{m}_{I,N_2} \cdot s_{I,N_2}$$

$$\dot{m} \cdot s = M \cdot \dot{n} \cdot s = \dot{n} \cdot S_m(p,T)$$

$$\dot{S}_{II} - \dot{S}_I = \dot{n}_{II,CO_2} \cdot S_{m,II,CO_2}\left(p\ ,T_{II}\right) + \dot{n}_{II,O_2} \cdot S_{m,II,O_2,}\left(p_{II,O_2},T_{II}\right) + \dot{n}_{II,N_2} \cdot S_{m,II,N_2}\left(p_{II,N_2},T_{II}\right) - \dot{n}_{I,CO} \cdot S_{m,I,CO}\left(p_{I,CO},T_I\right) - \dot{n}_{I,N_2} \cdot S_{m,I,N_2}\left(p_{I,N_2},T_I\right) - \dot{n}_{I,O_2} \cdot S_{m,I,O_2}\left(p_{I,O_2},T_I\right)$$

$$S_m(p,T) = S_m(p_0,T) - R_m \cdot \ln\frac{p}{p_0}$$

$$\begin{aligned}\dot{S}_{II} - \dot{S}_I = {} & \dot{n}_{II,CO_2}\left[S_{m,II,CO_2}(p_0,T_{II}) - R_m \cdot \ln\frac{p_{II,CO_2}}{p_0}\right] + \\ & \dot{n}_{II,O_2}\left[S_{m,II,O_2}(p_0,T_{II}) - R_m \cdot \ln\frac{p_{II,O_2}}{p_0}\right] + \\ & \dot{n}_{II,N_2}\left[S_{m,II,N_2}(p_0,T_{II}) - R_m \cdot \ln\frac{p_{II,N_2}}{p_0}\right] - \\ & \dot{n}_{I,CO}\left[S_{m,I,CO}(p_0,T_I) - R_m \cdot \ln\frac{p_{I,CO}}{p_0}\right] - \\ & \dot{n}_{I,N_2}\left[S_{m,I,N_2}(p_0,T_I) - R_m \cdot \ln\frac{p_{I,N_2}}{p_0}\right] - \\ & \dot{n}_{I,O_2}\left[S_{m,I,O_2}(p_0,T_I) - R_m \cdot \ln\frac{p_{I,O_2}}{p_0}\right]\end{aligned}$$

$$\dot{n}_{II,O_2} = \frac{1}{2}(\lambda - 1)\dot{n}_{I,O} \quad \dot{n}_{II,N_2} = \frac{\lambda}{2}\frac{\psi_{N_2,Luft}}{\psi_{O_2,Luft}}\dot{n}_{I,O} \quad \dot{n}_{I,N_2} = \frac{\lambda}{2}\frac{\psi_{N_2,Luft}}{\psi_{O_2,Luft}}\dot{n}_{I,CO} \quad \dot{n}_{I,O_2} = \frac{\lambda}{2}\dot{n}_{I,O}$$

$$\dot{S}_{II} - \dot{S}_I = \dot{n}_{I,CO}\left[S_{m,II,CO_2}(p_0,T_{II}) - R_m \cdot \ln\frac{p_{II,CO_2}}{p_0}\right] +$$

$$\frac{1}{2}(\lambda-1)\dot{n}_{I,O}\left[S_{m,II,O_2}(p_0,T_{II}) - R_m \cdot \ln\frac{p_{II,O_2}}{p_0}\right] +$$

$$\frac{\lambda}{2}\frac{\psi_{N_2,Luft}}{\psi_{O_2,Luft}}\dot{n}_{I,O}\left[S_{m,II,N_2}(p_0,T_{II}) - R_m \cdot \ln\frac{p_{II,N_2}}{p_0}\right] -$$

$$\dot{n}_{I,O}\left[S_{m,I,CO}(p_0,T_I) - R_m \cdot \ln\frac{p_{I,CO}}{p_0}\right] -$$

$$\frac{\lambda}{2}\frac{\psi_{N_2,Luft}}{\psi_{O_2,Luft}}\dot{n}_{I,CO}\left[S_{m,I,N_2}(p_0,T_I) - R_m \cdot \ln\frac{p_{I,N_2}}{p_0}\right] -$$

$$\frac{\lambda}{2}\dot{n}_{I,O}\left[S_{m,I,O_2}(p_0,T_I) - R_m \cdot \ln\frac{p_{I,O_2}}{p_0}\right]$$

$p_{II,CO_2} = \psi_{II,CO_2} \cdot 3\,\text{bar}$ $\qquad p_{II,CO_2} = 0{,}1353 \cdot 3\,\text{bar} = 0{,}4059\,\text{bar}$

$p_{II,O_2} = \psi_{II,O_2} \cdot 3\,\text{bar}$ $\qquad p_{II,O_2} = 0{,}12811 \cdot 3\,\text{bar} = 0{,}38433\,\text{bar}$

$p_{II,N_2} = \psi_{II,N_2} \cdot 3\,\text{bar}$ $\qquad p_{II,N_2} = 0{,}7365 \cdot 3\,\text{bar} = 2{,}2095\,\text{bar}$

$p_{I,CO} = \psi_{I,CO} \cdot 3\,\text{bar}$ $\qquad p_{I,CO} = 1 \cdot 3\,\text{bar} = 3\,\text{bar}$

$p_{I,N_2} = \psi_{I,N_2} \cdot 3\,\text{bar}$ $\qquad p_{I,N_2} = 0{,}79 \cdot 3\,\text{bar} = 2{,}37\,\text{bar}$

$p_{I,O_2} = \psi_{I,O_2} \cdot 3\,\text{bar}$ $\qquad p_{I,O_2} = 0{,}21 \cdot 3\,\text{bar} = 0{,}63\,\text{bar}$

$$\mathbf{S_{m,II,CO_2}(p_0,T_{II}) = 388{,}1\frac{kJ}{kmol \cdot K}}$$

$$\mathbf{S_{m,II,O_2}(p_0,T_{II}) = 353{,}99\frac{kJ}{kmol \cdot K}}$$

$$\mathbf{S_{m,II,N_2}(p_0,T_{II}) = 337{,}75\frac{kJ}{kmol \cdot K}}$$

$$\mathbf{S_{m,I,CO}(p_0,T_I) = 294{,}05\frac{kJ}{kmol \cdot K}}$$

$$\mathbf{S_{m,I,N_2}(p_0,T_I) = 287{,}64\frac{kJ}{kmol \cdot K}}$$

$$\mathbf{S_{m,I,O_2}(p_0,T_I) = 302{,}21\frac{kJ}{kmol \cdot K}}$$

$$p_0 = 1\frac{\mathrm{N}}{\mathrm{m}^2}$$

$$\frac{\dot{S}_{II} - \dot{S}_I}{\dot{n}_{I,CO}} = \left[388{,}1\frac{\mathrm{kJ}}{\mathrm{kmol \cdot K}} - 8{,}31\frac{\mathrm{kJ}}{\mathrm{kmol \cdot K}}\ln\frac{0{,}4059\cdot 10^5\frac{\mathrm{N}}{\mathrm{m}^2}}{1\frac{\mathrm{N}}{\mathrm{m}^2}}\right] +$$

$$0{,}687\left[353{,}99\frac{\mathrm{kJ}}{\mathrm{kmol \cdot K}} - 8{,}31\frac{\mathrm{kJ}}{\mathrm{kmol \cdot K}}\ln\frac{0{,}38433\cdot 10^5\frac{\mathrm{N}}{\mathrm{m}^2}}{1\frac{\mathrm{N}}{\mathrm{m}^2}}\right] +$$

$$4{,}465\left[337{,}75\frac{\mathrm{kJ}}{\mathrm{kmol \cdot K}} - 8{,}31\frac{\mathrm{kJ}}{\mathrm{kmol \cdot K}}\ln\frac{2{,}2095\cdot 10^5\frac{\mathrm{N}}{\mathrm{m}^2}}{1\frac{\mathrm{N}}{\mathrm{m}^2}}\right] -$$

$$\left[294{,}05\frac{\mathrm{kJ}}{\mathrm{kmol \cdot K}} - 8{,}31\frac{\mathrm{kJ}}{\mathrm{kmol \cdot K}}\ln\frac{3\cdot 10^5\frac{\mathrm{N}}{\mathrm{m}^2}}{1\frac{\mathrm{N}}{\mathrm{m}^2}}\right] -$$

$$4{,}465\left[287{,}64\frac{\mathrm{kJ}}{\mathrm{kmol \cdot K}} - 8{,}31\frac{\mathrm{kJ}}{\mathrm{kmol \cdot K}}\ln\frac{2{,}37\cdot 10^5\frac{\mathrm{N}}{\mathrm{m}^2}}{1\frac{\mathrm{N}}{\mathrm{m}^2}}\right] -$$

$$1{,}187\left[302{,}21\frac{\mathrm{kJ}}{\mathrm{kmol \cdot K}} - 8{,}31\frac{\mathrm{kJ}}{\mathrm{kmol \cdot K}}\ln\frac{0{,}63\cdot 10^5\frac{\mathrm{N}}{\mathrm{m}^2}}{1\frac{\mathrm{N}}{\mathrm{m}^2}}\right]$$

$$\dot{n}_{I,CO} = 0{,}00606042\frac{\mathrm{kmol}}{\mathrm{s}}$$

Zahlenrechnung ohne Einheiten:

$$\frac{\left(\dot{S}_{II} - \dot{S}_I\right)}{0{,}00606042} = \left[388{,}1 - 8{,}314\cdot 10{,}611\right] +$$

$$0{,}687\left[353{,}99 - 8{,}314\cdot 10{,}557\right] +$$

$$4{,}465\left[337{,}75 - 8{,}314\cdot 12{,}306\right] -$$

$$\left[294{,}05 - 8{,}314\cdot 12{,}616\right] -$$

$$4{,}465\left[287{,}64 - 8{,}314\cdot 12{,}376\right] -$$

$$1{,}187\left[302{,}21 - 8{,}314\cdot 11{,}05\right]$$

$$\frac{\dot{S}_{II} - \dot{S}_I}{0{,}00606042} = 299{,}88 + 182{,}89 + 1051{,}23 - 189{,}16 - 824{,}89 - 249{,}67$$

$$\dot{S}_{II} - \dot{S}_I = 1{,}639 \frac{\text{kJ}}{\text{s} \cdot \text{K}}$$

$$\dot{S}_{irrI,II} = \left(\dot{S}_{II} - \dot{S}_I\right) - \dot{S}_{QI,II} = \left(\dot{S}_{II} - \dot{S}_I\right) - \frac{\dot{Q}_{I,II}}{T_u}$$

$$\dot{E}_V = T_u \cdot \dot{S}_{irrI,II} = T_u \left[\left(\dot{S}_{II} - \dot{S}_I\right) - \frac{\dot{Q}_{I,II}}{T_u}\right] = T_u \left(\dot{S}_{II} - \dot{S}_I\right) - \dot{Q}_{I,II} \qquad \dot{Q}_{I,II} < 0$$

Hinweis: Da es sich bei $\dot{Q}_{I,II}$ um einen nach *außen* abgeführten Wärmestrom handelt, muss dieser in der Berechnung mit einem negativen Vorzeichen eingesetzt werden.

$$\dot{E}_V = 298\,\text{K} \cdot 1{,}639 \frac{\text{kJ}}{\text{s} \cdot \text{K}} + 0{,}05 \cdot 0{,}00606042 \frac{\text{kmol}}{\text{s}} 283{,}2 \cdot 10^3 \frac{\text{kJ}}{\text{kmol}}$$

$$\dot{E}_V = 488{,}422 \frac{\text{kJ}}{\text{s}} + 85{,}82 \frac{\text{kJ}}{\text{s}}$$

$$\dot{E}_V = 574\,\text{kW}$$

Aufgabe 47

Dampfstrahlpumpe, Massenströme

Vorstellung:

Zum Betrieb einer kleinen Dampfstrahlpumpe für Laborzwecke wird trocken gesättigter Dampf mit einem Druck von 2 bar benötigt.

Der Wasserdampf wird durch stöchiometrische Verbrennung von molekularem Wasserstoff H_2 mit molekularem Sauerstoff O_2 in einer adiabaten Brennkammer erzeugt. Der Wasserstoff und der Sauerstoff werden der Brennkammer getrennt mit einer Temperatur von t_1 = t_2 = 25 °C zugeführt. Bei stationärem Betrieb werden in der Brennkammer $\dot{m}_{I,H_2} = 6{,}0 \cdot 10^{-4}\ \mathrm{kg/s}$ Wasserstoff verbrannt. Um den gewünschten Endzustand zu erreichen, wird gleichzeitig noch flüssiges Wasser mit der Temperatur t_3 = 25 °C eingespritzt (Bild 47.1). Das eingespritzte Wasser befindet sich am Austritt aus der Brennkammer im trocken gesättigten Zustand.

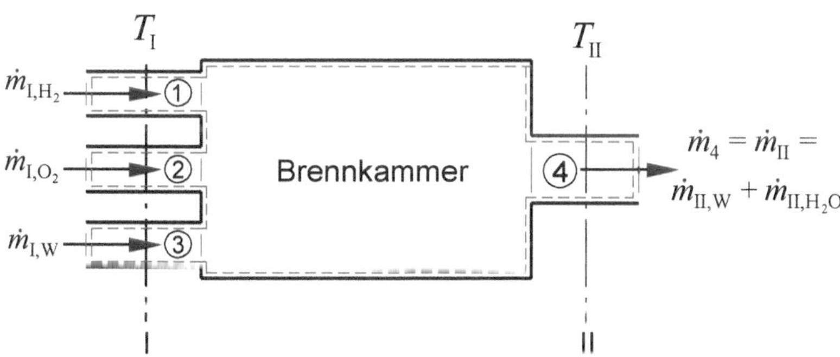

Bild 47.1 Adiabate Brennkammer mit Massenströmen

Änderungen äußerer Energien können vernachlässigt werden. Wasserstoff und Sauerstoff können als ideale Gase behandelt werden.

Das flüssige Wasser kann als ideale Flüssigkeit mit $c_W = 4{,}19\ \mathrm{kJ/(kg \cdot K)}$ behandelt werden.

Heizwert von Wasserstoff bei t_0 = 25 °C:

$$\Delta H_{m,H_2} = 273{,}67 \cdot 10^3 \frac{kJ}{kmol}$$

Gesucht:

1. Erforderlicher Massenstrom an Sauerstoff $\dot{m}_{I,O_2}$
2. Bei der Verbrennung entstehende Massenstrom $\dot{m}_{II,H_2O}$
3. Massenstrom des einzuspritzenden Wassers $\dot{m}_{I,W}$
4. Austretender Massenstrom an Sattdampf $\dot{m}_4 = \dot{m}_{II}$
5. Kontrolle ein- und austretender Massenströme

Lösung:

1. **Erforderlicher Massenstrom an Sauerstoff $\dot{m}_{I,O_2}$**

Reaktionsgleichung:

$$H_2 + \frac{1}{2} O_2 + H_2O \quad \rightarrow \quad (H_2O) + H_2O$$

Es lässt sich auch schreiben:

$$1\frac{kmol}{s} H_2 + \frac{1}{2}\frac{kmol}{s} O_2 + 1\frac{kmol}{s} H_2O \quad \rightarrow \quad \left(1\frac{kmol}{s}\right) H_2O + 1\frac{kmol}{s} H_2O$$

oder:

$$\dot{n}_{I,H_2} H_2 + \dot{n}_{I,O_2} O_2 + \dot{n}_{I,W} H_2O \quad \rightarrow \quad \left(\dot{n}_{II,H_2O}\right) H_2O + \dot{n}_{II,W,tr.ges} H_2O$$

Hinweis: In Klammern steht mit $\dot{n}_{II,H_2O}$ der bei der Verbrennung von H_2 und O_2 zu H_2O entstehende Molenstrom. Für die Massenströme muss gelten: $\dot{m}_{II,H_2O_2} = \dot{m}_{I,H_2} + \dot{m}_{I,O_2}$; das lässt sich unter Berücksichtigung der Molekulargewichte verifizieren.

$$\dot{n}_{I,O_2} = \frac{1}{2} \dot{n}_{I,H_2} \qquad \qquad \dot{n}_{I,H_2} = \dot{n}_{II,H_2O}$$

$$\boldsymbol{M_{H_2} = 2{,}01568 \frac{kg}{kmol}}$$

$$\boldsymbol{M_{O_2} = 31{,}998 \frac{kg}{kmol}}$$

$$\dot{n}_{I,O_2} = \frac{1}{2} \dot{n}_{I,H_2} = \frac{1}{2} \frac{\dot{m}_{I,H_2}}{M_{H_2}} = \frac{1}{2} \frac{6{,}0 \cdot 10^{-4} \frac{kg}{s}}{2{,}01568 \frac{kg}{kmol}} = 1{,}4882 \cdot 10^{-4} \frac{kmol}{s}$$

$$\dot{m}_{I,O_2} = \dot{n}_{I,O_2} \cdot M_{O_2} = 1,4882 \cdot 10^{-4} \frac{\text{kmol}}{\text{s}} 31,998 \frac{\text{kg}}{\text{kmol}} = 47,6194 \cdot 10^{-4} \frac{\text{kg}}{\text{s}}$$

$$\dot{m}_{I,O_2} = 17,1423 \frac{\text{kg}}{\text{h}}$$

2. **Bei der Verbrennung entstehende Massenstrom $\dot{m}_{II,H_2O}$**

$$\dot{n}_{II,H_2O} = \dot{n}_{I,H_2} = \frac{\dot{m}_{I,H_2}}{M_{H_2}} = \frac{6,0 \cdot 10^{-4} \frac{\text{kg}}{\text{s}}}{2,01568 \frac{\text{kg}}{\text{kmol}}} = 2,855 \cdot 10^{-4} \frac{\text{kmol}}{\text{s}}$$

$$\boldsymbol{M_{H_2O} = 18,01528 \frac{\text{kg}}{\text{kmol}}}$$

$$\dot{m}_{II,H_2O} = M_{H_2O} \cdot \dot{n}_{II,H_2O} = 18,01528 \frac{\text{kg}}{\text{kmol}} 2,855 \cdot 10^{-4} \frac{\text{kmol}}{\text{s}}$$

$$\dot{m}_{II,H_2O} = 51,83 \cdot 10^{-4} \frac{\text{kg}}{\text{s}}$$

3. **Massenstrom des einzuspritzenden Wassers $\dot{m}_{I,W}$**

1. Hauptsatz für stationären Fließprozess:

$$\dot{Q}_{I,II} + P_{I,II} = \dot{H}_{II} - \dot{H}_I \qquad \dot{Q}_{I,II} = 0 \qquad P_{I,II} = 0$$

$$0 = \dot{H}_{II} - \dot{H}_I$$

$$\dot{H} = h \cdot \dot{m} = H_m \cdot \dot{n}$$

$$0 = \dot{m}_{II,H_2O} \cdot h_{II,H_2O} + \dot{m}_{II,W,tr.ges} \cdot h_{II,W,tr.ges} - \dot{m}_{I,W} \cdot h_{I,W} - \dot{m}_{I,H_2} \cdot h_{I,H_2} - \dot{m}_{I,O_2} \cdot h_{I,O_2}$$

$$\dot{H} = \dot{m} \cdot h = \dot{n} \cdot H_m$$

$$0 = \dot{m}_{II,H_2O} \cdot h_{II,H_2O} + \dot{m}_{II,W,tr.ges} \cdot h_{II,W,tr.ges} - \dot{m}_{I,W} \cdot h_{I,W} - \dot{m}_{I,H_2} \cdot h_{I,H_2} - \dot{m}_{I,O_2} \cdot h_{I,O_2}$$

$$\begin{aligned} 0 = {} & \dot{n}_{II,H_2O} \cdot H_{m,II,H_2O} + \dot{n}_{II,H_2O} \cdot H_{m,0,H_2O} - \dot{n}_{II,H_2O} \cdot H_{m,0,H_2O} \\ & + \dot{n}_{II,W,tr.ges} \cdot H_{m,II,W,tr.ges} + \dot{n}_{II,W,tr.ges} \cdot H_{m,0,W,tr.ges} - \dot{n}_{II,W,tr.ges} \cdot H_{m,0,W,tr.ges} \\ & - \dot{n}_{I,W} \cdot H_{m,I,W} + \dot{n}_{I,W} \cdot H_{m,0,W} - \dot{n}_{I,W} \cdot H_{m,0,W} \\ & - \dot{n}_{I,H_2} \cdot H_{m,I,H_2} + \dot{n}_{I,H_2} \cdot H_{m,0,H_2} - \dot{n}_{I,H_2} \cdot H_{m,0,H_2} \\ & - \dot{n}_{I,O_2} \cdot H_{m,I,O_2} + \dot{n}_{I,O_2} \cdot H_{m,0,O_2} - \dot{n}_{I,O_2} \cdot H_{m,0,O_2} \end{aligned}$$

$$
\begin{aligned}
0 = \dot{n}_{\mathrm{II,H_2O}} \left(H_{\mathrm{m,II,H_2O}} - H_{\mathrm{m,0,H_2O}}\right) + \dot{n}_{\mathrm{II,H_2O}} \cdot H_{\mathrm{m,0,H_2O}} \\
+ \dot{n}_{\mathrm{II,W,tr.ges}} \left(H_{\mathrm{m,II,W,tr.ges}} - H_{\mathrm{m,0,W,tr.ges}}\right) + \dot{n}_{\mathrm{II,W,tr.ges}} \cdot H_{\mathrm{m,0,W,tr.ges}} \\
- \dot{n}_{\mathrm{I,W}} \left(H_{\mathrm{m,I,W}} - H_{\mathrm{m,0,W}}\right) - \dot{n}_{\mathrm{I,W}} \cdot H_{\mathrm{m,0,W}} - \\
- \dot{n}_{\mathrm{I,H_2}} \left(H_{\mathrm{m,I,H_2}} - H_{\mathrm{m,0,H_2}}\right) - \dot{n}_{\mathrm{m,I,H_2}} \cdot H_{\mathrm{m,0,H_2}} \\
- \dot{n}_{\mathrm{I,O_2}} \left(H_{\mathrm{n,I,O_2}} - H_{\mathrm{m,0,O_2}}\right) - \dot{n}_{\mathrm{I,O_2}} \cdot H_{\mathrm{m,0,O_2}}
\end{aligned}
$$

$$
\begin{aligned}
0 = \dot{n}_{\mathrm{II,H_2O}} \left(H_{\mathrm{m,II,H_2O}} - H_{\mathrm{m,0,H_2O}}\right) + \\
\dot{n}_{\mathrm{II,W,tr.ges}} \left(H_{\mathrm{m,II,W,tr.ges}} - H_{\mathrm{m,0,W,tr.ges}}\right) \\
- \dot{n}_{\mathrm{I,W}} \left(H_{\mathrm{m,I,W}} - H_{\mathrm{m,0,W}}\right) \\
- \dot{n}_{\mathrm{I,H_2}} \left(H_{\mathrm{m,I,H_2}} - H_{\mathrm{m,0,H_2}}\right) \\
- \dot{n}_{\mathrm{I,O_2}} \left(H_{\mathrm{n,I,O_2}} - H_{\mathrm{m,0,O_2}}\right)
\end{aligned}
$$

$$
+\dot{n}_{\mathrm{II,H_2O}} \cdot H_{\mathrm{m,0,H_2O}} + \dot{n}_{\mathrm{II,W,tr.ges}} \cdot H_{\mathrm{m,0,W,tr.ges}} - \dot{n}_{\mathrm{I,W}} \cdot H_{\mathrm{m,0,W}} - \dot{n}_{\mathrm{I,H_2}} \cdot H_{\mathrm{m,0,H_2}} - \dot{n}_{\mathrm{I,O_2}} \cdot H_{\mathrm{m,0,O_2}}
$$

$$
\dot{n}_{\mathrm{II,W,tr.ges}} \cdot H_{\mathrm{m,0,W,tr.ges}} = \dot{n}_{\mathrm{I,W}} \cdot H_{\mathrm{m,0,W}}
$$

$$
\begin{aligned}
0 = \dot{n}_{\mathrm{II,H_2O}} \left(H_{\mathrm{m,II,H_2O}} - H_{\mathrm{m,0,H_2O}}\right) + \\
\dot{n}_{\mathrm{II,W,tr.ges}} \left(H_{\mathrm{m,II,W,tr.ges}} - H_{\mathrm{m,0,W,tr.ges}}\right) \\
- \dot{n}_{\mathrm{I,W}} \left(H_{\mathrm{m,I,W}} - H_{\mathrm{m,0,W}}\right) \\
- \dot{n}_{\mathrm{I,H_2}} \left(H_{\mathrm{m,I,H_2}} - H_{\mathrm{m,0,H_2}}\right) \\
- \dot{n}_{\mathrm{I,O_2}} \left(H_{\mathrm{m,I,O_2}} - H_{\mathrm{m,0,O_2}}\right) \\
+ \dot{n}_{\mathrm{II,H_2O}} \cdot H_{\mathrm{m,0,H_2O}} - \dot{n}_{\mathrm{I,H_2}} \cdot H_{\mathrm{m,0,H_2}} - \dot{n}_{\mathrm{I,O_2}} \cdot H_{\mathrm{m,0,O_2}}
\end{aligned}
$$

$$
\dot{n}_{\mathrm{II,W,tr.ges}} = \dot{n}_{\mathrm{I,W}} \qquad \dot{n}_{\mathrm{II,H_2O}} = \dot{n}_{\mathrm{I,H_2}} \qquad \dot{n}_{\mathrm{I,O_2}} = \frac{1}{2}\dot{n}_{\mathrm{I,H_2}}
$$

$$
\begin{aligned}
0 = \dot{n}_{\mathrm{I,H_2}} \left(H_{\mathrm{m,II,H_2O}} - H_{\mathrm{m,0,H_2O}}\right) + \\
\dot{n}_{\mathrm{I,W}} \left(H_{\mathrm{m,II,W,tr.ges}} - H_{\mathrm{m,0,W,tr.ges}}\right) \\
- \dot{n}_{\mathrm{I,W}} \left(H_{\mathrm{m,I,W}} - H_{\mathrm{m,0,W}}\right) \\
- \dot{n}_{\mathrm{I,H_2}} \left(H_{\mathrm{m,I,H_2}} - H_{\mathrm{m,0,H_2}}\right) \\
- \frac{1}{2} \dot{n}_{\mathrm{I,H_2}} \left(H_{\mathrm{n,I,O_2}} - H_{\mathrm{m,0,O_2}}\right) \\
+ \dot{n}_{\mathrm{II,H_2O}} \cdot H_{\mathrm{m,0,H_2O}} - \dot{n}_{\mathrm{m,I,H_2}} \cdot H_{\mathrm{m,0,H_2}} - \dot{n}_{\mathrm{I,O_2}} \cdot H_{\mathrm{m,0,O_2}}
\end{aligned}
$$

$$
\begin{aligned}
0 = \dot{n}_{I,H_2} & \left(H_{m,II,H_2O} - H_{m,0,H_2O}\right) + \\
& \dot{n}_{I,W}\left(H_{m,II,W,tr.ges} - H_{m,I,W}\right) \\
& - \dot{n}_{I,H_2}\left(H_{m,I,H_2} - H_{m,0,H_2}\right) \\
& - \frac{1}{2}\dot{n}_{I,H_2}\left(H_{n,I,O_2} - H_{m,0,O_2}\right) \\
& + \dot{n}_{II,H_2O} \cdot H'_{m,0,H_2O} - \dot{n}_{m,I,H_2} \cdot H_{m,0,H_2} - \dot{n}_{I,O_2} \cdot H_{m,0,O_2}
\end{aligned}
$$

Nach *Knoche K. F.* gilt:

$$\Delta H_{H_2} = \dot{n}_{II,H_2O} \cdot H_{m,0,H_2O} - \dot{n}_{m,I,H_2} \cdot H_{m,0,H_2} - \dot{n}_{I,O_2} \cdot H_{m,0,O_2}$$

$$
\begin{aligned}
0 = \dot{n}_{I,H_2} & \left(H_{m,II,H_2O} - H_{m,0,H_2O}\right) \\
& \dot{n}_{I,W}\left(H_{m,II,W,tr.ges} - H_{m,I,W}\right) \\
& - \dot{n}_{I,H_2}\left(H_{m,I,H_2} - H_{m,0,H_2}\right) \\
& - \frac{1}{2}\dot{n}_{I,H_2}\left(H_{n,I,O_2} - H_{m,0,O_2}\right) + \left\{\Delta H_{H_2}\right\}
\end{aligned}
$$

Hinweis: Wird ΔH_{H_2} auf den eintretenden Molenstrom $\dot{n}_{I,H_2}$ des Brennstoffs (Wasserstoff) bezogen, ergibt sich dessen Heizwert.

$$\Delta H_{m,H_2} = \frac{\Delta H_{H_2}}{\dot{n}_{I,H_2}}$$

$$\dot{n}_{II,H_2O} = \dot{n}_{I,H_2} \qquad \dot{n}_{I,O_2} = \frac{1}{2}\dot{n}_{I,H_2} \qquad \dot{n}_{I,W} = \dot{n}_{II,W,tr.ges}$$

$$
\begin{aligned}
0 = \dot{n}_{I,H_2} & \left(H_{m,II,H_2O} - H_{m,0,H_2O}\right) + \dot{n}_{I,W}\left(H_{m,II,W,tr.ges} - H_{m,I,W}\right) - \dot{n}_{I,H_2}\left(H_{m,I,H_2} - H_{m,0,H_2}\right) - \\
& \frac{1}{2}\dot{n}_{I,H_2}\left(H_{m,I,O_2} - H_{m,0,O_2}\right) - \Delta H_{m,H_2} \cdot \dot{n}_{I,H_2}
\end{aligned}
$$

$$
\begin{aligned}
0 = \dot{n}_{I,H_2} & \left\{\left(H_{m,II,H_2O} - H_{m,0,H_2O}\right) - \left(H_{m,I,H_2} - H_{m,0,H_2}\right) - \right. \\
& \left. \frac{1}{2}\left(H_{m,I,O_2} - H_{m,0,O_2}\right) - \Delta H_{m,H_2}\right\} + \\
& \dot{n}_{I,W}\left(H_{m,II,W,tr.ges} - H_{m,I,W}\right)
\end{aligned}
$$

$$H_m = h \cdot M \qquad M = \frac{\dot{m}}{\dot{n}} \qquad \dot{m} = \dot{n} \cdot M \qquad \dot{n} = \frac{\dot{m}}{M}$$

$$0=\dot{n}_{\mathrm{I,H_2}}\left\{M_{\mathrm{H_2O}}\left(h_{\mathrm{II,H_2O}}-h_{0,\mathrm{H_2O}}\right)-M_{\mathrm{H_2}}\left(h_{\mathrm{I,H_2}}-h_{0,\mathrm{H_2}}\right)-\right.$$

$$\left.\frac{1}{2}M_{\mathrm{O_2}}\left(h_{\mathrm{I,O_2}}-h_{0,\mathrm{O_2}}\right)-\Delta H_{\mathrm{m,H_2}}\right\}+$$

$$\dot{n}_{\mathrm{I,W}}\cdot M_{\mathrm{H_2}O}\left(h_{\mathrm{II,tr.ges}}-h_{\mathrm{I,W}}\right)$$

$$\dot{n}_{\mathrm{I,H_2}}=\frac{\dot{m}_{\mathrm{I,H_2}}}{M_{\mathrm{H_2}}}$$

$$0=\dot{m}_{\mathrm{I,H_2}}\left\{\frac{M_{\mathrm{H_2O}}}{M_{\mathrm{H_2}}}\left(h_{\mathrm{II,H_2O}}-h_{0,\mathrm{H_2O}}\right)-\left(h_{\mathrm{I,H_2}}-h_{0,\mathrm{H_2}}\right)-\right.$$

$$\left.\frac{1}{2}\frac{M_{\mathrm{O_2}}}{M_{\mathrm{H_2}}}\left(h_{\mathrm{I,O_2}}-h_{0,\mathrm{O_2}}\right)-\frac{\Delta H_{\mathrm{m,H_2}}}{M_{\mathrm{H_2}}}\right\}+$$

$$\dot{m}_{\mathrm{I,W}}\left(h_{\mathrm{II,tr.ges}}-h_{\mathrm{I,W}}\right)$$

$$0=\dot{m}_{\mathrm{I,W}}\left(h_{\mathrm{W,4}}-c_{\mathrm{W}}\cdot t_3\right)+\dot{m}_{\mathrm{I,H_2}}\left\{\frac{M_{\mathrm{H_2O}}}{M_{\mathrm{H_2}}}\left(h_4-c_{\mathrm{W}}\cdot t_0\right)-c_{\mathrm{p,H_2}}\left(t_1-t_0\right)-\right.$$

$$\left.\frac{1}{2}\frac{M_{\mathrm{O_2}}}{M_{\mathrm{H_2}}}c_{\mathrm{p,O_2}}\left(t_2-t_0\right)-\frac{\Delta H_{\mathrm{m,H_2}}}{M_{\mathrm{H_2}}}\right\}$$

$$c_{\mathrm{p,H_2}}\left(t_1-t_0\right)=0 \qquad \frac{1}{2}\frac{M_{\mathrm{O_2}}}{M_{\mathrm{H_2}}}c_{\mathrm{p,O_2}}\left(t_2-t_0\right)=0 \qquad \left(t_2=t_0\right)$$

$$\dot{m}_{\mathrm{I,W}}\left(h_{\mathrm{W,4}}-c_{\mathrm{W}}\cdot t_3\right)=-\dot{m}_{\mathrm{I,H_2}}\left\{\frac{M_{\mathrm{H_2O}}}{M_{\mathrm{H_2}}}\left(h_{\mathrm{W,4}}-c_{\mathrm{W}}\cdot t_0\right)-\frac{\Delta H_{\mathrm{m,H_2}}}{M_{\mathrm{H_2}}}\right\}$$

$$\dot{m}_{\mathrm{I,W}}=\frac{\dot{m}_{\mathrm{I,H_2}}\left\{\frac{\Delta H_{\mathrm{m,H_2}}}{M_{\mathrm{H_2}}}-\frac{M_{\mathrm{H_2O}}}{M_{\mathrm{H_2}}}\left(h_{\mathrm{W,4}}-c_{\mathrm{W}}\cdot t_0\right)\right\}}{h_{\mathrm{W,4}}-c_{\mathrm{W}}\cdot t_3}$$

$$\boldsymbol{\frac{\Delta H_{\mathrm{m,H_2}}}{M_{\mathrm{H_2}}}=135{,}76\cdot 10^3\,\frac{\mathrm{kJ}}{\mathrm{kg}}}$$

$$\boldsymbol{M_{\mathrm{H_2O}}=18{,}015\,\frac{\mathrm{kg}}{\mathrm{kmol}}}$$

$$\boldsymbol{M_{\mathrm{H_2}}=2{,}0159\,\frac{\mathrm{kg}}{\mathrm{kmol}}}$$

$$h_{W,4} = 2704,6 \frac{kJ}{kg}$$

$$c_W = 4,19 \frac{kJ}{kg}$$

$$\dot{m}_{I,W} = \frac{6,0 \cdot 10^{-4} \frac{kg}{s} \left\{135,76 \cdot 10^3 \frac{kJ}{kg} - \frac{18,015}{2,0159}(2704,6 - 4,19 \cdot 25)\frac{kJ}{kg}\right\}}{2704,6 \frac{kJ}{kg} - 4,19 \frac{kJ}{kg\,K} 25°C}$$

$$\dot{m}_{I,W} = \frac{6,0 \cdot 10^{-4} \frac{kg}{s} \left\{135,76 \cdot 10^3 \frac{kJ}{kg} - 23233,443 \frac{kJ}{kg}\right\}}{2599,85 \frac{kJ}{kg}}$$

$$\dot{m}_{I,W} = 2,597 \cdot 10^{-2} \frac{kg}{s}$$

4. **Austretender Massenstrom an Sattdampf $\dot{m}_4 = \dot{m}_{II}$**

$$\dot{m}_4 = \dot{m}_{II} = \dot{m}_W + \dot{m}_{II,H_2O} = 2,597 \cdot 10^{-2} \frac{kg}{s} + 0,5183 \cdot 10^{-2} \frac{kg}{s} = 3,1153 \cdot 10^{-2} \frac{kg}{s}$$

5. **Kontrolle ein- und austretender Massenströme**

Es soll kontrolliert werden, ob die Summe der eintretenden Massenströme gleich der Summe der austretenden ist.

Es tritt ein:

$$\dot{m}_{I,H_2} = 0,06 \cdot 10^{-2} \frac{kg}{s} \qquad \dot{m}_{I,O_2} = 0,4762 \cdot 10^{-2} \frac{kg}{s} \qquad \dot{m}_{I,W} = 2,597 \cdot 10^{-2} \frac{kg}{s}$$

$$\dot{m}_I = \dot{m}_{I,H_2} + \dot{m}_{I,O_2} + \dot{m}_{I,W} = 0,06 \cdot 10^{-2} \frac{kg}{s} + 0,4762 \cdot 10^{-2} \frac{kg}{s} + 2,597 \cdot 10^{-2} \frac{kg}{s}$$

$$\dot{m}_I = 3,13 \cdot 10^{-2} \frac{kg}{s}$$

Es tritt aus:

$$\dot{m}_{II} = \dot{m}_{I,W} + \dot{m}_{II,H_2O} = 2,597 \cdot 10^{-2} \frac{kg}{s} + 0,5183 \cdot 10^{-2} \frac{kg}{s}$$

$$\dot{m}_{II} = 3,12 \cdot 10^{-2} \frac{kg}{s}$$

Aufgabe 48

Adiabater Verdichter einer Wärmepumpe, Reibleistung des Verdichters, Exergieverlust

Vorstellung:

Von dem adiabaten Verdichter einer Wärmepumpe wird ein Massenstrom von 1590 kg/h trocken gesättigten NH_3-Dampfes mit einem Druck von 4,625 bar polytrop auf einen Druck von 12 bar verdichtet. Für die polytrope Zustandsänderung gilt:

Polytropenexponent: $\bar{n} = 1{,}45$

Polytropenverhältnis: $\upsilon = 1{,}36$

Die Umgebungstemperatur beträgt T_u = 283 K.

Änderungen der äußeren Energien des Arbeitsmediums können vernachlässigt werden.

Zur Bestimmung der Zustandsgrößen des NH_3-Dampfes sind die Daten nach Bild 48.1 und Bild 48.2 zugrunde zu legen.

$\frac{t}{°C}$	$\frac{p}{bar}$	$\frac{v'}{\frac{m^3}{kg}}$	$\frac{v''}{\frac{m^3}{kg}}$	$\frac{h'}{\frac{kJ}{kg}}$	$\frac{h''}{\frac{kJ}{kg}}$	$\frac{s'}{\frac{kJ}{kg \cdot K}}$	$\frac{s''}{\frac{kJ}{kg \cdot K}}$
2	4,625	1,5727	0,27	427,93	1683,26	4,22	8,783

Bild 48.1 Daten - Sättigungsgebiet

$\frac{t}{°C}$	$\frac{p}{bar}$	$\frac{h}{\frac{kJ}{kg}}$	$\frac{s}{\frac{kJ}{kg \cdot K}}$
90	12	1871,5	8,943
130	12	1972,0	9,210

Bild 48.2 Daten - überhitzter Dampf

Gesucht:

1. Zustandsänderung im T,s- und h,s-Diagramm - Skizzen
2. Antriebsleistung des Verdichters P_{12}
3. Reibleistung des Verdichters $P_{R,12}$
4. Exergieverlust des Verdichtungsprozesses $\dot{E}_V$

Lösung:

Hinweis: Einige der nachfolgend verwendeten Gleichungen sind entnommen aus *Knoche, K. F.*, Technische Thermodynamik.

1. **Zustandsänderung im T,s- und h,s-Diagramm - Skizzen**

Bild 48.3 zeigt beide Diagramme.

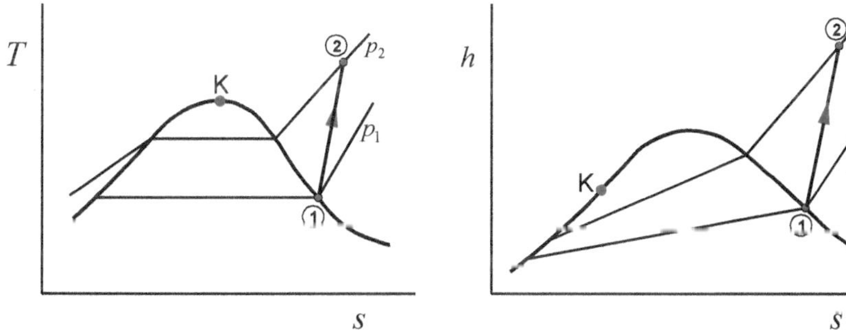

Bild 48.3 T,s- und h,s-Diagramm - Skizzen

2. **Antriebsleistung des Verdichters P_{12}**

1. Hauptsatz für stationären Fließprozess:

$$\dot{Q}_{12} + P_{12} = \dot{m}_{NH_3}\left(h_2 - h_1\right) \qquad \dot{Q}_{12} = 0$$

Für eine polytrope Zustandsänderung gilt $(\upsilon = \text{konst.})$:

$$\int_1^2 v\,\mathrm{d}p = \frac{1}{\upsilon}(h_2 - h_1)$$

$$\int_1^2 v\,\mathrm{d}p = \frac{\bar{n}}{\bar{n}-1}\left[(p_2 \cdot v_2 - p_1 \cdot v_1)\right] = \frac{\bar{n}}{\bar{n}-1} p_1 \cdot v_1 \left[\left(\frac{p_2}{p_1}\right)^{\frac{\bar{n}-1}{\bar{n}}} - 1\right]$$

$$\frac{1}{\upsilon}(h_2 - h_1) = \frac{\bar{n}}{\bar{n}-1}\left[(p_2 \cdot v_2 - p_1 \cdot v_1)\right] = \frac{\bar{n}}{\bar{n}-1} p_1 \cdot v_1 \left[\left(\frac{p_2}{p_1}\right)^{\frac{\bar{n}-1}{\bar{n}}} - 1\right]$$

$$\frac{1}{\upsilon} h_2 - \frac{1}{\upsilon} h_1 = \frac{\bar{n}}{\bar{n}-1} p_1 \cdot v_1 \left[\left(\frac{p_2}{p_1}\right)^{\frac{\bar{n}-1}{\bar{n}}} - 1\right]$$

$$h_2 = \upsilon \left\{\frac{1}{\upsilon} h_1 + \frac{\bar{n}}{\bar{n}-1} p_1 \cdot v_1 \left[\left(\frac{p_2}{p_1}\right)^{\frac{\bar{n}-1}{\bar{n}}} - 1\right]\right\}$$

$$h_2 = h_1 + \upsilon \frac{\bar{n}}{\bar{n}-1} p_1 \cdot v_1 \left[\left(\frac{p_2}{p_1}\right)^{\frac{\bar{n}-1}{\bar{n}}} - 1\right] \qquad h_1 = h_1'' \qquad v_1 = v_1''$$

$$h_2 = 1683{,}26 + 1{,}36 \frac{1{,}45}{1{,}45-1} 4{,}625 \cdot 10^5 \,\frac{\mathrm{N}}{\mathrm{m}^2} 0{,}27 \frac{\mathrm{m}^3}{\mathrm{kg}} \left[\left(\frac{12\,\mathrm{bar}}{4{,}625\,\mathrm{bar}}\right)^{\frac{1{,}45-1}{1{,}45}} - 1\right]$$

$$h_2 = 1871{,}7 \frac{\mathrm{kJ}}{\mathrm{kg}}$$

$$P_{12} = \dot{m}_{\mathrm{NH_3}} (h_2 - h_1) = 1590 \frac{\mathrm{kg}}{\mathrm{h}} \left(1871{,}7 \frac{\mathrm{kJ}}{\mathrm{kg}} - 1683{,}26 \frac{\mathrm{kJ}}{\mathrm{kg}}\right)$$

$$P_{12} = 83{,}2\,\mathrm{kW}$$

3. Reibleistung des Verdichters $P_{R,12}$

$$q_{12} + w_{\mathrm{R},12} = \int_1^2 T\,\mathrm{d}s = (\upsilon - 1) \int_1^2 v\,\mathrm{d}p = \frac{\upsilon - 1}{\upsilon}(h_2 - h_1) \qquad q_{12} = 0$$

$$P_{R,12} = \dot{m}_{NH_3} \cdot w_{R,12} = \dot{m}_{NH_3} \frac{\upsilon - 1}{\upsilon}(h_2 - h_1)$$

$$P_{R,12} = 1590 \frac{kg}{h} \frac{1{,}36 - 1}{1{,}36}\left(1871{,}7 \frac{kJ}{kg} - 1683{,}26 \frac{kJ}{kg}\right)$$

$$P_{R,12} = 22\ kW$$

4. **Exergieverlust des Verdichtungsprozesses $\dot{E}_V$**

$$\dot{E}_V = T_u \cdot \dot{S}_{irr} = T_u \cdot \dot{m}_{NH_3} \cdot \Delta s_{irr}$$

$$s_2 - s_1 = \Delta s_Q + \Delta s_{irr} \qquad \Delta s_Q = 0$$

$$\Delta s_{irr} = s_2 - s_1$$

$$s_1 = s_1^{//} = 8{,}783 \frac{kJ}{kg \cdot K}$$

$$T_2 = T_1 \left(\frac{p_2}{p_1}\right)^{\frac{\bar{n}-1}{\bar{n}}} = 275\,K \left(\frac{12\,bar}{4{,}625\,bar}\right)^{\frac{1{,}45-1}{1{,}45}} = 370\,K$$

Nach Bild 48.2 wird: $s_2 = s_2(p_2, t_2) = s_2(12\,bar, 90\ °C) = 8{,}943 \frac{kJ}{kg \cdot K}$

$$\dot{E}_V = T_u \cdot \dot{S}_{irr} = T_u \cdot \dot{m}_{NH_3}(s_2 - s_1)$$

$$\dot{E}_V = 283\,K \cdot 1590 \frac{kg}{h}\left(8{,}943 \frac{kJ}{kg \cdot K} - 8{,}783 \frac{kJ}{kg \cdot K}\right)$$

$$\dot{E}_V = 20 \frac{kJ}{s} = 20\,kW$$

Aufgabe 49

Lavaldüse, erster Hauptsatz, Austrittsgeschwindigkeit, spezifischer Exergieverlust

Vorstellung:

In einer adiabaten Lavaldüse expandieren 10 kg/s Dampf. Der Eintrittsquerschnitt beträgt $A_1 = 15\ \text{cm}^2$. Die Eintrittstemperatur und der Eintrittsdruck betragen $t_1 = 570\ °\text{C}$ und $p_1 = 120$ bar. Am Düsenaustritt wird eine Temperatur von $t_2 = 270\ °\text{C}$ gemessen. Das spezifische Dampfvolumen bestimmt sich zu $v_2 = 2{,}5\ \text{m}^3/\text{kg}$ (Bild 49.1).

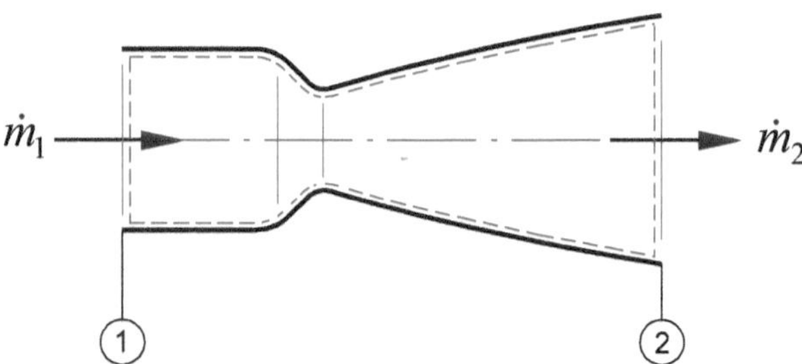

Bild 49.1 Lavaldüse

Die Umgebungstemperatur beträgt $t_u = 25\ °\text{C}$.

Gesucht:

1. Austrittsgeschwindigkeit des Dampfes aus der Düse c_2
2. Austrittsquerschnitt A_2
3. Austrittsgeschwindigkeit des Dampfes aus der Düse bei isentroper und reibungsfreier Expansion c_2'
4. Spezifischer Exergieverlust e_V (Punkt 1)

Lösung:

1. **Austrittsgeschwindigkeit des Dampfes aus der Düse c_2**

1. Hauptsatz für stationären Fließprozess:

$$q_{12} + w_{t,12} = h_2 - h_1 + \frac{1}{2}\left(c_2^2 - c_1^2\right) + g\left(z_2 - z_1\right)$$

$$q_{12} = 0 \qquad w_{t,12} = 0 \qquad g\left(z_2 - z_1\right) = 0$$

$$0 = h_2 - h_1 + \frac{1}{2}\left(c_2^2 - c_1^2\right)$$

$$c_2^2 = c_1^2 - 2\left(h_2 - h_1\right)$$

$$c_2 = \sqrt{c_1^2 + 2\left(h_1 - h_2\right)}$$

$$\dot{m} = c_1 \cdot A_1 \cdot \rho_1 = \frac{c_1 \cdot A_1}{v_1} = 10\,\frac{\text{kg}}{\text{s}}$$

$$\mathbf{v_1 = 0{,}03\,\frac{m^3}{kg}}$$

$$c_1 = \frac{\dot{m} \cdot v_1}{A_1} = \frac{10\,\frac{\text{kg}}{\text{s}}\,0{,}03\,\frac{\text{m}^3}{\text{kg}}}{15 \cdot 10^{-4}\,\text{m}^2} = 200\,\frac{\text{m}}{\text{s}}$$

Aus *h*-*s*-Diagramm:

$$\mathbf{h\left(120\,bar, 570\,°C\right) = h_1 = 3528\,\frac{kJ}{kg}}$$

$$\mathbf{h\left(1\,bar, 270\,°C\right) = h_2 = 3013\,\frac{kJ}{kg}}$$

$$c_2 = \sqrt{200^2\,\frac{\text{m}^2}{\text{s}^2} + 2\left(3528 \cdot 10^3\,\frac{\text{J}}{\text{kg}} - 3013 \cdot 10^3\,\frac{\text{J}}{\text{kg}}\right)}$$

$$\left[c_2\right] = \sqrt{\frac{\text{J}}{\text{kg}}} = \sqrt{\frac{\text{Nm}}{\text{kg}}} = \sqrt{\frac{\frac{\text{kg} \cdot \text{m}}{\text{s}^2}\,\text{m}}{\text{kg}}} = \sqrt{\frac{\text{m}^2}{\text{s}^2}} = \frac{\text{m}}{\text{s}}$$

$$c_2 = 1034{,}4\,\frac{\text{m}}{\text{s}}$$

2. **Austrittsquerschnitt A_2**

$$A_2 = \frac{\dot{m} \cdot v_2}{c_2} = \frac{10 \frac{\text{kg}}{\text{s}} 2{,}5 \frac{\text{m}^3}{\text{kg}}}{1034{,}4 \frac{\text{m}}{\text{s}}} = 0{,}0242\,\text{m}^2 = 242\,\text{cm}^2$$

3. **Austrittsgeschwindigkeit des Dampfes aus der Düse bei isentroper und reibungsfreier Expansion $c_2^{/}$**

Isentropenexponent: $\bar{k} = 1{,}21$

$$T_{2,s} = T_1 \left(\frac{p_2}{p_1}\right)^{\frac{\bar{k}-1}{\bar{k}}} = 843{,}15\,\text{K} \left(\frac{1\,\text{bar}}{120\,\text{bar}}\right)^{\frac{1{,}21-1}{1{,}21}} = 367\,\text{K} = 94\,°\text{C}$$

Aus *h*-*s*-Diagramm:

$$\boldsymbol{h(1\,\text{bar}, 367\,\text{K}) = h_2^{/} = 2442 \frac{\text{kJ}}{\text{kg}}}$$

$$c_2^{/} == \sqrt{200^2 \frac{\text{m}^2}{\text{s}^2} + 2\left(3528 \frac{\text{kJ}}{\text{kg}} - 2442 \frac{\text{kJ}}{\text{kg}}\right)}$$

$$c_2^{/} == \sqrt{200^2 \frac{\text{m}^2}{\text{s}^2} + 2 \cdot 10^3 \left(3528 \frac{\text{m}^2}{\text{s}^2} - 2442 \frac{\text{m}^2}{\text{s}^2}\right)}$$

$$c_2^{/} = 1487 \frac{\text{m}}{\text{s}}$$

4. **Spezifischer Exergieverlust e_V (Punkt 1)**

$$e_V = T_u \cdot \Delta s_{irr}$$

$$\Delta s_{irr} = \Delta s - \Delta s_Q \qquad \Delta s_Q = 0$$

$$\Delta s_{irr} = \Delta s = s_2 - s_1$$

Aus *h*-*s*-Diagramm:

$$\boldsymbol{s(120\,\text{bar}, 570\,°\text{C}) = s_1 = 6{,}7 \frac{\text{kJ}}{\text{kg} \cdot \text{K}}}$$

$$\boldsymbol{s(1\,\text{bar}, 270\,°\text{C}) = s_2 = 8{,}1 \frac{\text{kJ}}{\text{kg} \cdot \text{K}}}$$

$$\Delta s_{irr} = 8{,}1 \frac{\text{kJ}}{\text{kg} \cdot \text{K}} - 6{,}7 \frac{\text{kJ}}{\text{kg} \cdot \text{K}} = 1{,}4 \frac{\text{kJ}}{\text{kg} \cdot \text{K}}$$

$$e_V = T_u \cdot \Delta s_{irr} = 298{,}15\,\text{K} \cdot 1{,}4\,\frac{\text{kJ}}{\text{kg} \cdot \text{K}}$$

$$e_V = 417{,}4\,\frac{\text{kJ}}{\text{kg}}$$

Hinweis: Die dem *h-s*-Diagramm entnommenen Zahlenwerte sind wegen der Ungenauigkeiten bei der Ablesung als Näherungswerte zu betrachten.

Aufgabe 50

Lavaldüse, erster Hauptsatz, Zustandsgrößen im Lavalquerschnitt, Schallgeschwindigkeit im Lavalquerschnitt

Vorstellung:

In einem Windkanalwird wird mittels einer Lavaldüse ein Überschallluftstrom erzeugt (Bild 50.1). Die Strömung kann näherungsweise als eindimensional behandelt werden. Die Luft wird vor der Düse verdichtet und aufgeheizt, so dass sie mit folgendem Zustand in die Düse eintritt:

$$p_1 = 30\,\text{bar} \qquad T_1 = 700\,\text{K} \qquad c_1 = 300\,\frac{\text{m}}{\text{s}}$$

In der Düse expandiert die Luft polytrop und adiabat mit $\bar{n} = 1{,}35$ bis auf den geforderten Gegendruck von $p_2 = p_u = 1$ bar. Bei dieser Zustandsänderung kann die Luft als ideales Gas mit konstanten Wärmekapazitäten behandelt werden.

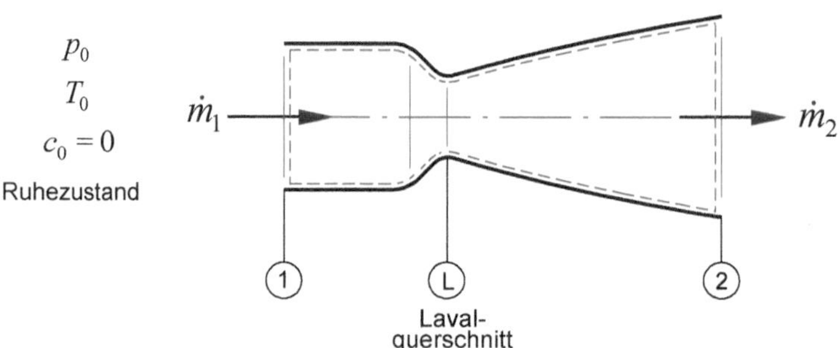

Bild 50.1 Lavaldüse

Gesucht:

1. Geschwindigkeit am Austritt der Düse c_2
2. Zustandsgrößen p_L, T_L, v_L im Lavalquerschnitt
3. Geschwindigkeit im Lavalquerschnitt c_L
4. Schallgeschwindigkeit im Lavalquerschnitt $c_{S,L}$

Lösung:

Hinweis: Einige der nachfolgend verwendeten Gleichungen sind entnommen aus *Knoche, K. F.*, Technische Thermodynamik.

1. **Geschwindigkeit am Austritt der Düse c_2**

1. Hauptsatz für stationären Fließprozess:

$$q_{12} + w_{t,12} = h_2 - h_1 + \frac{1}{2}\left(c_2^2 - c_1^2\right) + g\left(z_2 - z_1\right)$$

$$q_{12} = 0 \qquad w_{t,12} = 0 \qquad g\left(z_2 - z_1\right) = 0$$

$$0 = h_2 - h_1 + \frac{1}{2}\left(c_2^2 - c_1^2\right) \qquad h_2 - h_1 = -\frac{1}{2}\left(c_2^2 - c_1^2\right) \qquad 2\left(h_2 - h_1\right) = c_1^2 - c_2^2$$

$$c_2^2 = c_1^2 - 2\left(h_2 - h_1\right)$$

$$c_2 = \sqrt{c_1^2 - 2\left(h_2 - h_1\right)} = \sqrt{c_1^2 - 2 \cdot c_{p,Luft}\left(T_2 - T_1\right)}$$

$$T_2 = T_1\left(\frac{p_2}{p_1}\right)^{\frac{\bar{n}-1}{\bar{n}}} = 700\,\mathrm{K}\left(\frac{1\,\mathrm{bar}}{30\,\mathrm{bar}}\right)^{\frac{1,35-1}{1,35}} = 290\,\mathrm{K}$$

$$\mathbf{c_{p,Luft} = 1{,}004\frac{kJ}{kg \cdot K}}$$

$$c_2 = \sqrt{300^2\,\frac{\mathrm{m}^2}{\mathrm{s}^2} - 2 \cdot 1{,}004\frac{10^3\,\mathrm{J}}{\mathrm{kg}\cdot\mathrm{K}}\left(290\,\mathrm{K} - 700\,\mathrm{K}\right)}$$

$$c_2 = 956\frac{\mathrm{m}}{\mathrm{s}}$$

2. **Zustandsgrößen p_L, T_L, v_L im Lavalquerschnitt**

1. Hauptsatz für stationären Fließprozess:

Hinweis: Ruhezustand = 0, Eintrittszustand = 1 (Bild 50.1)

$$q_{01} + w_{t,01} = h_1 - h_0 + \frac{1}{2}\left(c_1^2 - c_0^2\right) + g\left(z_1 - z_0\right)$$

$$q_{01} = 0 \qquad w_{t,01} = 0 \qquad c_0 = 0 \qquad g\left(z_1 - z_0\right) = 0$$

$$0 = h_1 - h_0 + \frac{1}{2}c_1^2$$

$$h_1 - h_0 = -\frac{1}{2}c_1^2 = c_{p,Luft}\left(T_1 - T_0\right)$$

$$T_1 - T_0 = \frac{-\frac{1}{2}c_1^2}{c_{p,Luft}}$$

$$T_0 = T_1 + \frac{\frac{1}{2}c_1^2}{c_{p,Luft}} = 700\,\text{K} + \frac{\frac{1}{2}300^2\,\frac{\text{m}^2}{\text{s}^2}}{1{,}004\,\frac{10^3\,\text{J}}{\text{kg}\cdot\text{K}}} = 744{,}8\,\text{K}$$

$$p_0 = p_1\left(\frac{T_0}{T_1}\right)^{\frac{\bar{n}}{\bar{n}-1}} = 30\,\text{bar}\left(\frac{744{,}8\,\text{K}}{700\,\text{K}}\right)^{\frac{1{,}35}{1{,}35-1}} = 38{,}11\,\text{bar}$$

$$p_L = p_0\left(\frac{2}{\bar{n}+1}\right)^{\frac{\bar{n}}{\bar{n}-1}} = 38{,}11\,\text{bar}\left(\frac{2}{1{,}35+1}\right)^{\frac{1{,}35}{1{,}35-1}} = 20{,}46\,\text{bar}$$

$$T_L = T_1\left(\frac{p_L}{p_1}\right)^{\frac{\bar{n}-1}{\bar{n}}} = 700\,\text{K}\left(\frac{20{,}46\,\text{bar}}{30\,\text{bar}}\right)^{\frac{1{,}35-1}{1{,}35}} = 634\,\text{K}$$

$$\boldsymbol{R_{Luft} = 287\,\frac{J}{kg\cdot K}}$$

$$v_L = \frac{R_{Luft}\cdot T_L}{p_L} = \frac{287\,\frac{\text{J}}{\text{kg}\cdot\text{K}}\,634\,\text{K}}{20{,}46\cdot 10^5\,\frac{\text{N}}{\text{m}^2}} = 0{,}08893\,\frac{\text{m}^3}{\text{kg}}$$

3. **Geschwindigkeit im Lavalquerschnitt c_L**

$$c_L = \sqrt{\upsilon\cdot\bar{n}\cdot R_{Luft}\cdot T_L}$$

$$\boldsymbol{\bar{k} = 1{,}4}$$

Polytropenverhältnis:

$$\upsilon = \frac{1-\frac{\bar{m}}{\bar{n}}}{1-\frac{\bar{m}}{\bar{k}}} = \frac{1-\frac{1}{1{,}35}}{1-\frac{1}{1{,}4}} = 0{,}907$$

Ideales Gas: $\bar{m} = 1$ (Isenthalpenexponent)

$$c_L = \sqrt{0{,}907 \cdot 1{,}35 \cdot 287 \frac{\text{J}}{\text{kg} \cdot \text{K}} 634\,\text{K}} = 472 \frac{\text{m}}{\text{s}}$$

4. **Schallgeschwindigkeit im Lavalquerschnitt $c_{S,L}$**

$$c_{S,L} = c_L \sqrt{\frac{\bar{k}}{\bar{n} \cdot v}} = 472 \frac{\text{m}}{\text{s}} \sqrt{\frac{1{,}4}{1{,}35 \cdot 0{,}907}} = 505 \frac{\text{m}}{\text{s}}$$

Verwendete Literatur

Baehr H. D., Kabelac S., Thermodynamik, Grundlagen und technische Anwendungen, Springer Vieweg Verlag, 16. Auflage, 2016

Cerbe W., Wilhelms G., Technische Thermodynamik, Theoretische Grundlagen und praktische Anwendungen, Carl Hanser Verlag München, 14. Auflage, 2005/2007

Dunn D., Thermodynamik, im Klartext, PEARSON Studium, 2004

Geller W., Thermodynamik für Maschinenbauer, Grundlagen für die Praxis, Springer Verlag, 5. Auflage, 2015

Grollius, H. W., Grundlagen der Pneumatik, Carl Hanser Verlag München, 5. Auflage, 2020

Herwig H., Kautz C. H., Technische Thermodynamik, ing maschinenbau, PEARSON Studium, 2007

Knoche, K. F., Übungen zum Fach Thermodynamik, Institut für Technische Thermodynamik, RWTH Aachen, 1971

Knoche, K. F., Technische Thermodynamik, Studienbuch für Studenten des Maschinenbaus und der Elektrotechnik ab 1. Semester, uni-text, Friedr. Vieweg + Sohn - Braunschweig, 1972

Kümmel, W., Technische Strömungsmechanik, Theorie und Praxis, B. G. Teubner, 1. Auflage, 2001

Labhuhn D., Romberg O., Keine Panik vor Thermodynamik, Erfolg und Spaß im klassischen „Dickbrettbohrerfach" des Ingenieurstudiums, Springer Vieweg Verlag, 6. Auflage, 2013

Langeheinecke K., Kaufmann A., Langeheinecke K., Thieleke G., Thermodynamik für Ingenieure, Springer Vieweg Verlag, 11. Auflage, 2020

Wilhelms C., Technische Thermodynamik, Übungsaufgaben, Carl Hanser Verlag München, 7. Auflage, 2017

Vom Verfasser zur Bearbeitung der Aufgaben empfohlen:

Knoche, K. F., Technische Thermodynamik, Studienbuch für Studenten des Maschinenbaus und der Elektrotechnik ab 1. Semester, uni-text, Friedr. Vieweg + Sohn - Braunschweig, 1972